戦いながら育てる。この志を貫くために、失敗をとがめないと腹を決めた。これも、新井劇場の大切な柱であったように思う。「一番怖いのは、ミスを恐れること。野球はミスの出るスポーツだから」。うまくいかなかった要因を考えさせ、見守り、時には寄り添いながら、答えを探して成長につなげていく。選手が最後まで勇気と使命感を持って挑み続けられたのは、そんなベンチの後押しがあったからだ。それこそが、われわれがグラウンドで感じた「熱」の正体である。

この本の中には、「新井劇場」を彩ったメッセージや輝きがたくさん詰まっている。チームの成長の軌跡を振り返りながら、第2幕への期待を膨らませてほしい。

中国新聞社報道センター運動担当部長　小西　晶

## CONTENTS

# CS 新井カープ 闘いの記録

## 10/14・15 CSファーストステージ vs DeNA（マツダスタジアム）

延長十一回、秋山の中越え打でサヨナラ勝ちし、跳び上がって喜ぶ新井監督（14日）

2連勝でCSファイナルステージ進出を決め、喜ぶナインと一塁側のファン（15日）

延長十一回、広島2死一、三塁、秋山⑨が中越えにサヨナラ打を放ち、ナインから祝福を受ける（14日）

延長十一回、DeNA2死三塁、林を空振り三振に抑えて
無失点で切り抜けたターリー㊧を出迎える九里（14日）

延長十一回、広島無死、堂林が左中間に二塁打を放って
塁上でほえる（14日）

一回、広島2死、右越えに先制のソロを放ち、ベンチに
向かって右手を上げながら一塁に走る西川（15日）

八回、広島無死一、二塁、西川のバントで、菊池㊧が三塁に滑り込み、
犠打野選で好機を広げる。三塁手宮崎（15日）

# 10/18~20 CSファイナルステージ vs 阪神（甲子園）

四回、広島2死一、三塁、坂倉が先制の右前打を放つ。投手大竹、捕手坂本（20日）

甲子園球場レフトスタンドの一角で懸命に声援を送るファン（18日）

五回、広島1死一、三塁、堂林が同点の左犠飛を放つ（20日）

一回、阪神1死、中野の遊撃左への打球に飛び付く小園（19日）

## CS 新井カープ 闘いの記録

三回、阪神2死、森下の左翼への大飛球をフェンス際で好捕した西川（19日）

六回、阪神2死一、二塁、坂本の適時打で三塁を狙った一塁走者ノイジー㊧をアウトにした上本㊥（20日）

一回、阪神2死二塁、大山の打球を体で止める九里（18日）

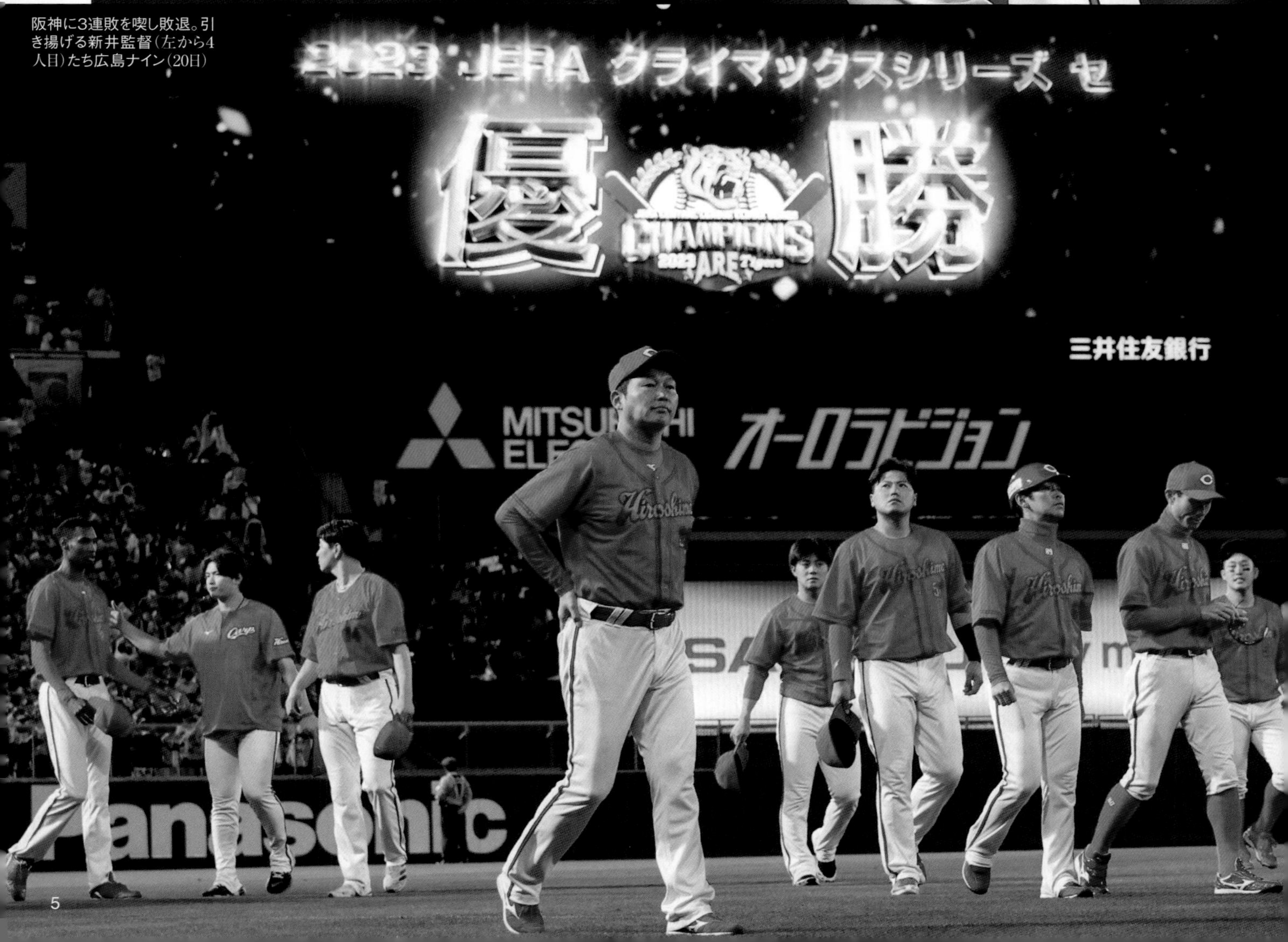


阪神に3連敗を喫し敗退。引き揚げる新井監督（左から4人目）たち広島ナイン（20日）

CS
ファーストステージ
10/14（土）
VS DeNA

秋山の中越え打でサヨナラ勝ちし、大喜びする新井監督（中央）や広島ナイン

# コイ、ファイナルに王手

## CS開幕 DeNAにサヨナラ

プロ野球のクライマックスシリーズ（3試合制）が14日、開幕した。セ・リーグはレギュラーシーズン2位の広島がマツダスタジアムで、同3位のDeNAと対戦。3―2でサヨナラ勝ちし、ファイナルステージ進出に王手をかけた。15日の第2戦で勝つか、引き分ければ決まる。

5年ぶりのCS進出に、スタンドは3万1041人の観客で赤く染まった。試合は2―2の延長十一回、秋山が中越えにサヨナラ打を放ち、接戦をものにした。新井監督は「みんなが思い切ってやってくれた」と喜んだ。

SCORE

広島 3-2 DeNA

マツダスタジアム（13時・31,041人）
（第1戦　広島1勝）

| | 1 | 2 | 3 | 4 | 5 | 6 | 7 | 8 | 9 | 10 | 11 | R |
|---|---|---|---|---|---|---|---|---|---|---|---|---|
| DeNA | 0 | 0 | 0 | 0 | 0 | 2 | 0 | 0 | 0 | 0 | 0 | 2 |
| 広島 | 0 | 0 | 0 | 0 | 0 | 1 | 0 | 1 | 0 | 0 | 1 | 3 |

（延長十一回）

# 反発力 秋山の一打

## 途中出場 好機逃さず

### 球炎 犠打に見た 新井野球の真意 池本泰尚

菊池にとがめられたことがある。ちょうど1年前のこの時期。就任したばかりの新井監督が、バントの方針について語った後のこと。指揮官の言葉を用いた「バントはしない」との報道に首をひねっていた。「俺はそんな理解はしていない。勝つためなら監督はやると思うよ」。言葉は確信に満ちていた。

サインが出ても、菊池の表情は変わらなかった。八回のスクイズ。難しいコースに、バットを出す間合いも完璧だった。「普通にあると思ったから」。今季は自身2番目に少ない8犠打。それでもバント練習を絶やさず、気持ちも整えていた。こんな日が来るのを分かっていたように。

菊池の言う「新井監督の野球」は、手を打ち続ける野球だった。短期決戦でこの色はより濃く出る。投手戦では進塁が全て。最善策と判断すると、2013年の広島などが持つCS最多タイの5犠打でこつこつ攻めた。勝つためなら手段を選ばないベンチに、選手は平然と応えた。

指揮官の試合前の呼びかけはこうだった。「北島三郎さんでいくよ。祭りだ!、祭りだ!。硬くなってもいいことはできない。思い切っていこう」。お祭り騒ぎのサヨナラ劇は、新井野球の真骨頂。そしてそれは、1年前、菊池が言った通りのやり方だった。

延長十一回、広島2死一、三塁、秋山（手前）が中越えにサヨナラ打を放ち、ガッツポーズで一塁を回る

# 機動力 コイの神髄

## 羽月と菊池 同点劇演出

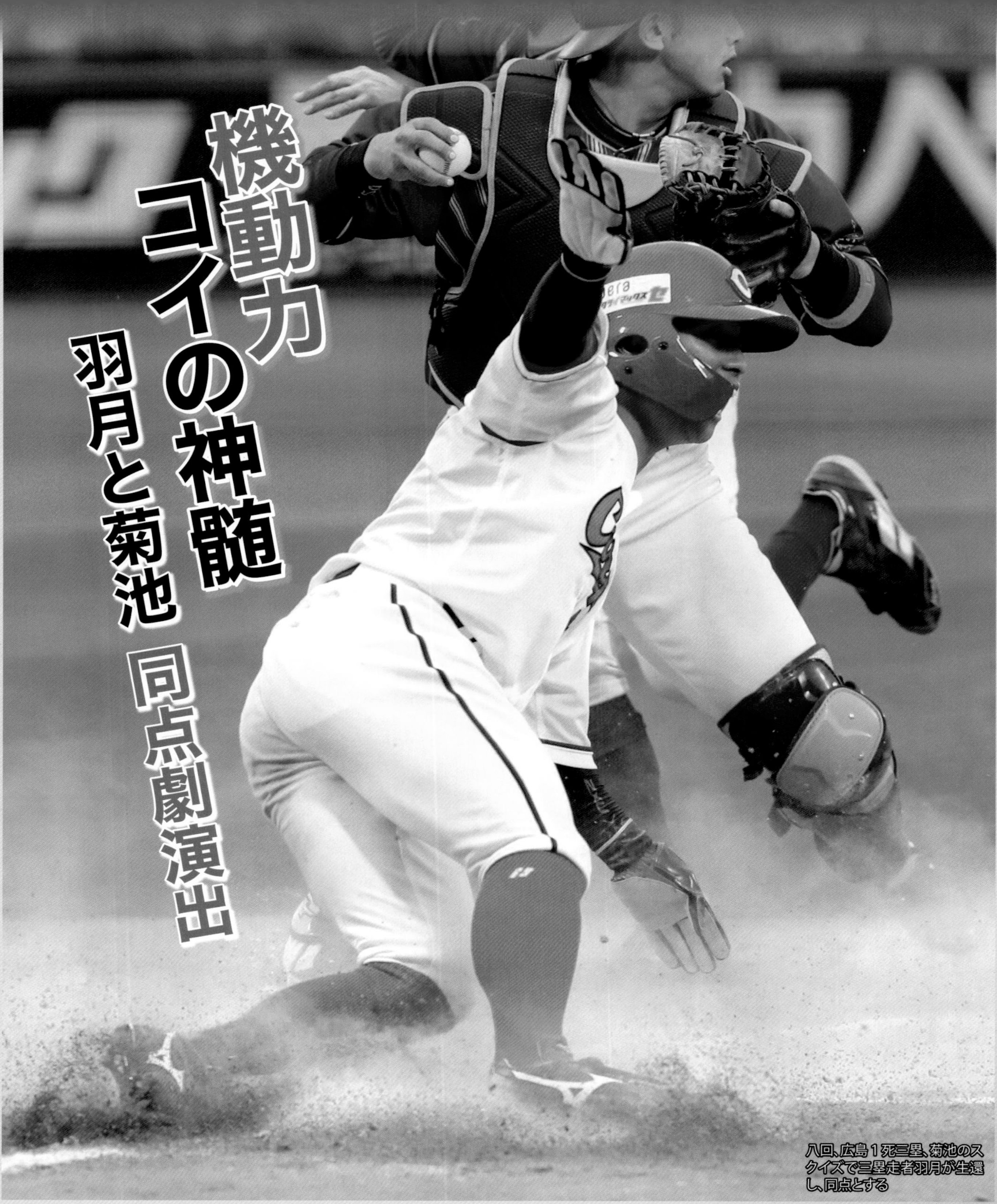

八回、広島1死三塁、菊池のスクイズで三塁走者羽月が生還し、同点とする

機動力で終盤の劣勢をはね返した。1―2の八回、羽月の三盗で1死三塁とし、菊池が同点スクイズ。失敗すれば敗戦に直結する状況でも、新井監督は攻めの采配を貫いた。「腹をくくっていった。みんなでもぎ取った1点だった」とナインをたたえた。

羽月が果敢な盗塁で流れを引き寄せた。八回無死、四球で出塁したデビッドソンの代走で一塁へ。犠打で二塁に進むと初球に思い切ったスタートで三盗を決めた。「1球目でしかいかないと決めていた」。バッテリーの一瞬の隙を見逃さず、「行けたら行け」のベンチのサインに応えた。

この好機を菊池が生かした。1ボール1ストライクから高めの球を投前に同点スクイズ。「羽月が（三塁へ）走った時点で予測していた。できることをやったまでです」と振り返った。

シリーズ前の宣言通り、新井監督は土壇場で機動力を駆使した。羽月は「塁に出たら何してもいい。めちゃくちゃにしてくれって言われているので恐怖心はない」と言う。指揮官の攻めのタクトが生み出した会心の攻撃だった。

# 先発床田 耐えて2失点

六回途中まで2失点と踏ん張った先発床田

先発床田はCS初戦の重圧に負けなかった。六回途中まで8安打を浴びながら2失点にまとめ、新井監督が望んだ「ロースコアの接戦」に持ち込んだ。

絶好調ではなかった。一、二回ともピンチをしのぎ、「よく打つのは分かっていた。何とか序盤は粘りながら投げた」。六回は宮崎に先制2ランを被弾。続くソトに中前打を許した場面で降板し、「みんなが助けてくれて良かった」と胸をなで下ろした。

チームが勝ち抜けば、CSファイナルステージ第3戦に中5日で登板できる。「途中交代したのは嫌だったが、あれだけ打たれたら仕方ない。次はイニングを投げ切れるようにしたい」と意気込んだ。

# 九里好救援 流れ呼ぶ

延長十回、「投手、九里」のアナウンスにスタンドが沸いた。シーズンでは全26試合で先発した右腕が救援マウンドへ。1回⅔を無失点とし、流れを手繰り寄せた。

闘志を表に出す。十回2死一塁、ソトの投ゴロを捕ると、自ら一塁ベースを駆け抜ける。十一回1死三塁の遊飛は本塁後方へ全力疾走し、ベースカバーに入った。「1人ずつ打者と勝負する。マウンドで自分の球をしっかりと投げるだけだった」とうなずいた。

23球の力投。15日の救援待機や16日の先発登板など次の役割は告げられていない。「CS前から臨機応変と言われている。どの役割でも問題ない」と頼もしかった。

十回から救援登板した九里

(勝)ターリー1試合1勝 (敗)ウェンデルケン1試合1敗
(本)宮崎1号②(床田)

| 【DeNA】 | | 打 | 安 | 点 | 振 | 本 | 打率 |
|---|---|---|---|---|---|---|---|
| ⑥ | 林 | 6 | 2 | 0 | 1 | | .333 |
| ⑧ | 桑原 | 4 | 0 | 0 | 0 | | .000 |
| H | 大和 | 1 | 0 | 0 | 0 | | .000 |
| 1 | 上茶谷 | 0 | 0 | 0 | 0 | | — |
| 1 | 伊勢 | 0 | 0 | 0 | 0 | | — |
| 1 | ウェンデルケン | 0 | 0 | 0 | 0 | | — |
| ⑨ | 大田 | 4 | 2 | 0 | 0 | | .500 |
| ④ | 牧 | 5 | 0 | 0 | 1 | | .000 |
| ⑤ | 宮崎 | 5 | 2 | 2 | 0 | ❶ | .400 |
| ③ | ソト | 4 | 1 | 0 | 0 | | .250 |
| ② | 山本 | 5 | 2 | 0 | 2 | | .400 |
| R | 知野 | 0 | 0 | 0 | 0 | | — |
| 2 | 伊藤 | 0 | 0 | 0 | 0 | | — |
| ⑦ | 関根 | 4 | 3 | 0 | 0 | | .750 |
| ① | 東 | 3 | 0 | 0 | 0 | | .000 |
| H | 柴田 | 0 | 0 | 0 | 0 | | .000 |
| 8 | 蝦名 | 1 | 0 | 0 | 0 | | .000 |

犠球失併残
2 2 0 1 11 42 12 2 4 .286

| 【広島】 | | 打 | 安 | 点 | 振 | 本 | 打率 |
|---|---|---|---|---|---|---|---|
| ④ | 菊池 | 4 | 1 | 1 | 1 | | .250 |
| ⑧9 | 野間 | 5 | 4 | 0 | 0 | | .800 |
| ⑦ | 西川 | 4 | 1 | 1 | 1 | | .250 |
| ③ | 堂林 | 4 | 1 | 0 | 2 | | .250 |
| ⑥5 | 小園 | 3 | 0 | 0 | 0 | | .000 |
| ⑨ | 末包 | 3 | 0 | 0 | 0 | | .000 |
| H | 松山 | 1 | 0 | 0 | 0 | | .000 |
| 1 | 九里 | 0 | 0 | 0 | 0 | | — |
| 1 | ターリー | 0 | 0 | 0 | 0 | | — |
| H | 田中 | 1 | 0 | 0 | 0 | | .000 |
| ② | 坂倉 | 5 | 1 | 0 | 0 | | .200 |
| ⑤ | デビッドソン | 1 | 0 | 0 | 1 | | .000 |
| R | 羽月 | 0 | 0 | 0 | 0 | | — |
| 1 | 栗林 | 0 | 0 | 0 | 0 | | — |
| 8 | 秋山 | 1 | 1 | 1 | 0 | | 1.00 |
| ① | 床田 | 0 | 0 | 0 | 0 | | .000 |
| 1 | 大道 | 0 | 0 | 0 | 0 | | — |
| H | マクブルーム | 1 | 0 | 0 | 0 | | .000 |
| 1 | 矢崎 | 0 | 0 | 0 | 0 | | — |
| 1 | 島内 | 0 | 0 | 0 | 0 | | — |
| H6 | 矢野 | 0 | 0 | 0 | 0 | | .000 |

犠球失併残
6 5 0 0 9 33 9 3 5 .273

▽二塁打　大田、山本、堂林▽犠打　関根、柴田、菊池、堂林、床田、矢野2▽犠飛　西川▽盗塁　羽月（1）
▽試合時間　3時間52分

| 投手 | 回 | 打 | 安 | 振 | 責 | 防御率 |
|---|---|---|---|---|---|---|
| 東 | 8 | 29 | 5 | 5 | 2 | 2.25 |
| 上茶谷 | 1 | 5 | 1 | 0 | 0 | 0.00 |
| 伊勢 | 1 | 5 | 1 | 0 | 0 | 0.00 |
| ウェンデルケン | ⅔ | 5 | 2 | 0 | 1 | 13.50 |

| 投手 | 回 | 打 | 安 | 振 | 責 | 防御率 |
|---|---|---|---|---|---|---|
| 床田 | 5⅓ | 24 | 8 | 0 | 2 | 3.38 |
| 大道 | ⅔ | 3 | 1 | 1 | 0 | 0.00 |
| 矢崎 | 1 | 3 | 0 | 0 | 0 | 0.00 |
| 島内 | 1 | 4 | 0 | 2 | 0 | 0.00 |
| 栗林 | 1 | 4 | 1 | 0 | 0 | 0.00 |
| 九里 | 1⅔ | 7 | 2 | 0 | 0 | 0.00 |
| ターリー | ⅓ | 1 | 0 | 1 | 0 | 0.00 |

八回、広島無死満塁、代打田中（手前右）が右前へ勝ち越し打を放ち、盛り上がる一塁側スタンドと広島ベンチ

CS
ファーストステージ
10/15（日）
VS DeNA

# カープ CSファイナル進出 DeNAに連勝

プロ野球のクライマックスシリーズ（CS）ファーストステージ（3試合制）は15日、マツダスタジアムでセ・リーグの第2戦があり、広島がDeNAを4―2で破り、2連勝で5年ぶりのファイナルステージ進出を決めた。

広島は西川、末包の本塁打で2点を先行。森下が六回途中無失点と好投した。七回に追い付かれたが、2―2の八回に代打田中が勝ち越しの右前適時打を放った。第1戦に続いて接戦を制し、3万1059人が詰めかけたスタンドを沸かせた。

ファイナルステージ（6試合制）は18日から甲子園球場で開幕。2018年以来の日本シリーズ進出を懸けて、レギュラーシーズン1位の阪神と戦う。

**広島・新井監督の話**

超満員のマツダスタジアムが選手の背中を押してくれた。甲子園ではがむしゃらに全員野球で、高校球児のように戦い、またここで野球ができるように頑張ってきます。

**SCORE**

広島 4-2 DeNA

マツダスタジアム（13時1分・31,059人）
（第2戦　広島2勝）

| | 1 | 2 | 3 | 4 | 5 | 6 | 7 | 8 | 9 | R |
|---|---|---|---|---|---|---|---|---|---|---|
| DeNA | 0 | 0 | 0 | 0 | 0 | 0 | 2 | 0 | 0 | 2 |
| 広島 | 1 | 0 | 0 | 0 | 0 | 1 | 0 | 2 | × | 4 |

ターニングポイントでも、会沢は「迷いなし。経験もだけど、坂倉からの流れでイメージできていた」と言った。1点リードの六回2死三塁。打席に牧。大道に要求した3球は全て直球だった。結果は力のない右飛。直前の大田への直球3球と合わせた「大道の6球」の後ろ盾には、坂倉の勇気の配球があった。

会沢と坂倉は一つだった。初戦の坂倉は短期決戦初体験。会沢に助言を求め「1巡目をとにかく大事に」と誓った。配球は「僕の迷いは投手に伝わる。『勇気を持て』と自分に言い聞かせた」。牧を無安打に抑えて打線を分断。会沢につないだ。

## 球炎　直球攻め徹底 牧封じる　池本泰尚

2週間に及んだ入念なバッテリーミーティング。多くの時間が4番の牧対策に費やされた。データをたたき込み、対策を練る中、出した一つの結論が「真っすぐで押す」。カープは中継ぎ陣が分厚く、短期決戦になれば先発は初回から飛ばす。力勝負は強みを生かした戦略だった。

この2試合。捕手2人は牧に対し計35球のうち23球で直球を選択した。計9打数1安打と、打点王に仕事をさせなかった。坂倉と会沢。そして強気を信じた投手陣。守備陣は鎖となってつながった。それは固く、簡単には切れそうにない。

# 新井采配ずばり 早めの勝負手 連勝つかむ

DeNAに勝利し、ベンチでガッツポーズする新井監督㊧。右は藤井ヘッドコーチ

八回、広島無死満塁、代打田中が右前に勝ち越し打を放ち雄たけびを上げる

# 代打攻勢　道開く

## 田中殊勲打　初球に懸ける

いつも冷静な田中が、一塁上で何度も拳を突き上げて感情をあらわにした。2―2の八回無死満塁。代打で登場し、クライマックスシリーズ（CS）ファーストステージ突破を決める勝ち越し打。「うれしさが我慢できなかった。たまたま僕が（走者を）返しただけ。みんなでつかんだ勝利」と声を弾ませた。

初球に懸ける思いがバットに乗った。上茶谷が投じた139キロを迷いなく振り切ると、打球は一、二塁間を抜けた。今季、代打の打率は2割1分6厘。「初球を振ると決めていた。シーズン中にやらせてもらった代打の経験がここ一番で生きた」とうなずいた。

短期決戦での勝負強さは折り紙付きだ。２０１６年のCSファイナルステージでは、打率8割3分3厘でCSのMVPを獲得。「悔いが残らないように、思い切ってプレーするのは得意な分野。若い子に負けないように」。当時とは役割が変わっても、一発勝負で大事な積極性は変わらない。

本拠地の声援を力に変えてチームをファイナルステージに導いた。「（阪神に）シーズンの借りを返し、必ず広島に戻ってくる。今年は少しでも長く野球をやりたい」。試合後は、いつものように冷静に先の戦いを見据えていた。

# 末包ソロ 難敵砕く

（勝）島内2試合1勝
（S）栗林2試合1S
（敗）上茶谷2試合1敗
（本）西川1号①（今永）末包1号①（今永）
（広島はファイナルステージ進出）

| 【DeNA】 | 打 | 安 | 点 | 振 | 本 | 打率 |
|---|---|---|---|---|---|---|
| ⑥ 林 | 4 | 1 | 0 | 1 | | .300 |
| ⑦ 楠本 | 2 | 1 | 0 | 0 | | .500 |
| R8 桑原 | 0 | 0 | 0 | 0 | | .000 |
| ⑨ 大田 | 4 | 0 | 0 | 1 | | .250 |
| ④ 牧 | 4 | 1 | 0 | 0 | | .111 |
| ⑤ 宮崎 | 4 | 1 | 0 | 1 | ① | .333 |
| ③ 大和 | 2 | 1 | 0 | 0 | | .333 |
| R 知野 | 0 | 0 | 0 | 0 | | — |
| 1 上茶谷 | 0 | 0 | 0 | 0 | | — |
| 1 石川 | 0 | 0 | 0 | 0 | | — |
| 1 森原 | 0 | 0 | 0 | 0 | | — |
| H 藤田 | 1 | 0 | 0 | 0 | | .000 |
| ② 山本 | 3 | 0 | 0 | 1 | | .250 |
| ⑧7 関根 | 4 | 2 | 1 | 0 | | .625 |
| ① 今永 | 2 | 0 | 0 | 0 | | .000 |
| 1 伊勢 | 0 | 0 | 0 | 0 | | — |
| 1 エスコバー | 0 | 0 | 0 | 0 | | — |
| H3 ソト | 1 | 0 | 1 | 1 | | .200 |
| 犠球失併残 | | | | | | |
| 3 2 0 0 7 | 31 | 7 | 2 | 5 | | .260 |

| 【広島】 | 打 | 安 | 点 | 振 | 本 | 打率 |
|---|---|---|---|---|---|---|
| ④ 菊池 | 4 | 2 | 0 | 0 | | .375 |
| ⑨ 野間 | 3 | 1 | 0 | 1 | | .625 |
| ⑦ 西川 | 2 | 1 | 1 | 0 | ❶ | .333 |
| ③ 堂林 | 2 | 0 | 0 | 0 | | .167 |
| H 松山 | 1 | 0 | 0 | 0 | | .000 |
| 6 矢野 | 0 | 0 | 0 | 0 | | .000 |
| H5 田中 | 1 | 1 | 1 | 0 | | .500 |
| ⑥56 小園 | 3 | 1 | 0 | 1 | | .167 |
| ⑧ 秋山 | 3 | 0 | 1 | 1 | | .250 |
| ② 会沢 | 4 | 0 | 0 | 1 | | .000 |
| ⑤3 デビッドソン | 3 | 0 | 0 | 2 | | .000 |
| ① 森下 | 1 | 0 | 0 | 1 | | .000 |
| 1 大道 | 0 | 0 | 0 | 0 | | — |
| H 末包 | 1 | 1 | 1 | 0 | ❶ | .250 |
| 1 中崎 | 0 | 0 | 0 | 0 | | — |
| 1 ターリー | 0 | 0 | 0 | 0 | | — |
| H マクブルーム | 1 | 0 | 0 | 0 | | .000 |
| 1 島内 | 0 | 0 | 0 | 0 | | — |
| 1 栗林 | 0 | 0 | 0 | 0 | | — |
| 犠球失併残 | | | | | | |
| 3 2 0 0 6 | 29 | 7 | 4 | 7 | | .258 |

▽二塁打　林▽犠打　楠本、山本、西川2
▽犠飛　ソト、秋山▽盗塁　楠本（1）牧（1）
▽試合時間　3時間32分

| 投手 | 回 | 打 | 安 | 振 | 責 | 防御率 |
|---|---|---|---|---|---|---|
| 今永 | 5⅔ | 20 | 4 | 3 | 2 | 3.60 |
| 伊勢 | ⅔ | 2 | 0 | 0 | 0 | 0.00 |
| エスコバー | ⅓ | 2 | 0 | 1 | 0 | 0.00 |
| 上茶谷 | 1⅔ | 7 | 3 | 1 | 2 | 9.00 |
| 石川 | ⅔ | 2 | 0 | 1 | 0 | 0.00 |
| 森原 | ⅓ | 1 | 0 | 1 | 0 | 0.00 |

| 投手 | 回 | 打 | 安 | 振 | 責 | 防御率 |
|---|---|---|---|---|---|---|
| 森下 | 5⅓ | 20 | 3 | 1 | 0 | 0.00 |
| 大道 | ⅔ | 2 | 0 | 0 | 0 | 0.00 |
| 中崎 | ⅓ | 3 | 2 | 0 | 2 | 54.00 |
| ターリー | ⅔ | 3 | 1 | 1 | 0 | 0.00 |
| 島内 | 1 | 4 | 0 | 1 | 0 | 0.00 |
| 栗林 | 1 | 4 | 1 | 2 | 0 | 0.00 |

六回、広島無死、代打末包が左越え本塁打を放つ。投手今永、捕手山本

二回、DeNA1死、宮崎の打球を捕球する森下

## 森下 序盤から全力

### 六回途中無失点

先発の森下は序盤から飛ばし、六回途中まで無失点に抑えた。「行けるところまで、と思っていた」と振り返った。

一回から直球主体。慎重を期し、厳しいコースを突いた。「しっかり打者を見ながら腕を振った」。二回は2度、安打性の当たりを好捕して、アウトにするなど、持ち味のセンスを発揮。六回1死三塁で交代し、「（つないだ）大道が頑張ってくれた」と無失点リレーに感謝した。

ファイナルステージの阪神戦も先発として期待される。第4戦に中5日で回ることができる。「またしっかり準備してやりたい」と意気込んだ。

五回、阪神1死二、三塁、
中前2点打を打たれた九里

CS
ファイナルステージ
10/18 水
VS 阪神

# 九里被弾 心残り

## 5回4失点 流れ手放す

真一文字に結んだ口、固く握った拳。敗れた九里の全身から、悔しさがあふれ出ていた。「追い付かれて逆転されて。申し訳ない」。序盤の力投も、中3日での登板も、何もかも「関係ない。申し訳ない」と謝罪の言葉で打ち消した。

やってはいけない投球だった。1点の先制点をもらった後の四回に森下に左越え同点ソロ。追い込みながらフルカウントとされ、9球目の変化球は半速球の逆球になった。同点の五回には1死から坂本に死球を与え、投手村上に初球をはじき返され勝ち越し二塁打。断ち切れず、近本にも2点打を浴びた。5回5安打4失点。流れを完全に手放した。

嫌な相手を乗せてしまった。森下には一回にも三塁線を破られる二塁打。五回には四球。シーズン打率2割3分7厘ながら、広島戦は打率3割2分8厘、3本塁打とやられた。勢いそのままに打たれ「捕手を含め、しっかり話していく」と菊地原投手コーチ。ラッキーボーイの出現を簡単に許してはいけない。

大アウェーの甲子園では、阪神打線を黙らせるしか勝機はない。アドバンテージを含めて阪神の2勝となった試合後、「いけと言われたところで腕を振る」と九里。やり返す機会が来ると信じている。

## 阪神 4-1 広島

甲子園（18時・42,641人）
（第1戦　阪神1勝）

| | 1 | 2 | 3 | 4 | 5 | 6 | 7 | 8 | 9 | R |
|---|---|---|---|---|---|---|---|---|---|---|
| 広島 | 0 | 0 | 0 | 1 | 0 | 0 | 0 | 0 | 0 | 1 |
| 阪神 | 0 | 0 | 0 | 1 | 3 | 0 | 0 | 0 | × | 4 |

広島は阪神に逆転負けを喫した。先発九里は1―0の四回、森下に同点ソロを浴び、五回には死球と安打で1死一、三塁とされ、村上の適時二塁打、近本の中前2点打で3点を勝ち越された。打線は四回1死三塁から秋山の右犠飛で先制したが、五回の2死一、二塁を逃して以降は、反撃を封じられた。阪神は村上が6回1失点と好投し勝機を呼び込んだ。

（勝）村上1試合1勝　（S）岩崎1試合1S
（敗）九里1試合1敗　（本）森下1号①（九里）
（阪神には1勝のアドバンテージがある）

| 【広島】 | 打 | 安 | 点 | 振 | 本 | 打率 |
|---|---|---|---|---|---|---|
| ④ 菊池 | 3 | 0 | 0 | 0 | | .000 |
| ⑨ 野間 | 3 | 0 | 0 | 0 | | .000 |
| ⑥ 小園 | 3 | 2 | 0 | 1 | | .667 |
| ⑦ 西川 | 4 | 0 | 0 | 2 | | .000 |
| ⑧ 秋山 | 3 | 0 | 1 | 2 | | .000 |
| ② 坂倉 | 3 | 1 | 0 | 2 | | .333 |
| H 上本 | 1 | 0 | 0 | 1 | | .000 |
| ⑤ 田中 | 3 | 1 | 0 | 2 | | .333 |
| ③ 韮沢 | 2 | 0 | 0 | 0 | | .000 |
| H3 堂林 | 1 | 0 | 0 | 1 | | .000 |
| ① 九里 | 1 | 0 | 0 | 1 | | .000 |
| 1 アドゥワ | 0 | 0 | 0 | 0 | | ― |
| 1 中崎 | 0 | 0 | 0 | 0 | | ― |
| H 松山 | 1 | 0 | 0 | 0 | | .000 |
| 1 アンダーソン | 0 | 0 | 0 | 0 | | ― |
| 犠球失併残 23005 | 28 | 4 | 1 | 12 | | .143 |

| 【阪神】 | 打 | 安 | 点 | 振 | 本 | 打率 |
|---|---|---|---|---|---|---|
| ⑧ 近本 | 4 | 1 | 2 | 1 | | .250 |
| ④ 中野 | 4 | 0 | 0 | 1 | | .000 |
| ⑨ 森下 | 3 | 2 | 1 | 1 | ❶ | .667 |
| ③ 大山 | 3 | 0 | 0 | 0 | | .000 |
| ⑤ 佐藤輝 | 4 | 0 | 0 | 1 | | .000 |
| ⑦ ノイジー | 4 | 0 | 0 | 0 | | .000 |
| ② 坂本 | 2 | 0 | 0 | 0 | | .000 |
| ⑥ 木浪 | 3 | 1 | 0 | 1 | | .333 |
| ① 村上 | 2 | 1 | 1 | 1 | | .500 |
| 1 桐敷 | 0 | 0 | 0 | 0 | | ― |
| H 糸原 | 0 | 0 | 0 | 0 | | .000 |
| R 植田 | 0 | 0 | 0 | 0 | | ― |
| 1 石井 | 0 | 0 | 0 | 0 | | ― |
| 1 島本 | 0 | 0 | 0 | 0 | | ― |
| 1 岩崎 | 0 | 0 | 0 | 0 | | ― |
| 犠球失併残 04005 | 29 | 5 | 4 | 6 | | .172 |

▽三塁打　小園▽二塁打　森下、村上▽犠打　九里▽犠飛　秋山▽盗塁　近本（1）▽与死球　九里（坂本）
▽試合時間　2時間52分

| 投手 | 回 | 打 | 安 | 振 | 責 | 防御率 |
|---|---|---|---|---|---|---|
| 九里 | 5 | 22 | 5 | 3 | 4 | 7.20 |
| アドゥワ | 1 | 3 | 0 | 0 | 0 | 0.00 |
| 中崎 | 1 | 4 | 0 | 2 | 0 | 0.00 |
| アンダーソン | 1 | 4 | 0 | 1 | 0 | 0.00 |

| 投手 | 回 | 打 | 安 | 振 | 責 | 防御率 |
|---|---|---|---|---|---|---|
| 村上 | 6 | 23 | 3 | 6 | 1 | 1.50 |
| 桐敷 | 1 | 3 | 0 | 3 | 0 | 0.00 |
| 石井 | ⅔ | 2 | 0 | 0 | 0 | 0.00 |
| 島本 | ⅓ | 1 | 0 | 0 | 0 | 0.00 |
| 岩崎 | 1 | 4 | 1 | 3 | 0 | 0.00 |

点と点がつながった。この気持ちは、まるで長い小説の読後感。序盤に忍ばせた要素、山あり谷ありの展開、そして最初の伏線が回収される。1年前の秋、日南キャンプに合流した新井監督が選手を集め、突然こう告げた日のことを思い出している。

「こんなところで俺が投げるの？ こんなところで俺がスタメン？ 1軍に上がるの？ それが多くなるぞ」。うそではなかった。大事な阪神戦、一塁の先発に22歳韮沢を抜てき。4番堂林を外してまで。新井カープ1年目の伏線がこの日、回収される。

悲しい物語になった。1―1の五回1死一、三塁、打席は投手の村上。ベンチから内野陣に「犠打もあるぞ」の指示が出る。初球、前掛かり気味だった韮沢のグラブの先を球が抜け、二塁打に。捕らなければならない打球だった。捕球後、二塁と本塁のどちらに投げるかの判断がいるタイミングでもあった。

若手が誰でもすぐに活躍できる世界ではない。新井監督はこうも言っていた。「良いことも悪いことも経験しないと成功しない。腹をくくる」。痛い1点だった。このワンプレーが今後、どんな伏線になるのかは、韮沢の頑張りが決める。

### 球炎　抜てき、痛恨…次の伏線へ

五反田康彦

## コイ打線 空回り

### 左打者7人 村上対策不発

五回、広島2死一、二塁、遊直に倒れベンチに戻る野間

左翼席の広島ファンの声援が中盤以降、歓喜に変わることはなかった。村上対策として左打者を7人並べた打線は、秋山の犠飛による1点止まり。自慢の機動力も阪神バッテリーに封じられ、得点の手だてを失った。

レギュラーシーズンを通して苦しめられた140㌔台後半の直球で、カウントを稼がれた。五回2死一、二塁では野間が直球を振りにいったが、遊直に倒れた。迎打撃コーチは「真っすぐをいかにはじけるか。それが村上に対する今年の課題だったが、できなかった」と悔やんだ。

ファーストステージで威力を発揮した足を絡めた攻撃も影を潜めた。走者を出した三回まではいずれの回でもエンドランを試みたが、すべてファウルで走者を進められず。三回は2死一塁から野間が盗塁を仕掛けたが、坂本の強肩に阻まれた。

七回以降は阪神の救援陣に封じられ、終わってみれば4安打、計12三振を喫した。第2戦には今季2敗の伊藤将が予告先発。この日2安打の小園は「まだ終わっていない。これから全部勝てばいい」と前を向いた。

九回、阪神2死満塁、木浪（手前）にサヨナラの右前打を打たれ、唇をかむ栗林

# 守護神栗林 無念

## サヨナラ負け 土俵際

歓喜に沸く阪神ファンの大歓声を背に栗林は足早にベンチへ引き揚げた。1―1の九回2死満塁で木浪に痛恨のサヨナラ打を浴びた。大瀬良、島内と最少失点で受け継いだリレーをつなげず、「悔しいし、申し訳ない気持ち。もっとやれることはあったのかと思う」と唇をかんだ。

二塁打や申告敬遠後の四球などで2死満塁。1ボール2ストライクから投じたフォークが浮いた。「ワンバウンドというか低めを狙って投げた球が高めにいってしまった」。シーズンを通して修正を重ねてきたフォークが、ここ一番で決まらなかった。

ピンチの始まりもわずかな制球ミスだった。1死から大山に打たれた二塁打はカットボールが高めに抜けた球。「九回の同点で一番やっちゃいけない長打。アツ（会沢）さんも低めに構え、（低めに）投げてこいという合図があったのに…」。申告敬遠後の坂本への四球も、制球を乱して出したものだった。

チームは2連敗で土俵際に追い込まれた。負ければ終わりの第3戦以降は、勝ち継投の投手も同点やビハインドで登板する可能性がある。「投げたいところに投げられなかった」と悔やんだ右腕にも、まだ挽回の機会は残されている。

## 阪神 2-1 広島

甲子園(18時1分・42,630人)
(第2戦 阪神2勝)

| | 1 | 2 | 3 | 4 | 5 | 6 | 7 | 8 | 9 | R |
|---|---|---|---|---|---|---|---|---|---|---|
| 広島 | 1 | 0 | 0 | 0 | 0 | 0 | 0 | 0 | 0 | 1 |
| 阪神 | 0 | 1 | 0 | 0 | 0 | 0 | 0 | 0 | 1 | 2 |

広島は阪神にサヨナラ負けし、後がなくなった。1—1の九回、栗林が大山の二塁打などで2死満塁とされ、木浪に右前へサヨナラ打を浴びた。打線は先頭打者を5度出塁させたが、逸機の連続で、一回の小園の適時打による1点止まり。7回1失点の大瀬良の力投に応えられなかった。阪神は伊藤将が7回1失点。九回は岩崎が3人で抑え、流れを呼んだ。

(勝)岩崎2試合1勝1S
(敗)栗林1試合1敗
(阪神には1勝のアドバンテージがある)

| 【広島】 | | 打 | 安 | 点 | 振 | 本 | 打率 |
|---|---|---|---|---|---|---|---|
| ④ | 菊池 | 4 | 2 | 0 | 0 | | .286 |
| ⑧9 | 野間 | 3 | 1 | 0 | 1 | | .167 |
| ⑥ | 小園 | 4 | 2 | 1 | 0 | | .571 |
| ③ | 堂林 | 2 | 0 | 0 | 0 | | .000 |
| H | 松山 | 1 | 0 | 0 | 1 | | .000 |
| 1 | 島内 | 0 | 0 | 0 | 0 | | — |
| 1 | 栗林 | 0 | 0 | 0 | 0 | | — |
| ⑦ | 西川 | 4 | 1 | 0 | 1 | | .125 |
| ⑤ | 上本 | 4 | 1 | 0 | 0 | | .200 |
| ⑨ | 末包 | 4 | 0 | 0 | 1 | | .000 |
| 8 | 曽根 | 0 | 0 | 0 | 0 | | — |
| ② | 会沢 | 3 | 0 | 0 | 1 | | .000 |
| ① | 大瀬良 | 1 | 0 | 0 | 1 | | .000 |
| H3 | 田中 | 1 | 0 | 0 | 1 | | .250 |
| 犠球失併残 | 12106 | 31 | 7 | 1 | 7 | | .186 |

| 【阪神】 | | 打 | 安 | 点 | 振 | 本 | 打率 |
|---|---|---|---|---|---|---|---|
| ⑧ | 近本 | 3 | 0 | 0 | 0 | | .143 |
| ④ | 中野 | 4 | 0 | 0 | 2 | | .000 |
| ⑨ | 森下 | 4 | 0 | 0 | 1 | ① | .286 |
| ③ | 大山 | 4 | 1 | 0 | 0 | | .143 |
| ⑤ | 佐藤輝 | 4 | 1 | 0 | 1 | | .125 |
| ⑦ | ノイジー | 3 | 1 | 0 | 0 | | .143 |
| ② | 坂本 | 3 | 0 | 0 | 2 | | .000 |
| ⑥ | 木浪 | 3 | 2 | 1 | 0 | | .500 |
| ① | 伊藤将 | 1 | 0 | 0 | 1 | | .000 |
| 1 | 石井 | 0 | 0 | 0 | 0 | | — |
| 1 | 島本 | 0 | 0 | 0 | 0 | | — |
| 1 | ブルワー | 0 | 0 | 0 | 0 | | — |
| H | ミエセス | 1 | 0 | 0 | 0 | | .000 |
| 1 | 岩崎 | 0 | 0 | 0 | 0 | | — |
| 犠球失併残 | 14027 | 30 | 5 | 1 | 7 | | .169 |

▽二塁打 菊池、大山▽犠打 野間、伊藤将▽失策 末包
▽試合時間 3時間13分

| 投手 | 回 | 打 | 安 | 振 | 責 | 防御率 |
|---|---|---|---|---|---|---|
| 大瀬良 | 7 | 26 | 3 | 5 | 0 | 0.00 |
| 島内 | 1 | 3 | 0 | 1 | 0 | 0.00 |
| 栗林 | ⅔ | 6 | 2 | 1 | 1 | 13.50 |

| 投手 | 回 | 打 | 安 | 振 | 責 | 防御率 |
|---|---|---|---|---|---|---|
| 伊藤将 | 7 | 26 | 5 | 3 | 1 | 1.29 |
| 石井 | ⅔ | 2 | 0 | 1 | 0 | 0.00 |
| 島本 | 0/3 | 2 | 2 | 0 | 0 | 0.00 |
| ブルワー | ⅓ | 1 | 0 | 1 | 0 | 0.00 |
| 岩崎 | 1 | 3 | 0 | 2 | 0 | 0.00 |

## 球炎 修羅場で出る経験の重み

五反田康彦

ポカをしたことがない選手はいない。あの菊池だって、そうだ。「マエケンさんが投げている試合。ずっと覚えています」。2年目の2013年5月、マツダスタジアムで1試合3失策。悔しさと恥ずかしさを10年間、胸のどこかに握りしめてきた。

このミスもきっと若者の胸に刻まれた。甲子園にいた魔物。1—0の二回1死一塁、ノイジーの右前打。右翼手末包は前進して捕ろうとし、バウンドを合わせられない。フェンスまで逃げていく打球。信じられない失策で同点に追いつかれた。18日の韮沢に続く若手の決定的なミスだった。膨らむ重圧が、いつもよりも響く阪神ファンの声援が、彼らの平常心をどこかへと吹き飛ばす。菊池や大瀬良ら場数を踏むベテランは、シーズン以上の力を発揮する。経験の大事さは目には見えず、こういう修羅場でにじみ出る。

痛恨の舞台の大きさがどう影響するだろうか。二回終了後、末包がベンチに戻る途中、大瀬良はあえてグラウンド内に立ち止まり、励ましの声をかけていた。その様子をベンチの奥で見ていた男。その人こそが誰よりも信じられないミスをする選手だった。若者に託し続ける新井監督の「ロマン」に、私は我慢する。

## コイ 決定打欠く

### 7安打 またも1点止まり

八回、広島2死一、二塁、代打松山が空振り三振に倒れる。投手ブルワー

左翼スタンドの一角からこれでもかと響いたチャンス専用の応援歌。しかし代打松山のバットが空を切ると、残響さえも阪神ファンにかき消された。同点の八回2死一、二塁。4番堂林の代打で出た松山は、153キロの速球に空振り三振。「情けない。本当に申し訳ない。それだけです」と責任を背負い込んだ。

2死からのこの好機に夢を託さなければならないほど、ホームが遠かった。幸先良く一回に1点を先制したものの、間合いや足の上げ方を変えて丁寧に投げる伊藤将の前に決定打が出ない。今季2敗を喫した左腕に5イニングで先頭を出しただけに、じれったい。「低めを見極める意識を徹底する」との打撃コーチの指示も実らなかった。

7安打を打ちながら、2試合連続の1点止まり。新井監督は六回2死一、二塁での西川の遊直や、七回無死一塁での末包の投直を例に出し「捉えた打球や、いい当たりもあったが、野手の正面に飛んだ。勝負の運。そういう日だった」と切り替えを求めた。

打線爆発を待つのはもはや現実的ではない。この日、野手で切ったカードは松山、田中、曽根の3枚だけ。ベンチも選手も試される。崖っぷちから押し返せるか。反発力は残っているか。

CS ファイナルステージ 10/20（金） VS 阪神

# 悔しさ 来季の糧に

## 床田3失点「力負けかな」

六回、阪神2死一、二塁、坂本（奥）に勝ち越しの右前打を浴び、打球を目で追う床田

ふらふらと上がった打球は、二塁菊池と右翼野間の真ん中にぽとりと落ちた。ベースカバーに走ったホームの先で、床田は腰に手をやり、唇をかんだ。同点の六回2死一、二塁。坂本に直球をはじかれた。痛恨の勝ち越しを許し「あの時の持てる精いっぱいを出して打たれた。力負けかなと思う」と脱帽した。

阪神相手に、打線の大量援護は望めない。床田は初回から飛ばした。「何も考えず、いい立ち上がりはできた」。140キロ台後半の直球を軸に3回まで無安打。しかし1点リードの四回にノイジー、坂本の連続適時打で逆転を許すと、ツーシームを使い切れず、回を重ねてガス欠した。

シーズンの流れを表現するかのような投球だった。今季は7月末までに9勝したが、8月以降は2勝と失速。中5日、負ければ今季終了と気合を入れたこの日も、6回3失点で負けた。「結局いいところで終わっていない。このままだと来年はきつい」と受け止めた。

初の規定投球回、2桁勝利で新井カープを支えた左のエース。でも、何かが足りなかった。「全てをレベルアップさせないといけない。勝負できる球をつくる」。漏れ聞こえてくる六甲おろしに、床田はまた唇をかんだ。

## 阪神 4－2 広島

甲子園（18時・42,642人）
（第3戦　阪神3勝）

| | 1 | 2 | 3 | 4 | 5 | 6 | 7 | 8 | 9 | R |
|---|---|---|---|---|---|---|---|---|---|---|
| 広島 | 0 | 0 | 0 | 1 | 1 | 0 | 0 | 0 | 0 | 2 |
| 阪神 | 0 | 0 | 0 | 2 | 0 | 1 | 1 | 0 | × | 4 |

広島は3戦連続の逆転負け。四回に坂倉の適時打で先制。逆転された直後の五回には堂林の左犠飛で追い付いたが、先発床田が六回2死から坂本に勝ち越しの右前打を浴びた。七回にも矢崎が追加点を許した。打線は阪神を上回る10安打しながら12残塁。相手の好守もあり、攻め切れなかった。阪神は大竹が5回2失点。桐敷が好救援し、九回は岩崎が締めた。

（勝）桐敷2試合1勝　（S）岩崎3試合1勝2S
（敗）床田1試合1敗　（阪神には1勝のアドバンテージがある。阪神は日本シリーズ出場決定）

| 【広島】 | | 打 | 安 | 点 | 振 | 本 | 打率 |
|---|---|---|---|---|---|---|---|
| ④ | 菊池 | 4 | 2 | 0 | 0 | | .364 |
| 1 | 島内 | 0 | 0 | 0 | 0 | | ― |
| H | 磯村 | 1 | 0 | 0 | 0 | | .000 |
| ⑨8 | 野間 | 3 | 1 | 0 | 1 | | .222 |
| ⑥ | 小園 | 5 | 2 | 0 | 1 | | .500 |
| ③ | 堂林 | 4 | 0 | 1 | 3 | | .000 |
| ⑦ | 西川 | 4 | 0 | 0 | 1 | | .083 |
| ⑤ | 上本 | 4 | 2 | 0 | 1 | | .333 |
| ⑧ | 秋山 | 3 | 1 | 0 | 0 | | .167 |
| H9 | 末包 | 1 | 0 | 0 | 0 | | .000 |
| ② | 坂倉 | 4 | 2 | 1 | 1 | | .429 |
| R4 | 曽根 | 0 | 0 | 0 | 0 | | ― |
| ① | 床田 | 3 | 0 | 0 | 0 | | .000 |
| 1 | 矢崎 | 0 | 0 | 0 | 0 | | ― |
| 1 | 大道 | 0 | 0 | 0 | 0 | | ― |
| H | 松山 | 1 | 0 | 0 | 0 | | .000 |
| 2 | 会沢 | 0 | 0 | 0 | 0 | | .000 |
| 犠球失併残 | 13001 | 23 | 7 | 10 | 2 | 8 | .219 |

| 【阪神】 | | 打 | 安 | 点 | 振 | 本 | 打率 |
|---|---|---|---|---|---|---|---|
| ⑧ | 近本 | 4 | 0 | 0 | 0 | | .091 |
| ④ | 中野 | 3 | 1 | 0 | 0 | | .091 |
| ⑨ | 森下 | 3 | 0 | 1 | 1 | ① | .200 |
| ③ | 大山 | 2 | 0 | 0 | 0 | | .111 |
| ⑤ | 佐藤輝 | 4 | 1 | 0 | 0 | | .167 |
| ⑦ | ノイジー | 3 | 1 | 1 | 1 | | .200 |
| ② | 坂本 | 4 | 2 | 2 | 0 | | .222 |
| ⑥ | 木浪 | 4 | 2 | 0 | 1 | | .500 |
| ① | 大竹 | 1 | 0 | 0 | 0 | | .000 |
| H | 渡辺諒 | 1 | 0 | 0 | 0 | | .000 |
| 1 | 桐敷 | 0 | 0 | 0 | 0 | | ― |
| H | 小幡 | 0 | 0 | 0 | 0 | | .000 |
| 1 | 岩貞 | 0 | 0 | 0 | 0 | | ― |
| 1 | 石井 | 0 | 0 | 0 | 0 | | ― |
| 1 | 島本 | 0 | 0 | 0 | 0 | | ― |
| H | 糸原 | 0 | 0 | 0 | 0 | | .000 |
| R | 熊谷 | 0 | 0 | 0 | 0 | | ― |
| 1 | 岩崎 | 0 | 0 | 0 | 0 | | ― |
| 犠球失併残 | 17109 | 29 | 7 | 4 | 3 | | .193 |

▽二塁打　上本▽犠打　小幡▽犠飛　堂林
▽盗塁　小園（1）▽失策　大山
▽試合時間　3時間41分

| 投手 | 回 | 打 | 安 | 振 | 責 | 防御率 |
|---|---|---|---|---|---|---|
| 床田 | 6 | 25 | 5 | 2 | 3 | 4.50 |
| 矢崎 | ⅓ | 5 | 1 | 0 | 1 | 27.00 |
| 大道 | ⅔ | 2 | 0 | 0 | 0 | 0.00 |
| 島内 | 1 | 5 | 1 | 1 | 0 | 0.00 |

| 投手 | 回 | 打 | 安 | 振 | 責 | 防御率 |
|---|---|---|---|---|---|---|
| 大竹 | 5 | 24 | 7 | 3 | 2 | 3.60 |
| 桐敷 | 2 | 7 | 0 | 3 | 0 | 0.00 |
| 岩貞 | ⅓ | 2 | 1 | 1 | 0 | 0.00 |
| 石井 | ⅓ | 2 | 1 | 0 | 0 | 0.00 |
| 島本 | ⅓ | 1 | 0 | 0 | 0 | 0.00 |
| 岩崎 | 1 | 5 | 1 | 1 | 0 | 0.00 |

甲子園球場に響く音は、コンサート会場のそれだった。阪神打者の胸元を突く一球で怒声。申告敬遠でブーイング。スコアボードに得点が刻まれると、さらに歓声は大きくなる。その声がもたらす迫力が広島ナインに一瞬の隙を生み出した。

四回、ノイジーの適時打で追い付かれた時だ。「うぉー」という声が空間を支配し、これがエアポケットとなる。2死一、三塁、次打者坂本への初球は床田―坂倉のバッテリーにとって、あまりに不用意な142㌔。左前へと運ばれ、勝ち越されていた。

## 球炎　この敗戦で　もっと強くなれ

五反田康彦

初球を狙われた勝ち越し打。その痛打は18日の試合でもあった。五回1死一、三塁、投手村上に対する初球がまさかの適時二塁打に。捕手がしっかりと間を取る。ジェスチャーで厳しいコースを求める。備えるべき繊細さはどこへ。短期決戦の緊迫感が視野を狭めた。

この舞台でなければ味わえない経験だった。糧となるのは、坂倉だけではない。末包はこの日もいい当たりが二直となり、キーマンにはなれなかった。床田は大黒柱になるために、もうひと踏ん張りがいる。新井監督2年目となる来季のカープは、あなたたちのチームだ。この敗戦が「もっと強くなれ」と言っている。

# 赤い心　燃えた1年

## 新井流　最後まで執念

九回、苦い表情で戦況を見守る新井監督㊥たち

新井カープの1年目の挑戦が終わった。日本シリーズ進出を目指したクライマックスシリーズ（CS）ファイナルステージの戦いは、1勝もできずに3連敗。力の差を見せつけられた新井監督は「みんな諦めずに戦ってくれた。タイガースは強かった」とナインをねぎらい、完敗を認めた。

今季を象徴するもどかしい展開だった。打線はレギュラーシーズンで6敗を喫した大竹に、坂倉の適時打と堂林の犠飛で2得点。しかし、突き放すことができず、阪神を上回る10安打を放ちながらも苦杯をなめた。指揮官は「チームを預かる者として、勝てなかったことは悔いが残る」と天を仰いだ。

この3試合は機動力も封じられた。小園が五回に決めた二盗がファイナルステージ初盗塁。阪神バッテリーに警戒され、走者を出してもくぎ付けになった。ただ、最後まで勝利への執念を燃やした。守備では小園や秋山が球際の強さを見せ、救援陣は島内、大道が完全アウェーの中で懸命に腕を振った。

このチームは発展途上。試合後、あいさつに向かったナインに左翼席のファンからは拍手が飛んだ。新井監督は「開幕前は（周囲の）評価は低かった。それを選手がなにくそと思い、戦いながら成長してくれた。この経験を来年につなげていかないといけない」と最後まで前を見つめていた。

(1)　中國新聞　2023年(令和5年)9月25日(月曜日)

# 新井カープCS進出

就任1年目でCS進出を果たした新井監督(左から3人目)。チーム一丸となり、下馬評を覆す快進撃を見せた＝9月6日(マツダスタジアム)

中國新聞
発行所 広島市中区土橋町7番1号 〒730-8677
中国新聞社
電話(082)236-2111(受付案内台)


号外



## 球団5年ぶり 新人監督で初

プロ野球セ・リーグ2位の広島東洋カープは25日、2018年以来、5年ぶり6度目のクライマックスシリーズ(CS)進出が決まった。広島はこの日試合がなかったが、4位巨人が3位DeNAに0－1で敗れ、3位以内が確定した。

新井貴浩監督が就任した今季は、「家族」という言葉に代表されるように、チームの一体感を最重要視し、ペナントレースに挑んだ。大胆な起用と、長所に目を向けたマネジメントで選手の挑戦心を刺激し、開幕前の下馬評を覆す戦いを見せた。

守りでは懸案だった救援陣を整備。攻撃では機動力を積極的に使い、打線の活力を引き出した。6月下旬の6連勝以降はAクラスを維持。7月には4年ぶりの10連勝で首位に立った。9月には主力選手に故障者が続出して失速。阪神に18年ぶりのリーグ優勝を許したが、その後も粘り強い戦いを続け、CS進出をつかんだ。新人監督では球団初。

CSファーストステージ(3試合制)は10月14日から2位チームの本拠地である。勝ち抜いたチームが、日本シリーズ出場権を懸け、18日からファイナルステージ(6試合制)で阪神と戦う。

### 目標は先にある

**広島・新井貴浩監督の話**　まだまだ目標は先にあるので、振り返るのは早い。ただ、選手の頑張りは本当にありがたく感じている。

中國新聞　2023年（令和5年）9月25日（月曜日）　(2)

# 新井流 常に前向き

## 語録から歩み回顧

開幕5戦目での初勝利（4月6日・阪神2回戦）

「ただ、1勝目をファンに届けたい気持ちだけだった」

菊池が1500安打達成（4月27日・中日4回戦）

「きょうは5安打。言葉が出ない。あれだけの守備の貢献がありながら、本当にすごい」

期待の大砲・末包が代打逆転3ランで自力V復活（8月29日・巨人22回戦）

「あそこが切れずにホームランになるのは、技術的にも成長してきているということ」

田中の満塁弾で3連勝。初の首位浮上（4月16日・ヤクルト6回戦）

「血が沸騰するようなホームランだった。（首位浮上を問われ）まだ何試合ですか」

4年ぶりの10連勝で首位浮上（7月27日・ヤクルト15回戦）

「粘っているうちにチャンスがきて、数少ないチャンスで野手が点を取って…。本当にいい戦いができている」

九里が3季ぶり完封（5月10日・中日6回戦）

「ははは。ナイスピッチングでしたね。（8回で）代えたら怒られるでしょう」

秋山の決勝3ランで、オリックス戦の連敗を13で止める（5月31日・オリックス2回戦）

「アキに何とかしてくれーと思っていたら最高の結果を出してくれた。（連敗については）私1年目ですし、全然知らないですし、関係ないから」

西川の2ランなどでサイ・ヤング賞投手のバウアーから二回までに7得点（5月16日・DeNA7回戦）

「前回の対戦で真っすぐや変化球の軌道を体感している。いい対応ができ、いいつながりだった」

2023年（令和５年）10月4日（水曜日）　中國新聞　（1）

# カープ２位確定

シーズン最終戦を終え、ファンにあいさつする新井監督＝マツダスタジアム（１日）

中國新聞
発行所
広島市中区土橋町7番1号
〒730-8677
中国新聞社
電話(082)236-2111(受付案内台)
中国新聞デジタル
https://www.chugoku-np.co.jp/

号外



## 地元でＣＳ　ＤｅＮＡと対戦

プロ野球セ・リーグは4日、広島東洋カープの2位が決まった。14日に開幕するクライマックスシリーズ（ＣＳ）ファーストステージ（３試合制）はマツダスタジアム（広島市南区）で開催され、３位ＤｅＮＡと戦う。

広島は1日、74勝65敗4分け、勝率5割3分2厘で全日程を終了。ＤｅＮＡは1試合を残し、74勝65敗3分けで勝利数、勝率で並んでいたが、4日の巨人最終戦（東京ドーム）に０―１で敗れ、勝率で広島を下回り３位となった。

ＣＳが始まった２００７年以降、広島が出場するのは今季で6度目。ファーストステージでは初の地元開催となる。勝ち抜いたチームが、日本シリーズ出場権を懸け、18日からファイナルステージ（6試合制）で阪神と戦う。

### 選手の頑張りのおかげ

**新井貴浩監督の話**　マツダスタジアムでＣＳが開催されることとなり、素直にうれしい。ファンのみなさんも喜んでくれているのではないでしょうか。正直言うと、自力で決めたかったが、こうして最終的に２位で終えることができたのは選手の頑張りのおかげです。

2023年（令和5年）10月15日（日曜日）　中國新聞　（1）

中國新聞

発行所
広島市中区土橋町7番1号
〒730-8677
中国新聞社
電話(082)236-2111(受付案内台)
中国新聞デジタル
https://www.chugoku-np.co.jp/

号外

# カープ、ファイナル進出

ＤｅＮＡに勝利し喜び合う広島ナイン（撮影・山本誉）

## CSファーストステージ　ＤｅＮＡに連勝

プロ野球のクライマックスシリーズ（CS）ファーストステージ（3試合制）は15日、広島市南区のマツダスタジアムでセ・リーグの第2戦が行われた。レギュラーシーズン2位の広島東洋カープが3位のDeNAに4―2で勝って、対戦成績を2勝とし、5年ぶりのファイナルステージ（6試合制）進出を決めた。

広島は一回に西川龍馬の右越え本塁打で先制。六回には末包昇大の左越え本塁打で2―0とした。七回に同点とされたが、八回に田中広輔の右前適時打と秋山翔吾の左犠飛で2点を勝ち越した。先発森下暢仁は六回途中まで無失点の好投。その後は救援陣がつなぎ、九回は栗林良吏が締めくくった。

ファイナルステージは18日から兵庫県西宮市の甲子園球場で開幕。広島は5年ぶりの日本シリーズ進出を懸けて、セ・リーグ覇者の阪神と戦う。

### がむしゃらに戦ってきたい

**広島・新井貴浩監督の話**　超満員のマツダスタジアムに背中を押してもらった。甲子園ではがむしゃらに全員野球で高校球児のように戦ってきたい。

# カープトピックス2023

2023シーズンの印象的な出来事や記録を振り返ります。

## 42ホールドポイント 島内 球団記録タイ

最優秀中継ぎ投手

9月30日 阪神戦

最優秀中継ぎ投手のタイトル獲得を決めている島内が八回を無失点に抑えて3勝目。42ホールドポイントとし、2016年のジャクソンが持つ球団記録に並んだ。

九里の後を受け、同点で登板。1死から代打森下に左前打を許したが、続く島田を155キロで詰まらせて二ゴロ併殺に抑えた。「調子も良かった。うまくいいところに飛んでくれて、キク（菊池）さんがうまく処理してくれた」と感謝した。

すでに更新したホールドに続く球団記録。「いろんな方の支えがないと並ぶことはできなかった。僕だけの力ではないなと感じている」と、また頭を下げた。

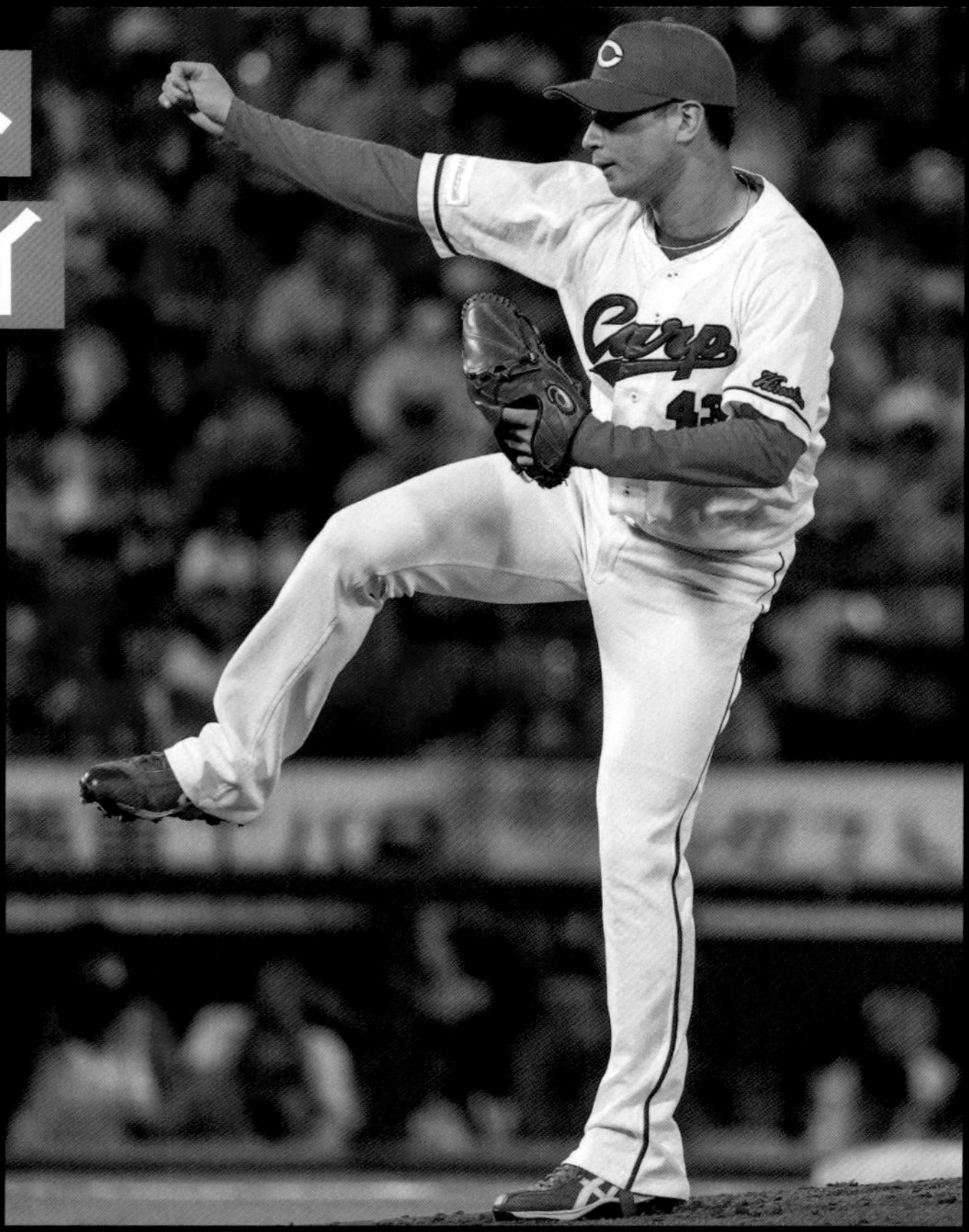

八回を無失点に抑え、球団記録に並ぶ42ホールドポイントをマークした島内

## 菊池1500試合出場

七回、広島2死一塁、右前打を放つ菊池

8月12日 中日戦

中日17回戦（バンテリンドームナゴヤ）で先発出場して達成。プロ野球205人目。初出場は2012年6月30日のDeNA戦。

## 菊池1500安打

1500安打の記念のボードを手にする菊池

4月27日 中日戦

中日4回戦（マツダスタジアム）の一回に柳から三塁内野安打を放って達成。プロ野球132人目。初安打は2012年7月1日のDeNA戦で山本から。

# 九里 千投球回

六回を終えて千投球回を達成し、記念ボードを掲げる九里

5月17日 DeNA戦

DeNA8回戦（横浜）で達成。プロ野球363人目。初登板は2014年3月29日の中日戦。

# 松山 500打点

四回、広島1死満塁、代打で登場し左中間に3点二塁打を放つ松山

4月20日 阪神戦

# 会沢 1000試合出場

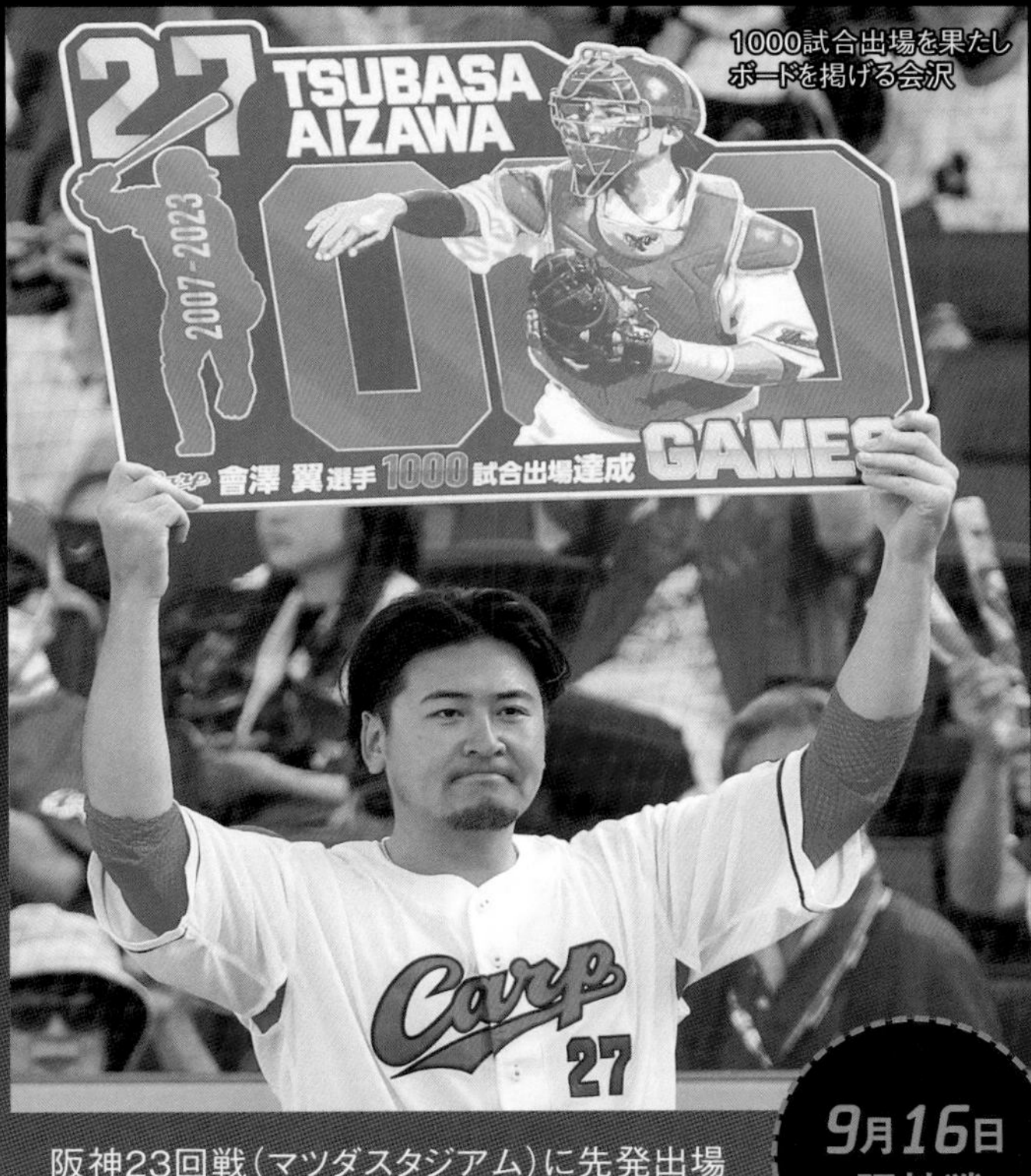


1000試合出場を果たしボードを掲げる会沢

9月16日 阪神戦

阪神23回戦（マツダスタジアム）に先発出場して達成。プロ野球525人目。初出場は2009年5月27日のロッテ戦。

# 秋山1500安打 国内

日本での通算1500安打を達成し、記念ボードを掲げる秋山

5月16日 DeNA戦

DeNA7回戦（横浜）の四回に上茶谷から二塁内野安打を放って達成。プロ野球133人目。初安打は2011年4月13日の日本ハム戦でウルフから。

# マツスタ 4年ぶり響く声援

試合終了後、ファンにあいさつする広島ナイン

4月4日 阪神戦

マツダスタジアムで阪神との地元開幕戦に臨み、4―5で競り負けた。2004年以来となる開幕から引き分けなしの4連敗。新井監督の初勝利と、マツダスタジアムのリーグ通算500勝は持ち越しとなった。

6月6日 日本ハム戦

プロ初勝利を挙げ、ファンの声援に応える栗林

# 栗林プロ初白星

3年目の栗林が通算116試合目の登板でプロ初勝利を挙げた。1―2の七回に登板し1回無失点。直後に味方が逆転して白星が転がり込み「めちゃくちゃうれしい」と喜んだ。

9月30日 阪神戦

# コイ入場者 200万人を突破 4年ぶり

八回、広島1死、末包（右から2人目）が勝ち越しの左越え本塁打を放ち、ベンチ前で喜ぶ広島ナイン

今季の主催公式戦の総入場者数が4年ぶりに200万人を突破した。71試合目の阪神24回戦（マツダ）に3万1189人が来場して202万3643人となった。200万人到達は新型コロナウイルス流行前の2019年以来、6度目。

声出し応援が解禁された今季は終盤まで上位争いを演じ、1試合平均では2万8502人が来場した。

# コイ4年ぶり10連勝 首位に浮上

八回、広島1死満塁、堂林の中前2点打で盛り上がる広島ベンチ

7月27日 ヤクルト戦

マツダスタジアムでヤクルトを4―1で下し、2019年5月以来となる10連勝を飾った。就任1年目の新井監督が率いるチームは4月以来の首位に浮上した。

# 好救援島内 60試合登板

八回に2番手で登板し好投する島内

9月24日
ヤクルト戦

島内が節目の60試合登板。チームでは2019年のフランスア以来の大台に乗せた。

1―3の八回に2番手で登板。先頭の山田に四球を与えたが、続く村上は右飛。サンタナは全て直球で空振り三振に仕留め、最後はオスナも打ち取った。「四球を与えたのは駄目だが、その後を冷静に考えて投げられた」と振り返った。

開幕から安定感のある投球を続け、セットアッパーに定着。60試合目を終え「いろんな人に支えられて、積み重ねてできたもの。自分だけではたどり着けなかった」と、感謝の言葉を繰り返した。

七回に登板し、最速155㌔をマークした栗林

7月1日
ヤクルト戦

# 栗林 155㌔ 自己最速タイ

栗林が復調してきた。2―3の七回に登板し自己最速タイの155㌔をマークするなど4試合連続無失点。「出力は上がってきている」と手応えを口にした。

先頭の山田に左前打を浴び、暴投で二進を許した。さらに、サンタナの二ゴロで1死三塁とされたが、中村を2ボール2ストライクからフォークで見逃し三振。続く内山は155㌔で追い込み、最後も直球で空振り三振に仕留めた。「1点もやりたくないという気持ちで投げた。自信を持って投げていきたい」。汗を拭い、勝負どころの夏場を見据えた。

# 野村 17回連続無失点

7月16日
DeNA戦

先発し5回を無失点に抑えた野村

今季3試合目の先発野村が、連続無失点を17回に伸ばした。34歳はスタミナを奪う猛暑の中、5回で5安打されても無失点。「狙ったところへ投げられている。周りからおじさんと言われるけれど、僕自身は若いと思っているので」と汗を拭った。

一回、1番梶原の二塁打からのピンチを乗り切った。佐野や牧に連続でファウルされても根負けせず、26球を費やして「0」を刻んだ。「苦戦したけれど粘れた。それから長打は出ていない。安打もゴロで、自分らしい投球ができた」と、低めへの制球でゲームメークした。

# セ開幕 新井監督 悔しいスタート

## 3併殺 零封負け喫す

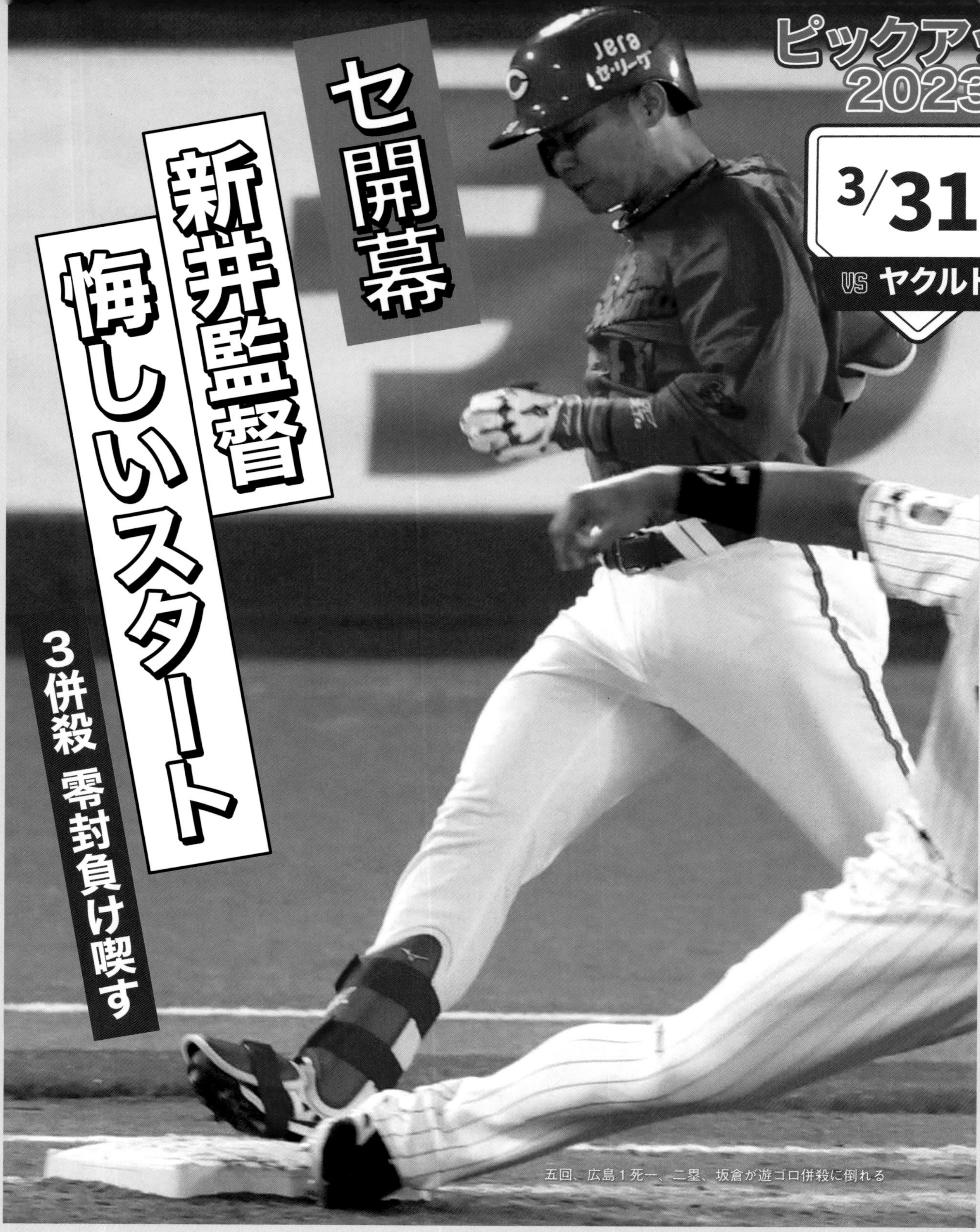

五回、広島1死一、二塁、坂倉が遊ゴロ併殺に倒れる

新井カープが悔しい黒星発進となった。8得点だったオープン戦最終戦と同じ打順で臨んだ打線は、小川の前に3併殺とかみ合わなかった。積極的な走塁も裏目に出た。新井監督は「全体的に硬かったかな」。開幕戦では29年ぶりの零封負けを喫した。

打線は小川に内角を攻められ、四回まで1安打。走者を置いた五、七回には併殺を重ねた。六回は代打田中が放った中飛に一塁走者の菊池が飛び出して戻れず、好機を逸した。ただ、新井監督は「何年やっていても開幕戦は独特な緊張感があるから」と、選手を責めることはなかった。

一回には出塁した秋山が盗塁を試みた。機動力野球の復活を掲げながら、オープン戦での盗塁の企画数は少なかった。「失敗を恐れずいこう」との指揮官の思いに応えるベテランの走塁。アウトになったがベンチは盛り上がった。

「戦いながら強くなっていく」という信念も示した。ドラフト5位河野や開幕初1軍の田村も開幕戦から起用。ともに結果は出なかったが、総力野球で今季を戦う姿勢を開幕戦から見せた。「平常心だったよ」と初戦を振り返った新井監督は最後まで前を向いていた。

## 広島 0-4 ヤクルト

神宮（18時5分・29,714人）
（1回戦　ヤクルト1勝）

| | 1 | 2 | 3 | 4 | 5 | 6 | 7 | 8 | 9 | R |
|---|---|---|---|---|---|---|---|---|---|---|
| 広島 | 0 | 0 | 0 | 0 | 0 | 0 | 0 | 0 | 0 | 0 |
| ヤクルト | 2 | 0 | 0 | 0 | 0 | 1 | 0 | 1 | × | 4 |

広島は打線が振るわず零封負け。五回１死一、二塁で坂倉が遊ゴロ併殺に倒れるなど、計３併殺の拙攻で三塁を踏めなかった。大瀬良は一回に村上に２ランを浴び、５回２失点だった。ヤクルトは小川、清水、星とつなぎ無失点リレー。

（勝）小川1試合1勝
（敗）大瀬良1試合1敗
（本）村上1号②（大瀬良）オスナ1号①（河野）

| 【広島】 | | 打 | 安 | 点 | 振 | 本 | 打率 |
|---|---|---|---|---|---|---|---|
| ⑥ | 小園 | 4 | 0 | 0 | 1 | | .000 |
| ⑨ | 野間 | 3 | 0 | 0 | 2 | | .000 |
| ⑧ | 秋山 | 3 | 2 | 0 | 1 | | .667 |
| ③ | マクブルーム | 3 | 1 | 0 | 0 | | .333 |
| ⑦ | 西川 | 3 | 0 | 0 | 0 | | .000 |
| ⑤ | デビッドソン | 2 | 0 | 0 | 0 | | .000 |
| ② | 坂倉 | 3 | 0 | 0 | 0 | | .000 |
| ④ | 菊池 | 3 | 0 | 0 | 0 | | .000 |
| ① | 大瀬良 | 1 | 0 | 0 | 1 | | .000 |
| H | 田中 | 1 | 0 | 0 | 0 | | .000 |
| 1 | 河野 | 0 | 0 | 0 | 0 | | — |
| 1 | 戸根 | 0 | 0 | 0 | 0 | | — |
| 1 | ケムナ | 0 | 0 | 0 | 0 | | — |
| H | 田村 | 1 | 0 | 0 | 1 | | .000 |
| 犠球失併残 | | | | | | | |
| 0 1 1 0 1 | | 27 | 3 | 0 | 6 | | .111 |

| 【ヤクルト】 | | 打 | 安 | 点 | 振 | 本 | 打率 |
|---|---|---|---|---|---|---|---|
| ⑧ | 浜田 | 4 | 1 | 0 | 0 | | .250 |
| 8 | 並木 | 0 | 0 | 0 | 0 | | — |
| ⑦ | 青木 | 4 | 0 | 0 | 1 | | .000 |
| 1 | 清水 | 0 | 0 | 0 | 0 | | — |
| 1 | 星 | 0 | 0 | 0 | 0 | | — |
| ④ | 山田 | 4 | 2 | 0 | 0 | | .500 |
| ⑤ | 村上 | 4 | 1 | 2 | 1 | ❶ | .250 |
| ③ | オスナ | 4 | 3 | 1 | 1 | ❶ | .750 |
| ② | 中村 | 2 | 0 | 1 | 0 | | .000 |
| ⑨7 | 内山 | 4 | 1 | 0 | 0 | | .250 |
| ⑥ | 長岡 | 2 | 0 | 0 | 1 | | .000 |
| ① | 小川 | 2 | 0 | 0 | 1 | | .000 |
| H | サンタナ | 1 | 0 | 0 | 1 | | .000 |
| 9 | 丸山和 | 0 | 0 | 0 | 0 | | — |
| 犠球失併残 | | | | | | | |
| 2 1 1 3 6 | | 31 | 8 | 4 | 6 | | .258 |

▽二塁打　オスナ▽犠打　中村２
▽盗塁　山田２（２）内山（１）長岡（１）
▽失策　デビッドソン、村上
▽試合時間　２時間37分

| 投手 | 回 | 打 | 安 | 振 | 責 | 防御率 |
|---|---|---|---|---|---|---|
| 大瀬良 | 5 | 22 | 5 | 5 | 2 | 3.60 |
| 河野 | 1 | 4 | 1 | 0 | 1 | 9.00 |
| 戸根 | 1 | 3 | 0 | 1 | 0 | 0.00 |
| ケムナ | 1 | 5 | 2 | 0 | 1 | 9.00 |

| 投手 | 回 | 打 | 安 | 振 | 責 | 防御率 |
|---|---|---|---|---|---|---|
| 小川 | 7 | 22 | 3 | 4 | 0 | 0.00 |
| 清水 | 1 | 3 | 0 | 0 | 0 | 0.00 |
| 星 | 1 | 3 | 0 | 2 | 0 | 0.00 |

## 球炎　坂倉の可能性信じる

池本泰尚

捕手に再転向させた坂倉の話題になると、決まって新井監督は「そんなに簡単ではない」と言ってきた。「経験がものをいうポジションだから」「1年のブランクは相当だよ」とも。それでも指揮官は捕手坂倉にカープの未来を見た。打てる捕手の可能性を信じて。

性格や持ち味など、全てを考慮して決めた開幕オーダー。期待するはずの坂倉を7番に入れたのは指揮官最大の親心だった。捕手として苦しむのは織り込み済み。「打撃は彼にとって楽しい場所であってほしいから」「取り返そうと力んでほしくない」。そんなメッセージを込めたという。

坂倉にとって再デビューの初戦は苦々しかったに違いない。ヤクルトに許した盗塁は四つ。二塁への送球はワンバウンドになったり、高くなったり。大瀬良への配球は変化球に偏った。打撃でもこの試合最大の好機だった五回1死一、二塁で併殺に倒れた。

期待や親心に簡単に応えられるほど、甘い世界ではない。百も承知の指揮官は、こうも言い続けた。「俺は覚悟を決めて我慢する」。ベンチで大瀬良と何度も話し合い、声を出した坂倉。悔しそうな顔に、私は指揮官と同じ夢を見ると決めた。

## 大瀬良 一球に泣く
### 5回2失点

開幕戦に強い大瀬良が、5度目の登板で初の黒星を喫した。勝敗を分けた一球は外角低めのカーブ。一回2死二塁、4番村上にバックスクリーン左へ運ばれた。「失投でもない。初回にああいう形で打たれてしまって悔しい」と唇をかんだ。

制球も切れも悪くなかった。打った相手を褒めるべきだが、打たれてはいけない相手だった。世界の舞台でも活躍した昨季の三冠王を、初打席で目覚めさせた。「うまく打たれたと言えばそれまでだが、何とか抑えたかった」。昨季は8打数1安打、1本塁打と苦手意識はなかったが、出はなをくじかれた。

並々ならぬ思いで開幕投手の大役を引き受けた。昨季の成績にふがいなさを痛感。オフに自覚を強め、春季キャンプから仕上がりの良さは際立った。手応えを持って上がった10年目のマウンド。「走者もたくさん出したが、粘り強く投げられた」。毎回ピンチを背負いながらも、次の1点を許さなかったのはエースの意地だろう。

首脳陣の方針で、5回74球で降板した。「粘れたのは次につながる。反省して次に向かいたい」。やり返すチャンスはこれから何度だってある。

一回、ヤクルト２死二塁、村上（奥）に先制の中越え２ランを打たれた大瀬良

四回、広島無死一塁、デビッドソンが左中間に2ランを放ち喜ぶ新井監督㊥

4/6(木) VS 阪神

## マツスタ500勝

# 新井さん 破顔 1勝

## 開幕5戦目 降雨コールド

勝利を引き寄せる一発に、派手なガッツポーズが飛び出した。打ったデビッドソンではない。ベンチの新井監督だ。「気持ちが入っていたから、覚えてないよ」。開幕5戦目。降雨コールドゲームという結末で初勝利、マツダスタジアムの５００勝目を手にした。

ようやく歯車がかみ合った。一回は野間、秋山で先制点。悪天候の中、遠藤が無失点で粘り、新外国人デビッドソンの2ランで突き放した。「ずっと選手から勝ちたい思いが伝わってきていたから。ファンに良い勝ちをプレゼントできてほっとした」と頬を緩めた。

白星までの道は険しかった。開幕から18イニング連続無得点のリーグワースト記録に並び、この日負ければ、50年ぶりとなる引き分けなしの開幕5連敗だった。「彼らの力はこんなもんじゃない。慌てることはない」。負け続けても選手を信じ、前向きにきっかけを探し続けた。

試合後、大雨に打たれながらファンに手を振った。いったんポケットに入れたウイニングボールは５００勝記念として、球団幹部に手渡した。「いろんな思いがあっての一勝。一つ勝つのは難しいと感じたね」。珍しい降雨コールドでの監督初勝利。それも、泥くささが似合う「新井さん」らしかった。

## 広島 3-0 阪神

マツダスタジアム（18時・20,935人）
（2回戦　1勝1敗）

| | 1 | 2 | 3 | 4 | 5 | 6 | R |
|---|---|---|---|---|---|---|---|
| 阪神 | 0 | 0 | 0 | 0 | 0 | 0 | 0 |
| 広島 | 1 | 0 | 0 | 2 | 0 | | 3 |

（六回表無死降雨コールドゲーム）

六回表無死で降雨コールドゲーム。広島が今季初勝利を挙げ、連敗を4で止めた。遠藤が3安打に抑えてプロ初完封。一回に秋山の適時打で先制し、四回にデビッドソンの2ランで加点した。阪神は開幕からの連勝が4でストップ。

（勝）遠藤1試合1勝
（敗）西純1試合1敗
（本）デビッドソン2号②（西純）

| 【阪神】 | 打 | 安 | 点 | 振 | 本 | 打率 |
|---|---|---|---|---|---|---|
| ⑧近本 | 1 | 0 | 0 | 1 | | .333 |
| ④中野 | 2 | 1 | 0 | 1 | | .375 |
| ⑦ノイジー | 2 | 0 | 0 | 0 | | .350 |
| ③大山 | 2 | 0 | 0 | 0 | | .368 |
| ⑤佐藤輝 | 2 | 0 | 0 | 0 | | .214 |
| ⑨森下 | 1 | 0 | 0 | 0 | | .357 |
| ②梅野 | 2 | 1 | 0 | 0 | | .200 |
| ⑥小幡 | 2 | 1 | 0 | 0 | | .313 |
| ①西純 | 2 | 0 | 0 | 1 | | .000 |

犠球失併残
1 5 0 0 7　16 3 0 3　.291

| 【広島】 | 打 | 安 | 点 | 振 | 本 | 打率 |
|---|---|---|---|---|---|---|
| ④菊池 | 3 | 0 | 0 | 0 | | .263 |
| ⑨野間 | 3 | 1 | 0 | 0 | | .118 |
| ⑧秋山 | 3 | 2 | 1 | 0 | | .444 |
| ③マクブルーム | 2 | 0 | 0 | 0 | | .267 |
| ⑦西川 | 2 | 1 | 0 | 0 | | .200 |
| ⑤デビッドソン | 2 | 2 | 2 | 0 | ❷ | .231 |
| ⑥田中 | 2 | 0 | 0 | 0 | | .000 |
| ②会沢 | 2 | 0 | 0 | 0 | | .000 |
| ①遠藤 | 2 | 0 | 0 | 1 | | .000 |

犠球失併残
0 0 0 0 3　21 6 3 1　.199

▽二塁打　野間、デビッドソン▽犠打　中野
▽与死球　遠藤（森下）
▽試合時間　1時間53分（中断21分）

| 投手 | 回 | 打 | 安 | 振 | 責 | 防御率 |
|---|---|---|---|---|---|---|
| 西純 | 5 | 21 | 6 | 1 | 3 | 5.40 |

| 投手 | 回 | 打 | 安 | 振 | 責 | 防御率 |
|---|---|---|---|---|---|---|
| 遠藤 | 5 0/3 | 22 | 3 | 3 | 0 | 0.00 |

開幕からのつまずきにも、赤い戦士たちに追い込まれた空気はなかった。一人の若者をのぞいて。「もう、それは僕の技術不足で…」。いつも前向きで楽観的なタイプの小園が、このところひどくがっくりしている。

懸命なプレーでのミスは責めないチーム方針。うっかりミスはそうではない。4日の阪神戦の小園はそれに近かった。3点を追う五回無死の一塁走者。二直で飛び出し、併殺に。走者として「ライナーなら戻る」は基本のき。当たり前のことを当たり前にできなかった。この日の先発落ちは、バットの鈍りだけが理由ではない。

## 球炎　田中堅実 小園奮い立て

五反田康彦

チームはベテランの力を借りた。673日ぶりに遊撃で先発した田中は、当たり前のことを当たり前にやった。二回無死二塁、引っ張って二ゴロで走者を進める。二回2死一、三塁の守りでは一塁走者のスタートに、グラブを丁寧に二塁前へ置いてアウト。タッチを試行錯誤する小園には学びもあっただろう。

素晴らしい物語にはいつもライバルがいる。キャンプでは田中が小園に中継プレーでの動き方を教える場面を見た。そして、勝負の場でも手本となった。今後、遊撃を競う存在になるのなら、小園の成長速度はより上がる。

## 遠藤 プロ初完封

6年目の遠藤がプロ初完封を飾った。マウンドがぬかるみ、5四死球と制球を乱しながらも5回3安打無失点。「悪いなりに試合をつくり、ゼロを並べられたのはよかったが、足元が気になって体が突っ込んでしまった。まだまだです。満足はしていない」と冷静に振り返った。

新井監督に初勝利を届けられたことには、喜びを隠さなかった。開幕ローテに選ばれ、5日からのスライド登板で初勝利。「率直にうれしい。ずっと勝ちがなかったので、やっと開幕したなと思う。勝ててほっとしている」と笑顔だった。

5回を無失点に抑えた遠藤

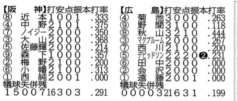

六回、広島2死満塁、田中が右越えの同点本塁打を放つ

# コイ 首位浮上

4/16日 VS ヤクルト

# 田中満塁弾 窮地救う

## 必死の一振り 逆転導く

復活への光を見いだす満塁弾だった。33歳の田中はダイヤモンドを回りながら何度も拳を握った。「もうことしはなりふり構わず、みんながつないでくれた勢いを借りた」。必死の一振りで4点のビハインドを一気に追い付いた。

49分に及ぶ雨の中断も味方に付けた。再開後の六回2死満塁。「ここで打たなきゃ」。星の149キロ直球を振り抜き、うっすらと虹がかかる右翼席へ放り込んだ。球場を包む大歓声。2019年6月5日以来、4本目の満塁弾でチームの窮地を救った。

レギュラーではない。危機感に突き動かされる。昨季は小園に遊撃の定位置を奪われた。「ずっとレギュラーとして打席に立ち、強くなった気がしていただけ」。2軍生活を経験し、自らの甘さに気付いた。昨秋就任した新井監督からは「こんなもんじゃないだろう」。春季キャンプは内野の全ポジションを守り、出番を求めた。

打席内容の良さを買われ、6試合に先発。2本塁打を放つが、まだ4安打で打率1割8分2厘と低迷する。「全てが勝負。出場は良いことだけど、逆にピンチでもある。結果を残せるように気を引き締めていく」。まだやれる。なりふり構わず、はい上がる覚悟は決まった。

## 広島 7-5 ヤクルト

マツダスタジアム(13時31分・30,364人)
(6回戦　3勝3敗)

| | 1 | 2 | 3 | 4 | 5 | 6 | 7 | 8 | 9 | R |
|---|---|---|---|---|---|---|---|---|---|---|
| ヤクルト | 5 | 0 | 0 | 0 | 0 | 0 | 0 | 0 | 0 | 5 |
| 広島 | 0 | 0 | 0 | 1 | 0 | 4 | 1 | 1 | × | 7 |

広島が5点差を逆転し、3連勝で単独首位に立った。1―5の六回に田中の2号満塁本塁打で追い付き、七回はマクブルームの犠飛で勝ち越した。八回は坂倉の2号ソロで加点。ターリーが今季初勝利。栗林が5セーブ目。ヤクルトは投手陣が崩れ4連敗。

(勝)ターリー7試合1勝1S
(S)栗林6試合1敗5S
(敗)石山8試合2勝1敗
(本)田中2号④(星)坂倉2号①(小沢)

| 【ヤクルト】 | | 打 | 安 | 点 | 振 | 本 | 打率 |
|---|---|---|---|---|---|---|---|
| ⑧ | 浜田 | 5 | 2 | 0 | 1 | ① | .217 |
| ② | 中村 | 5 | 1 | 0 | 0 | | .139 |
| ⑨ | サンタナ | 4 | 2 | 1 | 0 | | .219 |
| ⑤ | 村上 | 3 | 0 | 0 | 3 | ② | .188 |
| ③ | オスナ | 3 | 0 | 0 | 0 | ③ | .286 |
| ⑦ | 青木 | 4 | 1 | 1 | 0 | | .172 |
| ④ | 三ツ俣 | 2 | 1 | 1 | 1 | | .250 |
| H | 太田 | 1 | 0 | 0 | 0 | | .200 |
| 4 | 元山 | 0 | 0 | 0 | 0 | | .125 |
| ⑥ | 長岡 | 4 | 2 | 2 | 0 | | .156 |
| ① | 吉村 | 2 | 0 | 0 | 1 | | .000 |
| 1 | 星 | 0 | 0 | 0 | 0 | | ― |
| 1 | 石山 | 0 | 0 | 0 | 0 | | ― |
| 1 | 小沢 | 0 | 0 | 0 | 0 | | ― |
| H | 川端 | 1 | 0 | 0 | 0 | | .286 |
| 犠球失併残 | | | | | | | |
| 13016 | | 34 | 9 | 5 | 6 | | .185 |

| 【広島】 | | 打 | 安 | 点 | 振 | 本 | 打率 |
|---|---|---|---|---|---|---|---|
| ④ | 菊池 | 5 | 1 | 0 | 0 | | .283 |
| ⑧ | 上本 | 3 | 1 | 0 | 0 | | .118 |
| 1 | ケムナ | 0 | 0 | 0 | 0 | | ― |
| 1 | ターリー | 0 | 0 | 0 | 0 | | ― |
| H | 小園 | 1 | 1 | 0 | 0 | | .063 |
| 1 | 松本 | 0 | 0 | 0 | 0 | | ― |
| 6 | 矢野 | 0 | 0 | 0 | 0 | | ― |
| ⑨8 | 秋山 | 3 | 3 | 0 | 0 | ① | .468 |
| ③ | マクブルーム | 2 | 0 | 2 | 0 | | .190 |
| ⑦ | 西川 | 4 | 2 | 0 | 0 | ① | .341 |
| ⑤ | デビッドソン | 4 | 0 | 0 | 3 | ④ | .154 |
| 1 | 栗林 | 0 | 0 | 0 | 0 | | ― |
| ② | 坂倉 | 3 | 2 | 1 | 0 | ❷ | .189 |
| ⑥5 | 田中 | 4 | 1 | 4 | 0 | ❷ | .182 |
| ① | 玉村 | 0 | 0 | 0 | 0 | | .000 |
| H | 韮沢 | 1 | 0 | 0 | 0 | | .000 |
| 1 | アドゥワ | 0 | 0 | 0 | 0 | | ― |
| H9 | 大盛 | 2 | 1 | 0 | 1 | | .167 |
| 犠球失併残 | | | | | | | |
| 23016 | | 32 | 12 | 7 | 4 | | .236 |

▽三塁打　秋山、小園▽二塁打　西川▽犠打　吉村
▽犠飛　マクブルーム2▽盗塁　浜田(1)
▽与死球　小沢(大盛)
▽試合時間　3時間(中断49分)

| 投手 | 回 | 打 | 安 | 振 | 責 | 防御率 |
|---|---|---|---|---|---|---|
| 吉村 | 5⅔ | 25 | 8 | 3 | 4 | 4.02 |
| 星 | ⅓ | 2 | 2 | 0 | 1 | 1.50 |
| 石山 | 1 | 5 | 1 | 0 | 1 | 2.45 |
| 小沢 | 1 | 5 | 1 | 1 | 1 | 1.69 |

| 投手 | 回 | 打 | 安 | 振 | 責 | 防御率 |
|---|---|---|---|---|---|---|
| 玉村 | 3 | 17 | 5 | 3 | 5 | 4.91 |
| アドゥワ | 2 | 7 | 2 | 1 | 0 | 4.15 |
| ケムナ | 1 | 5 | 2 | 1 | 0 | 1.80 |
| ターリー | 1 | 3 | 0 | 1 | 0 | 1.50 |
| 松本 | 1 | 3 | 0 | 0 | 0 | 0.00 |
| 栗林 | 1 | 3 | 0 | 0 | 0 | 3.00 |

## 球炎 自分のための野球貫く

池本泰尚

「野球を楽しむ」。最近、野球界でよく聞くこの心構えが、田中は「苦手だった」。いや、理解できなかった、の方が近いかもしれない。プロ入り前の経歴は神奈川・東海大相模高、東海大、JR東日本。広島では3連覇に貢献した。勝つことだけを考え、それが正義だと思っていた。強い広島でレギュラーだった。その自負もあっただろう。

春のキャンプ。笑顔の田中に驚いた。午前7時半に球場に入り、ストレッチから日々をスタートさせていた。「おじさんは朝が早い」とお決まりの冗談の後、「今が一番楽しい」と言った。「もう、自分を許してやってもいいのかな」とも。33歳は、うまくなることだけを求めていた。出塁を考えた当てる打撃はやめ、強く引っ張ろうと振り込む姿があった。

走り出して力強く突き上げた拳に、ベンチも、スタンドも呼応する。2度、3度と、派手に感情を表現する。「自分のために野球をする」。これが今季、田中が出した答えだ。背負っていたものも、身に着けていたよろいも、ようやく捨てる覚悟ができた。

試合に出られなかったここ数年は、フラストレーションを消化しきれないこともあった。今季は、言い続ける。「どんな状況でもやると決めた」。自分のための野球は不思議とチームを、スタンドを、一つにした。

## 救援陣が粘り

四回に登板し、2回無失点と好投したアドゥワ

先発投手が序盤に崩れるという今季初の展開で、救援陣の粘りが逆転勝利を呼び込んだ。

0―5の四回からアドゥワが2回を無失点。村上から外角球で見逃し三振を奪うなど奮闘し、「抑えたのはたまたま。(村上は)外が見えていなかった。ストライク先行でいけた」。六回はケムナが抑え、七回以降は「ターリー―松本―栗林」の勝ちパターンでゼロを並べた。

菊地原投手コーチは「六回に野手の頑張りで追い付いてから、特に落とせない展開になった。つないで、つないでいけた」とうれしそうだった。

4/20（木）
VS 阪神

# 松山一振り逆転打

## 勝負強さ発揮 流れ変える

四回、広島1死満塁、代打松山が左中間に3点二塁打を放ち、右手を突き上げる

劣勢の流れを松山が一振りで変えた。2点を追う四回、1死満塁の好機に代打で登場し、走者一掃の適時二塁打。持ち前の勝負強さを発揮して、チームの連敗脱出に貢献した。

いつもより早い回での打席でも焦りはなかった。西川、デビッドソンの連打と坂倉の四球で満塁。1死後、出番は訪れた。「自分らしく、しっかりタイミングを合わせて」と1ボール1ストライクから直球を強振。快音を響かせた打球は左中間を破った。一塁走者の坂倉も好走塁で生還し、逆転に成功した。

プロ16年目の今季は、全て代打での出場で5打数3安打と好調を維持。代打に苦心した昨季を反省し、「ファーストストライクからどんどん振っていくのが自分のいいところ」と積極打法を心掛ける。この日は序盤から打ち合う大味の展開の中、「朝山打撃コーチに聞いて、早めに準備していた」と試合の流れを読んでいた。

この殊勲打で通算501打点となった。勝負どころで仕事を果たした松山は「全然知らなかったが、ガン（岩本スコアラー）が教えてくれた。まあ良かったです」と照れながら、勝利をかみしめた。

# 広 島 7-5 阪 神

甲子園（18時・40,032人）
（5回戦　阪神3勝2敗）

| | 1 | 2 | 3 | 4 | 5 | 6 | 7 | 8 | 9 | R |
|---|---|---|---|---|---|---|---|---|---|---|
| 広 島 | 2 | 0 | 0 | 3 | 0 | 0 | 0 | 2 | 0 | 7 |
| 阪 神 | 3 | 1 | 0 | 0 | 0 | 0 | 0 | 0 | 1 | 5 |

広島が逆転勝ちで連敗を2で止めた。一回にマクブルームの適時打などで2点を先制。2点を追う四回に代打松山の3点二塁打で試合をひっくり返した。2番手のケムナが今季初勝利。栗林が6セーブ目。阪神は西純が5失点と粘れなかった。

（勝）ケムナ5試合1勝
（S）栗林8試合2敗6S
（敗）西純3試合1勝2敗

| 【広　　島】 | | 打 | 安 | 点 | 振 | 本 | 打率 |
|---|---|---|---|---|---|---|---|
| ④ | 菊　池 | 5 | 1 | 1 | 0 | | .273 |
| ⑨ | 野　間 | 3 | 1 | 0 | 0 | | .227 |
| ⑧ | 秋　山 | 4 | 1 | 0 | 2 | ① | .441 |
| ③ | マクブルーム | 4 | 1 | 1 | 1 | | .204 |
| 1 | 栗　林 | 0 | 0 | 0 | 0 | | ― |
| ⑦ | 西　川 | 4 | 1 | 1 | 0 | ① | .321 |
| ⑤ | デビッドソン | 4 | 2 | 0 | 0 | ④ | .160 |
| R6 | 矢　野 | 0 | 0 | 0 | 0 | | ― |
| ② | 坂　倉 | 2 | 0 | 0 | 0 | ② | .171 |
| ⑥5 | 田　中 | 3 | 0 | 0 | 0 | ② | .154 |
| ① | アンダーソン | 1 | 0 | 0 | 1 | | .000 |
| 1 | ケムナ | 0 | 0 | 0 | 0 | | ― |
| H | 松　山 | 1 | 1 | 3 | 0 | | .600 |
| R | 小　園 | 0 | 0 | 0 | 0 | | .053 |
| 1 | 戸　根 | 0 | 0 | 0 | 0 | | ― |
| H | 会　沢 | 1 | 0 | 0 | 0 | | .125 |
| 1 | 島　内 | 0 | 0 | 0 | 0 | | ― |
| 1 | 松　本 | 0 | 0 | 0 | 0 | | ― |
| H | 上　本 | 1 | 1 | 0 | 0 | | .190 |
| 1 | ターリー | 0 | 0 | 0 | 0 | | ― |
| 3 | 韮　沢 | 0 | 0 | 0 | 0 | | .000 |

犠球失併残
2 6 1 1 7 33 9 6 4 .231

| 【阪　　神】 | | 打 | 安 | 点 | 振 | 本 | 打率 |
|---|---|---|---|---|---|---|---|
| ⑧ | 近　本 | 5 | 3 | 0 | 1 | | .317 |
| ④ | 中　野 | 4 | 3 | 0 | 0 | | .328 |
| ⑦ | ノイジー | 4 | 2 | 2 | 2 | ② | .306 |
| R | 島　田 | 0 | 0 | 0 | 0 | | .000 |
| ③ | 大　山 | 4 | 3 | 1 | 0 | ① | .276 |
| R | 植　田 | 0 | 0 | 0 | 0 | | .000 |
| ⑤ | 佐藤輝 | 4 | 0 | 0 | 1 | | .176 |
| ⑨ | 井　上 | 4 | 1 | 1 | 2 | | .286 |
| H | 原　口 | 1 | 0 | 0 | 0 | ① | .125 |
| ② | 梅　野 | 4 | 0 | 1 | 1 | | .122 |
| ⑥ | 木　浪 | 4 | 1 | 0 | 1 | | .387 |
| ① | 西　純 | 2 | 0 | 0 | 2 | | .000 |
| 1 | 富　田 | 0 | 0 | 0 | 0 | | ― |
| 1 | 及　川 | 0 | 0 | 0 | 0 | | ― |
| H | 小　幡 | 0 | 0 | 0 | 0 | | .263 |
| 1 | 加治屋 | 0 | 0 | 0 | 0 | | ― |
| 1 | 石　井 | 0 | 0 | 0 | 0 | | ― |
| H | 渡辺諒 | 1 | 0 | 0 | 0 | ① | .167 |
| 1 | ビーズリー | 0 | 0 | 0 | 0 | | ― |

犠球失併残
2 3 1 2 10 37 13 5 10 .234

▽二塁打　松山、デビッドソン▽犠打　田中、小幡
▽犠飛　西川、ノイジー▽失策　秋山、大山
▽試合時間　3時間59分

| 投　手 | 回 | 打 | 安 | 振 | 責 | 防御率 |
|---|---|---|---|---|---|---|
| アンダーソン | 2 | 15 | 8 | 3 | 4 | 18.00 |
| ケムナ | 1 | 3 | 0 | 2 | 0 | 1.50 |
| 戸　根 | 2 | 7 | 1 | 1 | 0 | 0.00 |
| 島　内 | 1 | 5 | 1 | 2 | 0 | 2.70 |
| 松　本 | 1 | 4 | 0 | 1 | 0 | 0.00 |
| ターリー | 1 | 3 | 0 | 1 | 0 | 1.13 |
| 栗　林 | 1 | 5 | 3 | 0 | 0 | 4.70 |

| 投　手 | 回 | 打 | 安 | 振 | 責 | 防御率 |
|---|---|---|---|---|---|---|
| 西　純 | 3⅓ | 18 | 6 | 2 | 5 | 5.65 |
| 富　田 | 1⅔ | 5 | 0 | 0 | 0 | 7.36 |
| 及　川 | 1 | 4 | 0 | 0 | 0 | 0.00 |
| 加治屋 | 1 | 5 | 1 | 1 | 0 | 0.00 |
| 石　井 | 1 | 6 | 2 | 0 | 0 | 1.13 |
| ビーズリー | 1 | 3 | 0 | 1 | 0 | 0.00 |

## 球炎

## 「父親」言葉の力で全う

池本泰尚

就任後初めてマウンドへと出向き、言葉を並べた。

「お前で打たれたら本望だから。思い切っていこう」。口元を隠すことも、腕を組むこともしない。栗林の背中に右手を当て、柔らかい表情で語った。行きは歩き、帰りは小走り。雰囲気を変え、栗林をよみがえらせるのに要した時間は、わずか40秒だった。

「家族」と表現するチームの「父親」。全うする上で重要なことを問うと「最後のところで、重しになること」と言った。選手を守り、勇気づける。これが新井監督流のマネジメントだ。そこには、必ず体重の乗った言葉がある。

体重の乗った言葉は、必ず伝わる。就任からさまざまな言葉を紡ぐ新井監督に聞くと「あまり考えてない。その場の気持ち、感じたことを言っている」と笑った。重要なのは「相手を思う気持ち」だという。息を吹き返して150キロ台を連発した栗林を見て、言葉の力を痛感している。

4万人超の声。指揮官は「思い出が詰まった」甲子園でプレーする重さを、身をもって知っている。味方だった7年間は心強く、敵だった13年間は時に圧倒される存在だった。カード初戦で負けた栗林が小さく映り、背負うものが大きく見えたのだろう。

## 救援ケムナ 今季初勝利

三回、ケムナが三者凡退に抑え、今季初勝利を挙げる

逆転を許し、二回でアンダーソンが降板。阪神ファンの応援が最高潮になった三回、ケムナが2三振を奪って、三者凡退に抑えた。相手に傾く流れをせき止め、「声援はすごかったけど、ベストの投球をすることだけに集中していた。いい流れを持ってこられた」と胸を張った。

救援陣6人が持ち味を発揮する継投で逆転勝利につなげた。自身には今季初勝利がつき「カープは救援陣が弱いと言われ、悔しい思いがあった。リリーフ陣で勝ち取った勝利。こんな勝ちを増やしていきたい。みんながつないでくれたから勝利投手になれた。うれしいです」と言葉が弾んだ。

一回、広島無死、三塁への内野安打を放ち、1500安打を達成した菊池

# 菊池1500安打

## 総力戦 コイ12回サヨナラ

試合は始まったばかり。菊池は遠慮がちに通算1500安打を記念するボードを持った。一回無死。フルカウントから三遊間へ転がして内野安打で決めた。「鮮やかではなく、汚い安打。僕らしい安打かな」。1番に座っても変わらない打法で、節目を飾った。

開幕2試合目から務める1番には「慣れないし、難しい」と明かす。待球、粘り、四死球。自らの持ち味と逆の役割が必要とされる。不安もあったが、首脳陣の意図をくみ取り、淡泊になる恐怖を抑えて決めた。「来た球を迷わず振り抜く」。ここまで21試合で四死球はゼロ。とにかく振って、事を起こす。

「僕の打撃に形はない」と言い切る。だから、積み重ねた安打よりも、犠牲になった打席に胸を張る。「打てないときに、何ができるか。それをずっと考えてきた」。犠打や右打ち、ヘッドスライディング。身を粉にして、チームを鼓舞し続けてきた。

三、八、九、十二回にも安打を放ち、2020年9月以来の5安打。打率も3割に乗せた。最後は「これからも来た球をひたすら打つ。諦めずに戦い、勝ち抜きたい」と誓った。全ては勝利のため。だから、ボードを持っても表情を崩さなかった。

## 広島 3-2 中日

マツダスタジアム（18時・22,695人）
（4回戦　2勝2敗）

| | 1 | 2 | 3 | 4 | 5 | 6 | 7 | 8 | 9 | 10 | 11 | 12 | R |
|---|---|---|---|---|---|---|---|---|---|---|---|---|---|
| 中日 | 0 | 0 | 0 | 0 | 1 | 0 | 0 | 1 | 0 | 0 | 0 | 0 | 2 |
| 広島 | 0 | 0 | 0 | 0 | 0 | 0 | 0 | 2 | 0 | 0 | 0 | 1 | 3 |

（延長十二回）

広島がサヨナラ勝ち。八回に野間の適時打などで追い付き、延長十二回2死満塁で代打韮沢が押し出し四球を選んだ。6番手の矢崎が今季初勝利。中日は2番手の田島が誤算だった。打線は九回以降の好機であと一本が出なかった。

（勝）矢崎3試合1勝
（敗）砂田9試合1敗

| 【中 | 日】 | 打 | 安 | 点 | 振 | 本 | 打率 |
|---|---|---|---|---|---|---|---|
| ⑨ | 岡林 | 5 | 2 | 0 | 2 | | .268 |
| ⑧7 | 大島 | 6 | 3 | 0 | 0 | | .349 |
| ③ | 細川 | 5 | 0 | 0 | 3 | | .316 |
| ⑤ | 石川昂 | 4 | 1 | 0 | 0 | ① | .286 |
| R | 高松 | 0 | 0 | 0 | 0 | | — |
| 5 | 高橋周 | 1 | 1 | 0 | 0 | | .182 |
| ④ | カリステ | 3 | 0 | 0 | 0 | | .143 |
| 4 | 溝脇 | 0 | 0 | 0 | 0 | | .200 |
| ⑦ | アキーノ | 2 | 1 | 0 | 1 | ① | .161 |
| 8 | 加藤翔 | 1 | 0 | 0 | 1 | | .100 |
| ② | 木下 | 4 | 0 | 1 | 2 | | .263 |
| ⑥ | 龍空 | 5 | 0 | 0 | 2 | ① | .132 |
| ① | 柳 | 2 | 0 | 0 | 0 | | .333 |
| H | ブライト | 1 | 1 | 0 | 0 | | .125 |
| 1 | 田島 | 0 | 0 | 0 | 0 | | — |
| 1 | 勝野 | 0 | 0 | 0 | 0 | | — |
| 1 | 祖父江 | 0 | 0 | 0 | 0 | | — |
| H | 味谷 | 1 | 1 | 0 | 0 | | 1.00 |
| 1 | マルティネス | 0 | 0 | 0 | 0 | | — |
| 1 | 鈴木 | 0 | 0 | 0 | 0 | | .000 |
| H | アルモンテ | 1 | 0 | 0 | 1 | ① | .172 |
| 1 | 砂田 | 0 | 0 | 0 | 0 | | — |

犠球失併残
3 4 0 0 10 41 10 1 12 .245

| 【広 | 島】 | 打 | 安 | 点 | 振 | 本 | 打率 |
|---|---|---|---|---|---|---|---|
| ④ | 菊池 | 6 | 5 | 0 | 0 | ① | .321 |
| ⑨ | 野間 | 6 | 1 | 1 | 0 | | .210 |
| ⑧ | 秋山 | 5 | 2 | 0 | 1 | ① | .392 |
| ③ | マクブルーム | 4 | 1 | 1 | 0 | ① | .194 |
| R3 | 田中 | 1 | 0 | 0 | 1 | ② | .125 |
| H | 磯村 | 0 | 0 | 0 | 0 | | .000 |
| ⑦ | 西川 | 5 | 0 | 0 | 0 | ③ | .303 |
| ② | 坂倉 | 3 | 1 | 0 | 0 | ② | .228 |
| R | 大盛 | 0 | 0 | 0 | 0 | | .167 |
| 1 | 矢崎 | 0 | 0 | 0 | 0 | | — |
| H | 韮沢 | 0 | 0 | 1 | 0 | | .000 |
| ⑤ | デビッドソン | 4 | 0 | 0 | 1 | ④ | .136 |
| H5 | 矢野 | 0 | 0 | 0 | 0 | | .000 |
| ⑥ | 上本 | 5 | 0 | 0 | 0 | | .194 |
| ① | 九里 | 2 | 0 | 0 | 1 | | .000 |
| H | 松山 | 1 | 0 | 0 | 0 | | .375 |
| 1 | 島内 | 0 | 0 | 0 | 0 | | — |
| 1 | 栗林 | 0 | 0 | 0 | 0 | | — |
| H | 堂林 | 1 | 0 | 0 | 0 | ① | .091 |
| 1 | 松本 | 0 | 0 | 0 | 0 | | — |
| 1 | ターリー | 0 | 0 | 0 | 0 | | — |
| H2 | 会沢 | 1 | 0 | 0 | 0 | | .100 |

犠球失併残
1 6 2 3 13 44 10 3 4 .224

▽三塁打　野間▽二塁打　大島、アキーノ、菊池
▽犠打　溝脇２、矢野▽犠飛　木下▽盗塁　大島（１）
▽失策　マクブルーム、デビッドソン▽暴投　栗林
▽ボーク　島内▽与死球　九里（細川）ターリー（加藤翔）
▽試合時間　４時間５分

| 投手 | 回 | 打 | 安 | 振 | 責 | 防御率 |
|---|---|---|---|---|---|---|
| 柳 | 7 | 27 | 5 | 2 | 0 | 1.88 |
| 田島 | ⅔ | 2 | 2 | 0 | 2 | 4.82 |
| 勝野 | 1 | 5 | 1 | 1 | 0 | 0.90 |
| 祖父江 | 1 | 4 | 1 | 0 | 0 | 0.96 |
| マルティネス | 1 | 3 | 0 | 1 | 0 | 0.00 |
| 鈴木 | 1 | 4 | 0 | 0 | 0 | 3.55 |
| 砂田 | ⅔ | 6 | 1 | 0 | 1 | 4.76 |

| 投手 | 回 | 打 | 安 | 振 | 責 | 防御率 |
|---|---|---|---|---|---|---|
| 九里 | 7 | 24 | 2 | 6 | 0 | 0.68 |
| 島内 | 1 | 6 | 3 | 1 | 0 | 2.08 |
| 栗林 | 1 | 3 | 1 | 1 | 0 | 4.22 |
| 松本 | 1 | 6 | 2 | 0 | 0 | 0.00 |
| ターリー | 1 | 5 | 1 | 2 | 0 | 1.80 |
| 矢崎 | 1 | 4 | 1 | 2 | 0 | 0.00 |

また一つ、新井監督の新たな一面を知った。2―2の九回、栗林の投入をどう見るか。そこに意地はなく、強烈な頑固者というわけでもない。極めて明快な栗林への絶対の信頼感があった。それは周囲の想像を超えるレベルであり、想定できないほどの強固なものだった。

23日に栗林が3敗目を喫した後、配置転換や登録抹消で再調整を促す声はあった。しかし、「そんなことは一切考えていない」と言明し、こう説明した。「僕の中で4番打者とエース、そして守護神はコロコロと変えるものではないと思っている」

## 球炎 想像超える栗林への信頼

木村雅俊

チームの根幹となる三つのポジション。現役時代に4番を務め、重責を担い、そこで結果を残したからこそ、達した境地なのだろう。栗林もそこにいる。だから調子うんぬんでは動かさないというわけだ。「僕は見てる。この話の大前提として栗林の腰は大丈夫だから」とも付け加えた。

起用は決してイチかバチかではなかった。同点はもちろん、勝ち越していたら九回に栗林を送る当然のゲームプランで臨んだ。いつもと少し違うのは揺るぎない信念がさらに強まったことか。少しバタついたが九回表は見慣れた「0」。栗林が再起への一歩になる。

# 韮沢 見極め殊勲
## 押し出し四球

延長十二回、広島2死満塁、代打の韮沢（右から2人目）がサヨナラの押し出し四球を選び、喜びを爆発させる

韮沢が執念を見せてヒーローになった。2―2で迎えた延長十二回、2死満塁の好機に代打で登場し、押し出し四球を選んで勝利に貢献した。チームは、ベンチ入りした野手全員を使い切る総力戦で連敗を止めた。

「（前打者の）西川さんが歩かされると思っていたので、僕が決めるしかない。必死に食らい付いていった」と韮沢。相手ベンチが取った満塁策に燃えた。左腕砂田の投じた初球のスライダーにぎりぎりでバットを止める。そして、3ボールからの4球目。低めの直球を見極め、歓喜の瞬間を迎えた。

4年目にして初の開幕1軍は、ベンチから出番をうかがう日々が続く。「いつかは超えたい」と目標にする菊池と初めてお立ち台に上った。「まだシーズンは始まったばかり。試合に出られるようにアピールし続けていく」と語った。

完封勝利を収め、坂倉（手前）に笑顔で握手を求める九里

5/10 水

VS 中日

# 九里 118球完封

## 志願の続投 コイ5割復帰

九里が志願の続投で3季ぶりとなる完封勝利を挙げた。5イニングで先頭打者を出したが「先に点を与えないように。相手の反応を見ながら投げられた」と要所を締める投球。118球の熱投で9回を投げ切り、2勝目を挙げた。

序盤から打たせて取る投球でゴロアウトを重ねた。二回と六回に迎えた無死二塁のピンチは、コーナーを突く投球で後続を打ち取り無失点を継続。菊池らの好守にも助けられ「野手の方がしっかり守ってくれた」と感謝した。

誰からも吸収しようとする向上心が強みだ。先週はサイ・ヤング賞投手のDeNAのバウアーと投げ合い、六回途中4失点で敗戦投手に。悔しさを感じながらも「登板途中で変化球主体に変えるところや、ピンチでのギアの入れ方がすごい」と相手の投球術から学びを得た。

八回終了後の新井監督からの続投の打診に「行かせてください」と応え、2020年9月28日のDeNA戦（マツダ）以来の完封勝利。バンテリンドームナゴヤで17回無失点と相性の良さを発揮した。防御率は床田を抜いてリーグ2位の1・33。九里は「最後まで投げたいという思いはずっと持っている。一試合でも多くこういう投球をしていきたい」と力を込めた。

## 広島 4-0 中日

バンテリンドームナゴヤ（18時・22,757人）
（6回戦　広島4勝2敗）

| | 1 | 2 | 3 | 4 | 5 | 6 | 7 | 8 | 9 | R |
|---|---|---|---|---|---|---|---|---|---|---|
| 広島 | 0 | 0 | 3 | 0 | 0 | 1 | 0 | 0 | 0 | 4 |
| 中日 | 0 | 0 | 0 | 0 | 0 | 0 | 0 | 0 | 0 | 0 |

広島の九里が3季ぶりの完封で2勝目を挙げた。制球が良く散発4安打に抑えた。打線は三回にマクブルームの2点打などで3点を先取し、六回は野間の適時打で加点した。チームは勝率5割に復帰。中日は2試合連続で零敗となった。

（勝）九里6試合2勝1敗
（敗）涌井6試合1勝4敗

| 【広島】 | | 打 | 安 | 点 | 振 | 本 | 打率 |
|---|---|---|---|---|---|---|---|
| ④ | 菊池 | 4 | 2 | 0 | 0 | ① | .328 |
| ⑨ | 野間 | 4 | 2 | 1 | 0 | | .221 |
| H9 | 堂林 | 1 | 0 | 0 | 1 | ① | .200 |
| ⑧ | 秋山 | 5 | 1 | 0 | 0 | ② | .383 |
| ③ | マクブルーム | 4 | 2 | 2 | 2 | ② | .234 |
| R3 | 韮沢 | 0 | 0 | 0 | 0 | | .200 |
| ⑦ | 西川 | 3 | 2 | 1 | 0 | ③ | .309 |
| H7 | 上本 | 0 | 0 | 0 | 0 | ① | .226 |
| ② | 坂倉 | 5 | 1 | 0 | 1 | ③ | .238 |
| ⑤ | デビッドソン | 4 | 1 | 0 | 2 | ⑥ | .200 |
| ⑥ | 矢野 | 3 | 1 | 0 | 1 | | .167 |
| ① | 九里 | 2 | 0 | 0 | 1 | | .000 |

犠球失併残
3 4 0 2 11 35 12 4 8 .249

| 【中日】 | | 打 | 安 | 点 | 振 | 本 | 打率 |
|---|---|---|---|---|---|---|---|
| ⑧ | 岡林 | 4 | 0 | 0 | 0 | | .280 |
| ④ | 福永 | 4 | 0 | 0 | 3 | ① | .314 |
| ③ | 細川 | 3 | 1 | 0 | 0 | | .323 |
| ⑤ | 石川昂 | 4 | 1 | 0 | 0 | ② | .263 |
| ⑦ | アルモンテ | 3 | 0 | 0 | 1 | ① | .175 |
| ⑨ | 鵜飼 | 3 | 0 | 0 | 1 | | .000 |
| ② | 木下 | 3 | 0 | 0 | 0 | | .241 |
| 1 | 橋本 | 0 | 0 | 0 | 0 | | — |
| ⑥ | 村松 | 2 | 1 | 0 | 0 | | .222 |
| ① | 涌井 | 0 | 0 | 0 | 0 | | .091 |
| 1 | 谷元 | 0 | 0 | 0 | 0 | | — |
| H | 大島 | 1 | 1 | 0 | 0 | | .303 |
| 1 | 藤嶋 | 0 | 0 | 0 | 0 | | — |
| 2 | 山浅 | 1 | 0 | 0 | 0 | | .000 |

犠球失併残
1 2 1 1 4 28 4 0 5 .243

▽二塁打　坂倉、石川昂、大島▽犠打　九里2、涌井
▽犠飛　西川▽失策　石川昂▽暴投　橋本
▽試合時間　3時間17分

| 投手 | 回 | 打 | 安 | 振 | 責 | 防御率 |
|---|---|---|---|---|---|---|
| 九里 | 9 | 31 | 4 | 5 | 0 | 1.33 |

| 投手 | 回 | 打 | 安 | 振 | 責 | 防御率 |
|---|---|---|---|---|---|---|
| 涌井 | 5 | 24 | 9 | 5 | 3 | 3.60 |
| 谷元 | 1 | 6 | 2 | 1 | 1 | 6.75 |
| 藤嶋 | 1 | 4 | 1 | 1 | 0 | 0.00 |
| 橋本 | 2 | 8 | 0 | 1 | 0 | 0.00 |

球炎

## 手に入れた自信 好投生む

池本泰尚

抑えていても、球数が少なくても代えられる。まだローテーションの谷間を投げていた数年前。九里が突然出した答えは「打撃強化」だった。「終盤に代打を送られない打力を身に付ける」。投球の伸びしろより手っ取り早いと考えたのだろう。それは自信がないことの裏返しにも見えた。

九里の好投の条件は自信満々で投げること。今季はストライクゾーンを「ざっくり二分割」。出し入れで勝負するスタイルをやめ、打者との駆け引きに重点を置く。「昨季の6勝が悔し過ぎた。何かを変えないと」。海を渡ってまで手にした新しい形。何よりの手土産は「まだまだ成長できる」という自信だった。

奪ったアウトのうち13個がゴロ。二つが併殺。5イニングで先頭打者を出しても慌てず、打者を見下すように主導権を握った。かわしにいく弱い九里はいない。並べたゼロと気持ちの高ぶりも、相乗効果を生んだ。

あの打撃強化も、無駄な道ではなかった。二回は涌井の直曲球に食らい付き、9球を投げさせた。六回は1死一塁で歯を食いしばってバント。得点を呼び込んだ。遠回りでも歩を進めてきた。七回を投げ終えて104球。それでも九里は、八回の打席に送られた。

## マク先制打 4番の仕事

マクブルームがもどかしい展開を打破した。三回無死満塁、涌井が投じた内角高めのカーブを強引にたたくと、強いゴロが三塁手のグラブをはじき、左前に達する先制2点打となった。「打てる球、ゾーンの高めに来るものを待っていた」。4番の仕事をした。

攻撃陣は一回2死一、二塁、二回無死二塁の好機を逃していた。前日から続いていたタイムリー欠乏症も吹き払い「先制点につなげて勝利へ導くような打席にしたいと考えていた」。試合前には新井監督から打撃指導を受けて早速、結果が出た。「自分は修正できると信じている。（この打席が）今後につながるように頑張る」と飛躍を期した。

三回、広島無死満塁、マクブルームが先制の2点打を放つ

一回、広島1死二塁、西川㊨が右越え2ランを放ち、二塁走者のマクブルームとハイタッチする

5/16 火

VS DeNA

# コイ速攻 バウアー崩す

## 2回7点 逃げ切る

鮮やかなバウアー打ちだった。2週間前、来日初白星を献上した右腕を完全に攻略。8安打で7点を奪い、2回でマウンドから引きずり降ろした。新井監督は「各選手がプラン通りに対応できた」と冷静だった。

目の覚めるような先制攻撃を浴びせた。一回1死から野間、秋山、マクブルームが3連続二塁打。続く西川は「球使いは分かっていた」と2ランを放ち、4点を挙げた。二回は前回対戦で2安打の韮沢が「同じイメージで」と二塁打で口火を切り、3点を加えた。つないで中軸がかえす、理想的な点の取り方だった。

同じ相手に2度はやられない。前回は7安打を放つも1得点にとどまった。登板2試合を研究し「1巡目は速球、2巡目は緩い球も頭に入れる」。最速157キロの直球に振り負けず、二回は甘くなった変化球を捉えた。朝山打撃コーチは「みんなの集中力とスコアラーのおかげ」と、してやったりの表情だった。

三回以降、追加点が遠かったのは反省点。それでも米大リーグのサイ・ヤング賞右腕への苦手意識を払拭した意義は大きい。2安打2打点のマクブルームは「しっかりとタイミングを合わせることができた。この勢いを明日につなげたい」とつなぎの打線に自信を深めた。

## 広島 7-5 DeNA

横浜（18時・30,770人）
（7回戦　DeNA4勝3敗）

| | 1 | 2 | 3 | 4 | 5 | 6 | 7 | 8 | 9 | R |
|---|---|---|---|---|---|---|---|---|---|---|
| 広島 | 4 | 3 | 0 | 0 | 0 | 0 | 0 | 0 | 0 | 7 |
| DeNA | 0 | 1 | 1 | 0 | 0 | 0 | 1 | 2 | 0 | 5 |

広島が逃げ切った。一回に秋山とマクブルームの適時二塁打、西川の2ランで4点を先行。二回は秋山、マクブルームの適時打などで3点を加えた。床田は7回3失点で4勝目、矢崎が2セーブ目。DeNAはバウアーが崩れ6連敗。

（勝）床田7試合4勝
（S）矢崎10試合3勝2S
（敗）バウアー3試合1勝2敗
（本）西川5号②（バウアー）ソト2号①（床田）山本1号①（床田）

| 【広 | 島】 | 打 | 安 | 点 | 振 | 本 | 打率 |
|---|---|---|---|---|---|---|---|
| ④ | 菊池 | 5 | 0 | 1 | 1 | ② | .315 |
| ⑨ | 野間 | 1 | 1 | 0 | 0 | | .237 |
| R9 | 堂林 | 3 | 0 | 0 | 1 | ① | .200 |
| ⑧ | 秋山 | 5 | 4 | 2 | 0 | ② | .387 |
| ③ | マクブルーム | 4 | 2 | 2 | 0 | ③ | .244 |
| ⑦ | 西川 | 4 | 2 | 2 | 0 | ❺ | .303 |
| ② | 坂倉 | 4 | 1 | 0 | 1 | ③ | .240 |
| ⑤ | デビッドソン | 4 | 0 | 0 | 1 | ⑥ | .200 |
| ⑥ | 韮沢 | 4 | 1 | 0 | 1 | | .200 |
| 1 | ケムナ | 0 | 0 | 0 | 0 | | ― |
| 1 | 島内 | 0 | 0 | 0 | 0 | | ― |
| 1 | 矢崎 | 0 | 0 | 0 | 0 | | ― |
| ① | 床田 | 2 | 0 | 0 | 1 | | .214 |
| H | 田中 | 1 | 0 | 0 | 1 | ② | .178 |
| 6 | 矢野 | 0 | 0 | 0 | 0 | | .154 |

犠球失併残
1 1 1 0 5 37 11 7 7 .250

| 【DeNA】 | | 打 | 安 | 点 | 振 | 本 | 打率 |
|---|---|---|---|---|---|---|---|
| ⑦ | 佐野 | 5 | 0 | 0 | 1 | ⑦ | .254 |
| ③ | ソト | 5 | 2 | 1 | 1 | ❷ | .224 |
| ⑤ | 宮崎 | 3 | 2 | 0 | 0 | ⑨ | .448 |
| R | 京田 | 0 | 0 | 0 | 0 | ① | .231 |
| ④ | 牧 | 5 | 2 | 0 | 1 | ⑥ | .273 |
| ⑧ | 桑原 | 4 | 0 | 0 | 0 | ② | .299 |
| ⑨ | 関根 | 4 | 2 | 0 | 1 | ① | .342 |
| ⑥ | 大和 | 4 | 1 | 2 | 0 | | .194 |
| ② | 山本 | 4 | 1 | 1 | 0 | ❶ | .310 |
| ① | バウアー | 0 | 0 | 0 | 0 | | .000 |
| H | 西巻 | 1 | 0 | 0 | 1 | | .000 |
| 1 | 上茶谷 | 0 | 0 | 0 | 0 | | .000 |
| H | 林 | 1 | 0 | 0 | 0 | | .143 |
| 1 | 坂本 | 0 | 0 | 0 | 0 | | ― |
| H | 伊藤 | 1 | 0 | 0 | 0 | | .227 |
| 1 | 入江 | 0 | 0 | 0 | 0 | | ― |
| H | 楠本 | 1 | 0 | 0 | 0 | ① | .182 |
| 1 | ウェンデルケン | 0 | 0 | 0 | 0 | | ― |

犠球失併残
0 2 0 1 8 38 10 4 5 .263

▽三塁打　関根▽二塁打　野間、秋山、マクブルーム、ソト、牧、韮沢▽犠打　床田▽盗塁　秋山（2）
▽失策　矢野　▽暴投　バウアー
▽試合時間　3時間17分

| 投手 | 回 | 打 | 安 | 振 | 責 | 防御率 |
|---|---|---|---|---|---|---|
| 床田 | 7 | 29 | 8 | 5 | 3 | 1.75 |
| ケムナ | ⅔ | 5 | 2 | 0 | 1 | 1.72 |
| 島内 | ⅓ | 2 | 0 | 0 | 0 | 0.82 |
| 矢崎 | 1 | 4 | 0 | 0 | 0 | 0.00 |

| 投手 | 回 | 打 | 安 | 振 | 責 | 防御率 |
|---|---|---|---|---|---|---|
| バウアー | 2 | 15 | 8 | 1 | 7 | 8.40 |
| 上茶谷 | 3 | 11 | 2 | 3 | 0 | 0.60 |
| 坂本 | 2 | 7 | 1 | 0 | 0 | 2.45 |
| 入江 | 1 | 3 | 0 | 3 | 0 | 2.70 |
| ウェンデルケン | 1 | 3 | 0 | 0 | 0 | 1.50 |

## 球炎　貪欲に積み重ねた偉業

五反田康彦

この日の一回、西川は打った瞬間、右越え弾を確信した余裕の走り出し。秋山は違った。7—2の四回、一、二塁間のゴロで懸命に一塁を走り抜け、内野安打をもぎ取った。一見、地味かもしれない。だからこそ、素晴らしい日本通算1500安打目だったように思う。

4月、大差が付いた試合で体調管理のため首脳陣に途中交代を提案され、「代われと言われるなら、代わりますが…」と難色を示した。この日の一戦もそうだったように、勝負事は最後まで何があるか分からない。いつも貪欲に打席へ向かう。これほど安打を重ねてきた理由は、そこにある。

よく打つ選手同士でこそ、理解できる言葉もある。シーズンの疲れを癒やす秋の恒例、湯布院リハビリキャンプ。昨年はそこで西川が質問攻めに遭ったという。左へおっつけて打つ感覚とは、右脇を開けて構える理由は…。問いかけていたのは、先輩の秋山だった。

貪欲さ。彼の特長はそこに尽きる。自分の打撃をすごいとは思っていない。まだ伸びると信じている。「西川と野間がいる。自分は外野の3番手」。決して負けられないと、自らを奮い立たせて臨んだ移籍2年目は、春から打ちまくっている。

## 秋山1500安打　国内

四回、広島2死、秋山が国内通算1500安打となる二塁内野安打を放つ

秋山が一気に日本での通算1500安打に到達した。一回に右翼線へ鋭い先制二塁打、二回に技ありの左前適時打で王手。四回に一、二塁間への渋い内野安打を放ち、節目の記録を刻んだ。「地元が神奈川なので、思い出に残る一本になった。一本打つごとに好機をつくれる。それを積み重ねていけるように頑張っていきたい」と笑みを浮かべた。

七回には強烈な中前打を放ち、今季2度目の4安打をマークした。「節目があるから先の数字を目標にできる。1501本目が出て、次の一歩も踏み出せたなというのはある」と、通算2千安打への通過点を駆け抜けた。

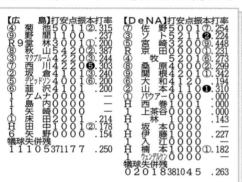

7回無失点で今季初勝利を挙げた森下

5/27（土） VS ヤクルト

# 森下 報われた初白星

## 284日ぶり勝利 フォーム修正 尻上がり

森下が284日ぶりに勝利投手になった。105球を投げて7回無失点。初めて体感した本拠地の声出し応援の後押しも受け、今季4試合目で昨年8月16日以来の白星を手にした。「マツダスタジアムで1勝できて良かった。（これからも）チームのために腕を振っていく」と思いを新たにした。

ピンチは一回だけだった。連打と四球で1死満塁としたが、浜田を空振り三振、西浦を二ゴロに仕留めた。「突っ込んでいた部分があったので修正した」と、二回以降は制球が安定した。最速は151キロをマーク。三回途中から14者連続でアウトを奪うなど無失点投球を続け、味方の援護を呼び込んだ。

3月上旬、昨秋に手術した右肘に違和感が出た。今季初登板は開幕から1カ月後。登板した3試合はチームを勝利に導けず、もどかしさが募った。待望の1勝に「粘り強く投げて良かった。（野手に）守ってもらって、いいリズムで投げられた」と声を弾ませた。

登板を重ねるたびに安定感を増している。次回登板は、過去5試合で未勝利（4敗）と苦戦する交流戦。「一番大事なところになる。また勝てるようにしたい」。勝利の余韻に浸ることなく、表情を引き締めた。

## 広島 4-1 ヤクルト

マツダスタジアム（14時・30,631人）
（8回戦　広島5勝3敗）

| | 1 | 2 | 3 | 4 | 5 | 6 | 7 | 8 | 9 | R |
|---|---|---|---|---|---|---|---|---|---|---|
| ヤクルト | 0 | 0 | 0 | 0 | 0 | 0 | 0 | 0 | 1 | 1 |
| 広島 | 0 | 0 | 0 | 0 | 0 | 0 | 1 | 3 | × | 4 |

広島は森下が9三振を奪い、7回を3安打無失点に抑えて今季初勝利。打線は0—0の七回に西川の適時打で均衡を破り、八回は菊池と坂倉の適時二塁打で突き放した。ヤクルトは1分けを挟み9連敗。自力優勝の可能性が消えた。

（勝）森下4試合1勝1敗
（敗）ピーターズ6試合1勝1敗

| 【ヤクルト】 | | 打 | 安 | 点 | 振 | 本 | 打率 |
|---|---|---|---|---|---|---|---|
| ⑧9 | 太田 | 4 | 1 | 0 | 2 | | .267 |
| ⑨ | 山崎 | 3 | 2 | 0 | 0 | | .276 |
| H | 川端 | 1 | 1 | 0 | 0 | ① | .400 |
| R8 | 並木 | 0 | 0 | 0 | 0 | | .208 |
| ③ | オスナ | 4 | 0 | 0 | 1 | ⑧ | .274 |
| ⑤ | 村上 | 2 | 0 | 0 | 1 | ⑧ | .216 |
| ⑦ | 浜田 | 3 | 0 | 0 | 1 | ④ | .224 |
| ④ | 西浦 | 3 | 0 | 0 | 1 | | .333 |
| H | 武岡 | 1 | 1 | 0 | 0 | | .231 |
| ② | 中村 | 3 | 0 | 1 | 1 | ③ | .223 |
| ⑥ | 長岡 | 4 | 1 | 0 | 0 | ① | .193 |
| ① | ピーターズ | 2 | 0 | 0 | 2 | | .000 |
| H | 三ツ俣 | 0 | 0 | 0 | 0 | | .167 |
| 1 | 大西 | 0 | 0 | 0 | 0 | | — |
| 1 | 山本 | 0 | 0 | 0 | 0 | | .000 |
| H | サンタナ | 1 | 0 | 0 | 0 | ⑤ | .297 |
| 犠球失併残 | | | | | | | |
| 23128 | | 31 | 6 | 1 | 9 | | .230 |

| 【広島】 | | 打 | 安 | 点 | 振 | 本 | 打率 |
|---|---|---|---|---|---|---|---|
| ④ | 菊池 | 4 | 1 | 1 | 0 | ② | .294 |
| ⑥ | 上本 | 3 | 0 | 0 | 2 | ① | .253 |
| H | 松山 | 1 | 0 | 0 | 0 | | .310 |
| 1 | 矢崎 | 0 | 0 | 0 | 0 | | — |
| ⑧ | 秋山 | 2 | 1 | 0 | 0 | ② | .369 |
| ③ | マクブルーム | 2 | 0 | 0 | 1 | ④ | .224 |
| R5 | 曽根 | 0 | 0 | 0 | 0 | | .000 |
| H3 | 坂倉 | 1 | 1 | 2 | 0 | ④ | .266 |
| ⑦ | 西川 | 4 | 1 | 1 | 0 | ⑥ | .297 |
| ⑨ | 堂林 | 3 | 2 | 0 | 0 | ② | .250 |
| ② | 会沢 | 3 | 0 | 0 | 0 | | .200 |
| ⑤35 | 田中 | 3 | 1 | 0 | 1 | ③ | .224 |
| ① | 森下 | 2 | 0 | 0 | 1 | | .000 |
| 1 | ターリー | 0 | 0 | 0 | 0 | | — |
| H6 | 矢野 | 0 | 0 | 0 | 0 | | .143 |
| 犠球失併残 | | | | | | | |
| 13004 | | 28 | 7 | 4 | 5 | | .249 |

▽二塁打　秋山、菊池、坂倉▽犠打　三ツ俣、矢野
▽犠飛　中村▽失策　西浦
▽与死球　ピーターズ（秋山）
▽試合時間　2時間49分

| 投手 | 回 | 打 | 安 | 振 | 責 | 防御率 |
|---|---|---|---|---|---|---|
| ピーターズ | 7 | 25 | 4 | 5 | 1 | 1.57 |
| 大西 | ⅔ | 5 | 2 | 0 | 3 | 4.57 |
| 山本 | ⅓ | 2 | 1 | 0 | 0 | 7.71 |

| 投手 | 回 | 打 | 安 | 振 | 責 | 防御率 |
|---|---|---|---|---|---|---|
| 森下 | 7 | 25 | 3 | 9 | 0 | 1.63 |
| ターリー | 1 | 5 | 2 | 0 | 0 | 1.40 |
| 矢崎 | 1 | 6 | 1 | 0 | 1 | 0.73 |

## 球炎　推進力生む「守り勝ち」

木村雅俊

ある意味で節目と位置付けられるナイスゲームだろう。表の勝因は森下の好投であり、裏から見れば、それに呼応した打線の意地。その中身といえば「守り勝ち」が詰まっている。要はどこを切り取っても好材料ばかりで、チームに推進力を与える1勝と記したい。

森下の初勝利は30日からの交流戦に向けて大きな意味を持つ。復帰後の3試合は右肩上がりの状態で唯一、手にしていなかった白星が付いた。術後の心理を推察すれば、次戦は1勝を追いかける投球から、勝つための投球にすり替わる。大黒柱として期待できる。

中盤まで打てなかった野手は、ピンチの芽を片っ端から摘む好守が光った。三回に横っ跳びで好捕した田中、八回には菊池が、これぞプロといえる捕球で失点を防ぐ。ワンチャンスをものにした七回の先制点や八回の追加点へとつながる見事な守備だった。

こうなると、今季13試合目で初失点した矢崎の投球も悲観する必要はない。今の役回りは九回を抑え、チームを勝たせること。失点に納得していないだろうが、今日は4点差だ。防御率0・73の力量は僅差で発揮してもらえれば、鬼に金棒だろう。願わくば貯金を持って交流戦に臨みたい。

## 西川 均衡破る一打

### 七回終えた森下に「そろそろ打ってくるわ」

西川が一振りで均衡を破った。0―0の七回、四死球で1死一、二塁。ピーターズの2球目のスライダーを振り抜き、中堅手の前に落とした。「遊飛かと思ったけど、飛んだところが良かった」。打線が打ちあぐねていた左腕から、ようやく1点をもぎ取った。

有言実行だった。七回を投げ終えてベンチに戻った森下に、言った。「そろそろ打ってくるわ」。そこまで2打数無安打。「勝ちを付けたろうと。あの回に点を取れて良かった」。決意の先制打で、かわいがる後輩の今季1勝目をお膳立てした。

七回、広島1死一、二塁、西川が先制の中前打を放つ

5/31 水 VS オリックス

七回、広島1死一、二塁、先制の3ランを放ち、笑顔でベンチに戻る秋山㊧と一塁走者の上本

# コイ 逆襲の1勝

## オリ戦連敗13で止める
## 秋山 千金3ラン

秋山が会心の一打で停滞ムードを打破した。0―0の七回1死一、二塁で値千金の3号3ラン。2018年から続くオリックス戦の連敗を13で止め、「（チームに）嫌な空気があったのは感じていた。明日以降も目の前の試合を勝つために足元を見つめてやっていく」と力を込めた。

菊池が内野安打で出塁し、上本が四球を選んで迎えたチャンスだった。西武時代の対戦では、3打数無安打に抑えられていた黒木が投じた142キロを捉え、ライナーで右翼席に運んだ。チームは六回まで4度の得点機を逃し、自身も三回2死三塁で空振り三振。秋山は「走者をかえせず嫌な展開だった。何としても打ちたかったのでよかった」と振り返った。

相手がパ・リーグに変わっても確実性の高い打撃に陰りはない。情報の少ない投手との対戦を「対応する瞬間的なスキルがリーグ戦以上に試される」と捉え、目の前の一打席に全神経を集中する。

広島の一員として初めて臨む交流戦。チームに漂う苦手意識を感じながらも、「それは去年までの話。今年いい勝ち星の挙げ方をして来年以降、気にすることがないような成績にすればいい」と言い切った。

## 広島 3-1 オリックス

京セラドーム大阪（18時1分・18,061人）
（2回戦　1勝1敗）

| | 1 | 2 | 3 | 4 | 5 | 6 | 7 | 8 | 9 | R |
|---|---|---|---|---|---|---|---|---|---|---|
| 広島 | 0 | 0 | 0 | 0 | 0 | 0 | 3 | 0 | 0 | 3 |
| オリックス | 0 | 0 | 0 | 0 | 0 | 0 | 1 | 0 | 0 | 1 |

広島がオリックス戦の連敗を13で止めた。七回に秋山の3ランで均衡を破った。九里は7回1失点で4勝目。島内が八回を抑え、矢崎が5セーブ目。オリックスは6回無失点の田嶋を援護できず、2番手の黒木が四球絡みで失点した。

（勝）九里9試合4勝2敗
（S）矢崎14試合3勝5S
（敗）黒木6試合1勝3敗
（本）秋山3号③（黒木）

| | 【広島】 | 打 | 安 | 点 | 振 | 本打率 |
|---|---|---|---|---|---|---|
| ④ | 菊池 | 4 | 2 | 0 | 1 | ③.298 |
| ⑥5 | 上本 | 4 | 0 | 0 | 1 | ①.241 |
| ⑧ | 秋山 | 3 | 1 | 3 | 1 | ❸.358 |
| ③ | マクブルーム | 4 | 0 | 0 | 1 | ④.219 |
| 6 | 矢野 | 0 | 0 | 0 | 0 | .143 |
| ⑦ | 西川 | 3 | 2 | 0 | 0 | ⑥.302 |
| ⑨ | 堂林 | 4 | 0 | 0 | 2 | ②.231 |
| ② | 坂倉 | 3 | 1 | 0 | 1 | ④.263 |
| DH | 磯村 | 3 | 0 | 0 | 2 | ①.214 |
| HD | 林 | 1 | 0 | 0 | 0 | ①.200 |
| ⑤ | 田中 | 2 | 1 | 0 | 0 | ③.212 |
| R | 羽月 | 0 | 0 | 0 | 0 | .000 |
| 3 | 韮沢 | 1 | 0 | 0 | 1 | .167 |

犠球失併残
1 5 1 1 8 32 7 3 10 .245

| | 【オリックス】 | 打 | 安 | 点 | 振 | 本打率 |
|---|---|---|---|---|---|---|
| ⑧5 | 広岡 | 3 | 0 | 0 | 1 | ①.250 |
| ⑤ | 宗 | 0 | 0 | 0 | 0 | ①.263 |
| R8 | 野口 | 2 | 0 | 0 | 1 | .211 |
| ② | 森 | 4 | 0 | 0 | 3 | ⑥.284 |
| ③ | 頓宮 | 3 | 0 | 0 | 0 | ①.331 |
| DH | 杉本 | 3 | 0 | 0 | 2 | ⑨.257 |
| ④ | 西野 | 3 | 0 | 0 | 0 | .200 |
| H | セデーニョ | 1 | 0 | 0 | 1 | .182 |
| ⑦ | 中川圭 | 4 | 1 | 0 | 2 | ⑥.261 |
| ⑨ | 茶野 | 3 | 0 | 0 | 0 | .270 |
| ⑥ | 紅林 | 3 | 2 | 1 | 0 | ③.252 |

犠球失併残
1 4 0 0 6 29 3 1 10 .261

▽二塁打　坂倉、西川、紅林、中川圭▽犠打　菊池、宗
▽失策　上本▽与死球　九里2（杉本、宗）
▽試合時間　3時間15分

| 投手 | 回 | 打 | 安 | 振 | 責 | 防御率 |
|---|---|---|---|---|---|---|
| 九里 | 7 | 28 | 3 | 6 | 1 | 2.03 |
| 島内 | 1 | 3 | 0 | 1 | 0 | 1.65 |
| 矢崎 | 1 | 3 | 0 | 3 | 0 | 0.68 |

| 投手 | 回 | 打 | 安 | 振 | 責 | 防御率 |
|---|---|---|---|---|---|---|
| 田嶋 | 6 | 26 | 5 | 5 | 0 | 3.72 |
| 黒木 | 1 | 6 | 2 | 0 | 3 | 6.35 |
| 阿部 | 1 | 3 | 0 | 2 | 0 | 3.71 |
| 山田 | 1 | 3 | 0 | 3 | 0 | 2.70 |

## 球炎　島内の飛躍 陰にレジェンド

五反田康彦

投手の闘志に驚いたことがある。黒田博樹さんが現役晩年、打者の内角に投げた後、叫んだ。一触即発。米国帰りの右腕は、強い口調で英語のフレーズを吐き出したように記者席からは見えた。後に問えば、「サンキューと言ったんだ」。にやりとされた。

島内はその黒田さんと今春のキャンプで、面談をした。隣には新井監督もいた。四球は全く気にしなくていいこと。自分の球は打者にとってどれほど脅威か。心で結果は変わる。熱く諭された。控えめな性格の島内には、それが飛躍へつながる糸だった。

交流戦初星を懸けたこの日、八回を託された。3番森は直球で見逃し三振。155キロを連発し、昨季の日本一チームの2～4番を三者凡退と圧倒した。帽子を傾けたままベンチに戻る姿が、強気の表れか。例年、パ・リーグの未知なる好投手に驚かされる。今季は島内の剛速球が相手をのけ反らせる。そう確信させるセットアッパーの迫力だった。

元々、力はあった。弱さを捨て、変わった。今春の面談、黒田さんの助言で特に心にとどめていることは。島内は「新聞記事には書けない言葉です」。レジェンドは命懸けでマウンドにいたことを知り、自らも殻を破った。

## 九里奮投1失点　4勝

五回、オリックス2死一、二塁、野口を空振り三振に仕留めてほえる九里

七回、九里は秋山の先制3ランが右翼席に消えるのを確認すると右手を大きく突き上げた。「すごくうれしかった」。そこまで無失点でしのいできた右腕は喜びをあらわにした。

直球も変化球も切れがあり、制球も上々だった。内角攻めも効果的で、初安打を許したのは五回。「自分の投球をマウンドで表現できるようにと思って上がった。ある程度はできたのではと思う」と振り返った。

1失点で4勝目を挙げ、前日に登板して敗戦投手になった大瀬良の期待にも応えた。「チームを引っ張っていこうといつも話している。切《せっ》磋《さ》琢《たく》磨《ま》しながらやっていければ」と誓った。

6/28 水
VS DeNA

# 森下 魅せた二刀流

## 7回2失点 初アーチは3ラン

先発の森下が二刀流さながらの活躍で勝利を引き寄せた。同点の五回にプロ初本塁打となる勝ち越し3ラン。投げても7回2失点で4勝目を挙げ、「優勝争いをするためには大事な一戦。いい勝ち方だった」と胸を張った。

打った瞬間、手応え十分だった。1死一、二塁の場面で「打っていいと言われたので思い切って」と石田が投じた初球を強振。打球が左翼を越えるのを見届けると、拳を突き上げダイヤモンドを1周した。完璧な一発に「結構飛んでいた。最高でした」と納得顔だった。

9人目の野手としての意識は強い。「チャンスで打てたら自分を助けることになる」。明大時代はクリーンアップを経験。打撃技術は先発陣の中でも随一で、大瀬良や床田らとの安打数や打点の競い合いで昨年はトップだった。今年もここまで打率2割3分1厘、4打点と、打席でも存在感を示す。

肝心の投球でも8安打を浴びながら2失点。「もう少し長いイニングを投げたいが、会沢さんと粘り強くやれた」と及第点を与えた。本拠地で今季4戦4勝。お立ち台では「来週もマツダなので次も勝ちます」と宣言し、ファンを沸かせた。

㊤五回、広島1死一、二塁、森下が左越えに3ランを放つ
㊦7回を2失点に抑え4勝目を挙げた森下

## 広島 6-2 DeNA

マツダスタジアム（18時1分・26,857人）
（11回戦　DeNA6勝5敗）

| | 1 | 2 | 3 | 4 | 5 | 6 | 7 | 8 | 9 | R |
|---|---|---|---|---|---|---|---|---|---|---|
| DeNA | 0 | 1 | 0 | 1 | 0 | 0 | 0 | 0 | 0 | 2 |
| 広島 | 0 | 2 | 0 | 0 | 3 | 0 | 1 | 0 | × | 6 |

広島が4連勝で貯金を今季最多の5とした。森下が投打にわたる活躍で4勝目。7回を8安打2失点と粘り、五回にプロ初本塁打となる勝ち越し3ランを放った。七回は秋山の適時打で加点。DeNAの石田は要所で精彩を欠いた。

（勝）森下8試合4勝1敗
（敗）石田11試合2勝4敗
（本）デビッドソン8号②（石田）牧12号①（森下）森下1号③（石田）

| 【DeNA】 | | 打 | 安 | 点 | 振 | 本 | 打率 |
|---|---|---|---|---|---|---|---|
| ⑧ | 関根 | 4 | 0 | 0 | 0 | ③ | .313 |
| ③5 | 京田 | 4 | 1 | 0 | 0 | ① | .227 |
| ⑦ | 佐野 | 3 | 3 | 0 | 0 | ⑧ | .278 |
| ④ | 牧 | 4 | 1 | 1 | 3 | ⓬ | .288 |
| ⑤ | 宮崎 | 3 | 0 | 0 | 0 | ⑬ | .369 |
| 1 | 入江 | 0 | 0 | 0 | 0 | | — |
| 2 | 山本 | 1 | 0 | 0 | 0 | ① | .235 |
| ⑨ | 楠本 | 3 | 1 | 0 | 2 | ① | .200 |
| ⑥ | 大和 | 4 | 2 | 1 | 0 | | .263 |
| ② | 戸柱 | 3 | 0 | 0 | 1 | ③ | .257 |
| 1 | 中川 | 0 | 0 | 0 | 0 | | — |
| 1 | 三嶋 | 0 | 0 | 0 | 0 | | — |
| H | 桑原 | 1 | 0 | 0 | 0 | ③ | .293 |
| ① | 石田 | 2 | 0 | 0 | 1 | | .071 |
| 3 | ソト | 1 | 0 | 0 | 1 | ⑤ | .232 |

| 犠 | 球 | 失 | 併 | 残 | 打 | 安 | 点 | 振 | 打率 |
|---|---|---|---|---|---|---|---|---|---|
| 0 | 2 | 0 | 0 | 6 | 33 | 8 | 2 | 8 | .261 |

| 【広島】 | | 打 | 安 | 点 | 振 | 本 | 打率 |
|---|---|---|---|---|---|---|---|
| ④ | 菊池 | 4 | 1 | 0 | 1 | ③ | .279 |
| ⑨ | 野間 | 4 | 1 | 0 | 1 | | .258 |
| ⑧ | 秋山 | 4 | 1 | 1 | 2 | ③ | .304 |
| ⑦ | 西川 | 2 | 1 | 0 | 0 | ⑥ | .321 |
| ③ | 堂林 | 3 | 0 | 0 | 2 | ④ | .205 |
| H | 松山 | 1 | 0 | 0 | 1 | | .258 |
| 1 | 島内 | 0 | 0 | 0 | 0 | | — |
| 1 | 栗林 | 0 | 0 | 0 | 0 | | — |
| ⑤ | デビッドソン | 4 | 2 | 2 | 0 | ❽ | .199 |
| ② | 会沢 | 2 | 1 | 0 | 1 | ① | .195 |
| ⑥ | 矢野 | 4 | 0 | 0 | 1 | | .189 |
| ① | 森下 | 2 | 1 | 3 | 0 | ❶ | .231 |
| H | 末包 | 0 | 0 | 0 | 0 | ① | .364 |
| R | 曽根 | 0 | 0 | 0 | 0 | | .100 |
| 3 | 韮沢 | 0 | 0 | 0 | 0 | | .140 |

| 犠 | 球 | 失 | 併 | 残 | 打 | 安 | 点 | 振 | 打率 |
|---|---|---|---|---|---|---|---|---|---|
| 0 | 7 | 0 | 1 | 7 | 30 | 8 | 6 | 9 | .246 |

▽二塁打　佐野、楠本、デビッドソン、菊池
▽暴投　島内▽与死球　石田（会沢）三嶋（会沢）
▽試合時間　3時間12分

| 投手 | 回 | 打 | 安 | 振 | 責 | 防御率 |
|---|---|---|---|---|---|---|
| 石田 | 5 | 21 | 5 | 7 | 5 | 2.64 |
| 入江 | 1 | 5 | 1 | 1 | 0 | 2.25 |
| 中川 | 1 | 6 | 2 | 1 | 1 | 3.60 |
| 三嶋 | 1 | 5 | 0 | 0 | 0 | 3.72 |

| 投手 | 回 | 打 | 安 | 振 | 責 | 防御率 |
|---|---|---|---|---|---|---|
| 森下 | 7 | 28 | 8 | 6 | 2 | 1.98 |
| 島内 | 1 | 4 | 0 | 1 | 0 | 2.22 |
| 栗林 | 1 | 3 | 0 | 1 | 0 | 6.27 |

## 球炎　「初球から打て」読み的中

木村雅俊

びっくり仰天とは、こんな時のために使うのだろう。もし、あの場面で3ランを想定した人がいたのなら、その根拠を知りたい。昼間の大リーグ中継で大谷（エンゼルス）の「2本塁打&7勝」にも驚いたが、その比ではない衝撃的な森下の一発だった。

それにしても強気な新井采配に驚く。五回無死一、二塁で矢野が進塁させられなかった。ここからどうやって1点を取りにいくか。一塁ベンチを見ていると、ヒントは朝山打撃コーチの動きにあった。打席に向かう前の森下に2度も耳打ちしていたシーンにある。

朝山コーチによると1度目は1死二、三塁の想定。2度目は矢野の凡退を受け、「初球から打っていけ。内めを突いてくるから狙え」。そう言えた根拠は企業秘密としても、配球はズバリと的中した。ただし「それが3ランになるのは全く想定していなかった」。

ふたを開けてみれば、強行策は新井監督が決断。これを受けて朝山コーチが具体的に指示し、森下が見事な打力で応じたという流れだった。スタンドのどよめきも誘った1勝で、あれよあれよと首位に3ゲーム差ではないか。今季の玉手箱には何位と書いてあるのだろう。面白くなってきた。

## デビが8号2ラン

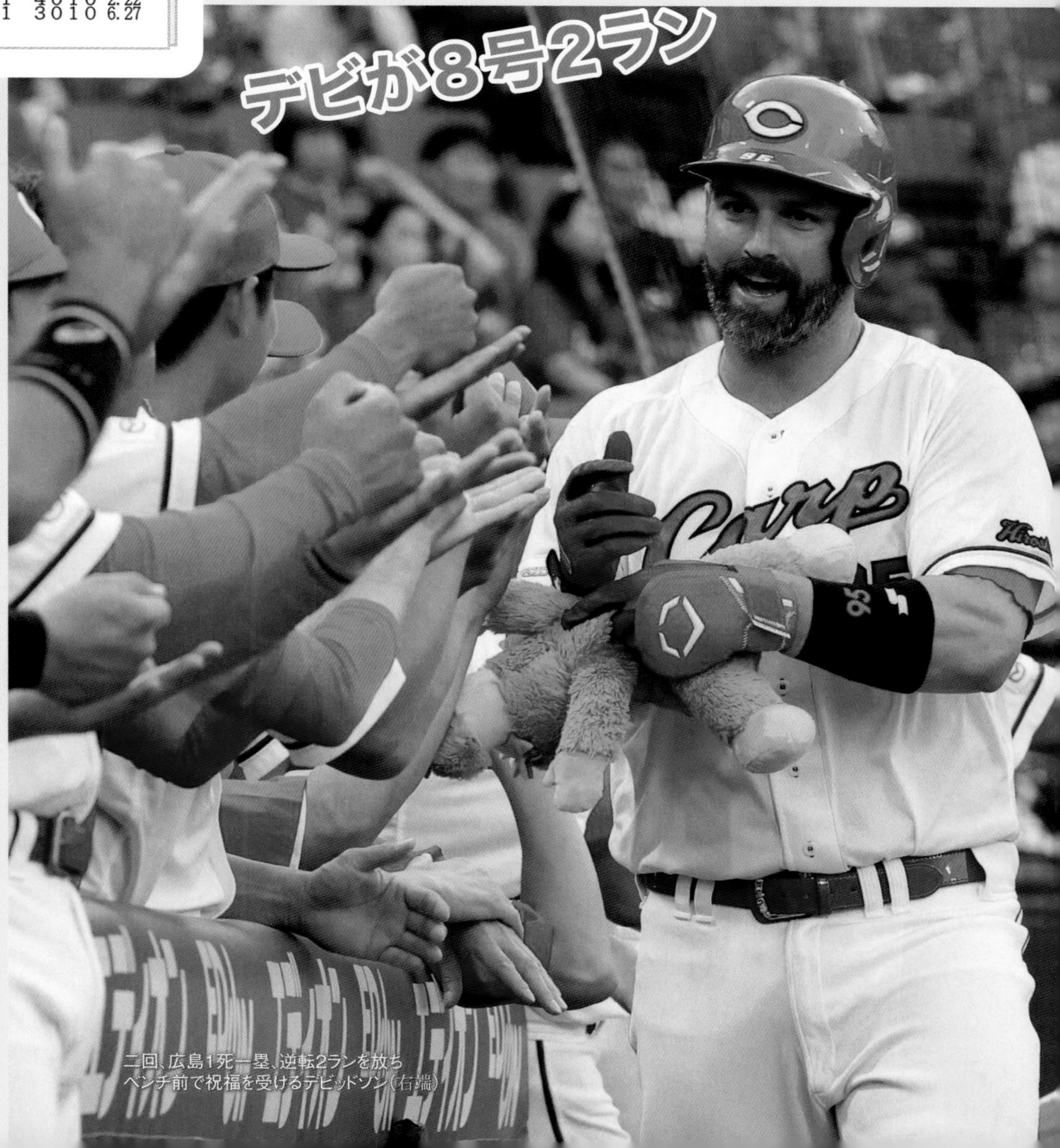
二回、広島1死一塁、逆転2ランを放ちベンチ前で祝福を受けるデビッドソン（右端）

デビッドソンが2試合ぶりの一発を放った。0—1の二回1死一塁。「とにかく打てる球を待とうとストライクゾーン高めを狙った」と抜けた変化球を強振。左中間スタンドへ8号2ランをたたき込み、一時逆転した。

五回は先頭で左翼フェンス直撃の二塁打。森下の3ランにつなげた。全体練習前から打撃マシンで打ち込むほど練習熱心。「しっかり打っているし、コーチの指導をしっかり聞いている。このチームが好きなのでチームのためになるように一生懸命練習している」と練習の成果を強調した。

二回、広島無死一塁、坂倉が先制の右越え2ランを放ち、ナインに迎えられる

6/30 金

VS ヤクルト

# コイ猛攻 最多タイ14安打

## 6連勝 坂倉先制弾 口火切る

広島は打線が今季最多タイの14安打を放ち、今季最長の6連勝を決めた。3カ月前の開幕カードで3連敗を喫した神宮球場で、チームの成長を示す快勝。新井監督は「何も言うことはございません」とナインをたたえ、ご満悦だった。

猛打の口火を切ったのは坂倉だ。0―0の二回無死一塁からサイスニードの直球を右翼席へ運んだ。右翼手が一歩も動けない会心の2ランに「真っすぐに合わせて入った。先制につながって良かった」。日大三高（東京）時代の恩師小倉全由さんが観戦する中、その後も2安打を放って3安打3打点。6月の月間打率を3割9分とした。

坂倉の一発で勢いづいた打線は、今季初対戦となるサイスニードから五回までに6得点。七回にも2番手の今野から3連打で2点を奪うなど、4月30日の巨人戦（東京ドーム）以来の14安打。先発野手全員安打の前夜に続く快打に、指揮官も「序盤からしっかり攻略してくれた。みんな振れている」と目を細めた。

貯金を今季最多の7に増やし、首位阪神へ2ゲーム差に接近。坂倉は「こういう試合を多くできればいいが、相手もあること。みんなで勝てるようにやっていきたい」と力を込めた。

## 広島 8-0 ヤクルト

神宮（18時・29,633人）
（10回戦　広島7勝3敗）

| | 1 | 2 | 3 | 4 | 5 | 6 | 7 | 8 | 9 | R |
|---|---|---|---|---|---|---|---|---|---|---|
| 広島 | 0 | 2 | 1 | 0 | 3 | 0 | 2 | 0 | 0 | 8 |
| ヤクルト | 0 | 0 | 0 | 0 | 0 | 0 | 0 | 0 | 0 | 0 |

広島が14安打を放ち、連勝を今季初の6に伸ばした。二回に坂倉が先制の2点本塁打、三回は菊池がソロ。五回にも集中打で3点を加えた。九里は丁寧にコースを突き、散発5安打無四球で完封して6勝目。ヤクルトはこのカード7連敗。

（勝）九里13試合6勝3敗
（敗）サイスニード13試合5勝4敗
（本）坂倉7号②（サイスニード）菊池4号①（サイスニード）

| 【広島】 | | 打 | 安 | 点 | 振 | 本 | 打率 |
|---|---|---|---|---|---|---|---|
| ④ | 菊池 | 5 | 2 | 1 | 1 | ❹ | .284 |
| 4 | 韮沢 | 0 | 0 | 0 | 0 | | .140 |
| ⑨ | 野間 | 5 | 3 | 0 | 1 | | .275 |
| ⑧ | 秋山 | 5 | 1 | 1 | 1 | ③ | .302 |
| 8 | 曽根 | 0 | 0 | 0 | 0 | | .100 |
| ⑦ | 西川 | 4 | 2 | 0 | 0 | ⑥ | .325 |
| R7 | 末包 | 0 | 0 | 0 | 0 | ① | .333 |
| ② | 坂倉 | 4 | 3 | 3 | 0 | ❼ | .301 |
| ⑤ | 田中 | 5 | 2 | 1 | 2 | ④ | .276 |
| 5 | 羽月 | 0 | 0 | 0 | 0 | | .133 |
| ③ | デビッドソン | 4 | 1 | 2 | 2 | ⑧ | .202 |
| ⑥ | 矢野 | 4 | 0 | 0 | 1 | | .175 |
| ① | 九里 | 5 | 0 | 0 | 5 | | .000 |

| 犠 | 球 | 失 | 併 | 残 | 打 | 安 | 点 | 振 | 打率 |
|---|---|---|---|---|---|---|---|---|---|
| 0 | 4 | 0 | 1 | 10 | 41 | 14 | 8 | 13 | .249 |

| 【ヤクルト】 | | 打 | 安 | 点 | 振 | 本 | 打率 |
|---|---|---|---|---|---|---|---|
| ⑧ | 並木 | 4 | 1 | 0 | 2 | | .304 |
| ⑦ | 青木 | 3 | 0 | 0 | 0 | ② | .269 |
| 4 | 武岡 | 1 | 0 | 0 | 0 | | .240 |
| ④ | 山田 | 3 | 1 | 0 | 2 | ⑨ | .232 |
| 7 | 浜田 | 1 | 1 | 0 | 0 | ④ | .217 |
| ⑤ | 村上 | 4 | 1 | 0 | 0 | ⑫ | .230 |
| ⑨ | サンタナ | 3 | 0 | 0 | 0 | ⑦ | .284 |
| 9 | 山崎 | 0 | 0 | 0 | 0 | | .271 |
| ② | 中村 | 3 | 0 | 0 | 1 | ③ | .219 |
| 1 | 山本 | 0 | 0 | 0 | 0 | | .000 |
| 3 | 三ツ俣 | 0 | 0 | 0 | 0 | | .125 |
| ③ | オスナ | 3 | 0 | 0 | 2 | ⑫ | .249 |
| 1 | 丸山翔 | 0 | 0 | 0 | 0 | | — |
| ⑥ | 長岡 | 3 | 1 | 0 | 0 | ② | .218 |
| ① | サイスニード | 1 | 0 | 0 | 1 | | .105 |
| H | 西田 | 1 | 0 | 0 | 0 | | .125 |
| 1 | 今野 | 0 | 0 | 0 | 0 | | — |
| 2 | 内山 | 1 | 0 | 0 | 0 | ④ | .221 |

| 犠 | 球 | 失 | 併 | 残 | 打 | 安 | 点 | 振 | 打率 |
|---|---|---|---|---|---|---|---|---|---|
| 0 | 0 | 0 | 0 | 4 | 31 | 5 | 0 | 8 | .233 |

▽二塁打　野間2、秋山、坂倉、田中
▽試合時間　2時間52分

| 投手 | 回 | 打 | 安 | 振 | 責 | 防御率 |
|---|---|---|---|---|---|---|
| 九里 | 9 | 31 | 5 | 8 | 0 | 1.76 |

| 投手 | 回 | 打 | 安 | 振 | 責 | 防御率 |
|---|---|---|---|---|---|---|
| サイスニード | 5 | 25 | 8 | 8 | 6 | 3.23 |
| 今野 | 2 | 11 | 5 | 2 | 2 | 3.45 |
| 山本 | 1 | 3 | 0 | 1 | 0 | 3.52 |
| 丸山翔 | 1 | 6 | 1 | 2 | 0 | 3.86 |

## 球炎　九里 エース狙える位置に

五反田康彦

美しいフォロースルーとガッツポーズ。森下が先日放ったあの本塁打に決して負けてはいない。九里のスイングに目を奪われた。今季の打率0割を継続する5打数無安打、5三振。それらの凡退に、打撃がさっぱりな右腕の覚悟を見た。

1、2打席目は果敢に振って当たらない。特筆すべきは6―0の六回1死の3打席目。速球に食らい付いて5球ファウルし、最後、空振り三振に悔しがった。大量リード、走者なし。必死になるような場面ではなかった。ここで見せた九里の意地が、その後の打線を鼓舞したのではないか。

ついにエースを目指せるところに来た。その称号をつかむには勝利、防御率の数字だけでは足りない。背中、プレーの端々からにじむ信頼感。この投手が投げる日は落とせない。仲間がそう思えるか。三振で悔しがった姿は、雨の神宮球場に引き締まった1勝をもたらした。

立ち位置も、存在感も大瀬良の後ろを長く追ってきた。九里が先発に専念した2020年以降、同一カードでの先発順は大瀬良―九里が14度あるのに、九里―大瀬良の順は今回で2度目だ。まさに静かな、内なる戦い。1日のマウンドに立つ大瀬良も、黙っているわけにはいかない。

## 九里6勝 無四球完封

完封勝利を挙げ、新井監督（手前左）と喜ぶ九里（同右）

九里が今季2度目の完封を無四球で遂げ、6勝目を挙げた。打者31人に対し、2球で一度も2ボールにはせず、カウントを整えて勝負。「走者がいない時の一発は構わないと割り切って、思い切っていけた」ときっぱり。攻めの109球で5安打に抑え、二塁も踏ませなかった。

無四球完封は2019年6月25日の楽天戦以来、プロ2度目。神宮での白星も同年7月以来、4年ぶりだった。昨季この球場で3戦全敗。「本塁打の失点が多かったけれど、恐れるわけにはいかない」と小気味よくアウトを重ね、攻撃のリズムも生んだ。

雨中の声援に頭を下げ、「チームを引っ張れるような存在になりたい」と意気込みを新たにした。

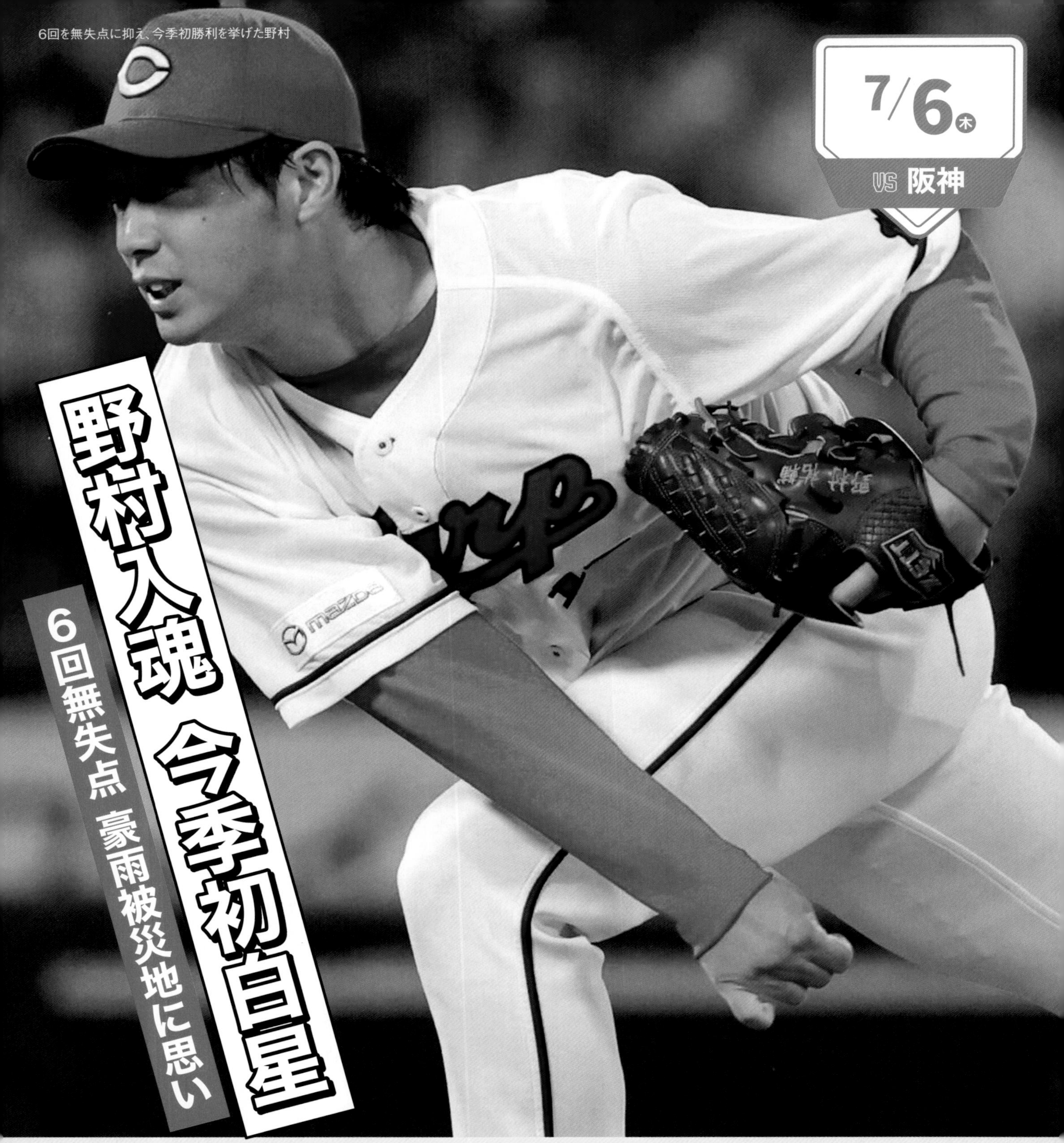
6回を無失点に抑え、今季初勝利を挙げた野村

7/6（木）
VS 阪神

# 野村入魂 今季初白星

## 6回無失点 豪雨被災地に思い

西日本豪雨から5年。倉敷市出身の野村が今季初勝利を挙げた。6回3安打、無四球で無失点。被災地に思いを寄せる投手最年長の34歳は「今日はどうしても勝ちたかったので、本当に勝てて良かった」。7月6日、野球ができる感謝をあらためて胸に刻んだ。

求められる役割に、最大限の働きで応えた。低めに低めに球を集め、打たせて取る。新井監督は「(ストライクゾーンの)四隅を突いた、これぞ祐輔という投球」とうなった。球速は１３０キロ台。生命線の制球力で阪神打線を抑え込み、二塁すら踏ませなかった。

特別な日。２０１８年以降、倉敷市真備町や広島県坂町の仮設住宅を訪ね、野球教室を開くなど被災者と接してきた。「大変な思いをされた方がいる。そういう方に微力でも(元気を)届けられたら」。月日がたっても、その思いは変わらない。

18年からの阪神戦未勝利を7試合で止め、プロ通算80勝目。2週連続の6回無失点で、存在感を高めた。「これからも野球ができることに感謝して、長く頑張っていきたい」。心を込めた快投は、交流した被災者たちにもきっと届いている。

## 広島 4-0 阪神

マツダスタジアム（18時・26,010人）
（12回戦　阪神7勝5敗）

| | 1 | 2 | 3 | 4 | 5 | 6 | 7 | 8 | 9 | R |
|---|---|---|---|---|---|---|---|---|---|---|
| 阪神 | 0 | 0 | 0 | 0 | 0 | 0 | 0 | 0 | 0 | 0 |
| 広島 | 0 | 2 | 1 | 0 | 0 | 0 | 0 | 1 | × | 4 |

広島は4投手で無失点リレー。先発の野村は打たせて取る投球で6回3安打に抑え今季初勝利。二回に小園の1号2ラン、三回に西川の適時打でリードを奪った。阪神は打線がつながらず、村上の7回3失点の力投を生かせなかった。

（勝）野村2試合1勝
（敗）村上12試合6勝4敗
（本）小園1号②（村上）

| 【阪神】 | | 打 | 安 | 点 | 振 | 本 | 打率 |
|---|---|---|---|---|---|---|---|
| ⑧ | 島田 | 4 | 0 | 0 | 1 | ① | .191 |
| ④ | 中野 | 4 | 0 | 0 | 0 | ① | .290 |
| ⑨ | 前川 | 4 | 1 | 0 | 1 | | .288 |
| ③ | 大山 | 4 | 1 | 0 | 1 | ⑩ | .278 |
| ⑤ | 佐藤輝 | 4 | 1 | 0 | 0 | ⑨ | .226 |
| ⑦ | ノイジー | 2 | 1 | 0 | 0 | ⑤ | .236 |
| ② | 坂本 | 2 | 0 | 0 | 0 | | .226 |
| H | 渡辺諒 | 1 | 1 | 0 | 0 | ② | .217 |
| 2 | 梅野 | 0 | 0 | 0 | 0 | ① | .178 |
| ⑥ | 木浪 | 3 | 0 | 0 | 2 | | .276 |
| ① | 村上 | 2 | 0 | 0 | 1 | | .045 |
| H | 糸原 | 1 | 0 | 0 | 1 | | .200 |
| 1 | 及川 | 0 | 0 | 0 | 0 | | — |

犠球失併残
0 1 0 0 5 31 5 0 7 .237

| 【広島】 | | 打 | 安 | 点 | 振 | 本 | 打率 |
|---|---|---|---|---|---|---|---|
| ④ | 菊池 | 3 | 0 | 0 | 1 | ④ | .277 |
| ⑨ | 野間 | 4 | 2 | 1 | 0 | | .278 |
| ⑧ | 秋山 | 4 | 0 | 0 | 0 | ③ | .294 |
| 8 | 大盛 | 0 | 0 | 0 | 0 | | .250 |
| ⑦ | 西川 | 3 | 1 | 1 | 0 | ⑦ | .332 |
| ③ | 松山 | 3 | 1 | 0 | 1 | | .275 |
| 3 | 堂林 | 0 | 0 | 0 | 0 | ④ | .211 |
| ② | 坂倉 | 3 | 0 | 0 | 0 | ⑦ | .296 |
| ⑤ | 田中 | 3 | 0 | 0 | 2 | ⑤ | .268 |
| ⑥ | 小園 | 3 | 1 | 2 | 1 | ❶ | .069 |
| ① | 野村 | 2 | 0 | 0 | 1 | | .000 |
| 1 | ターリー | 0 | 0 | 0 | 0 | | — |
| 1 | 島内 | 0 | 0 | 0 | 0 | | — |
| H | 末包 | 1 | 1 | 0 | 0 | ① | .333 |
| R | 羽月 | 0 | 0 | 0 | 0 | | .118 |
| 1 | 矢崎 | 0 | 0 | 0 | 0 | | — |

犠球失併残
1 0 0 0 2 29 6 4 6 .248

▽二塁打　渡辺諒、大山▽犠打　菊池▽盗塁　羽月（7）
▽試合時間　2時間41分

| 投手 | 回 | 打 | 安 | 振 | 責 | 防御率 |
|---|---|---|---|---|---|---|
| 村上 | 7 | 26 | 5 | 6 | 3 | 1.78 |
| 及川 | 1 | 4 | 1 | 0 | 1 | 3.32 |

| 投手 | 回 | 打 | 安 | 振 | 責 | 防御率 |
|---|---|---|---|---|---|---|
| 野村 | 6 | 21 | 3 | 3 | 0 | 0.00 |
| ターリー | 1 | 4 | 1 | 0 | 0 | 1.53 |
| 島内 | 1 | 3 | 0 | 3 | 0 | 2.05 |
| 矢崎 | 1 | 4 | 1 | 1 | 0 | 2.22 |

走塁分野としては最大級の称賛と受け止めた言葉がある。「ベンチがサインであおらなくていい選手」。盗塁王を2度獲得した2軍の福地打撃・守備コーチが、春先に5年目の羽月の足を激賞していた。その走塁能力がようやく本拠地初得点として披露された。

それは今季完成したオプションでもある。八回無死一塁で代走羽月。3度のけん制も全く慌てることなく、2球目に小走りスタートで難なく二盗を決めた。菊池のバントで進塁の後、野間の一ゴロであっという間に生還して4点目。まさに往年の赤ヘル野球である。

## 球炎　羽月の足 最高のオプション

木村雅俊

羽月の特長はけん制を恐れないこと。高校時代から刺された記憶がないという。「戻ること（帰塁）に自信がある」。後はスタートのタイミングだけに集中。塁間のスピードが落ちなくなった今季は、盗塁成功率が格段に向上した。

赤松外野守備・走塁コーチから投手の傾向を学び、交流戦ではパの走塁スペシャリストの動きをスポンジのように吸収してきた。プロで生きる一芸を徹底的に磨き、今ではチームに欠かせないピースとなった。「ああいう選手は各球団に1人いるかいないか」（福地コーチ）。羽月の足で勝つ。そんな試合も遠くない。

## 小園再起 先制2ラン

小園が今季1号となる鮮やかな先制2ランを放った。二回2死一塁。1ボールから村上のフォークを完璧に捉えた。右中間スタンドまで運び「思い切っていった結果、自分のスイングができて良かったです」と笑顔で振り返った。

4日に1軍に昇格してから3試合連続でスタメン出場。これまでの2試合は安打はなかったが、ファーストストライクから打つ積極的なスタイルは変えなかった。長い2軍暮らしを経験し「悔しい思いで、絶対ここでプレーすると思っていた」。今季2安打目の本塁打で再スタートを切った。

二回、広島2死一塁、小園が右中間へ先制2ランを放つ

延長十一回、広島2死二、三塁、坂倉が勝ち越しの中前2点打を放ち、ガッツポーズする

7/13 木

VS 巨人

# コイ打線 11回奮起

## 坂倉 殊勲の2点打

坂倉が4時間に迫る戦いに決着を付けた。延長十一回2死二、三塁で勝利を呼び込む2点打。捕手としても7投手をリードし、1失点に抑えた。「周りのみんなに助けてもらってここまでできている。チーム全員でこういう試合を勝てたのは大きい」と喜んだ。

松山の一ゴロ併殺でしぼみかけた好機で奮い立った。大江の140キロを強振。打球は中前に転がった。走者2人の生還を見届けると、右手を突き上げた。「いいポイントで打てたので、抜けてくれと思って走っていた」と笑顔をみせた。

守りでは投手陣の奮闘を引き出し、勝利をお膳立て。先発の九里が1失点で粘ると、中継ぎ陣6人を必死に支えた。八、九回には満塁のピンチを背負ったが、「もう1点もやらないように。何とかゼロでしのげるようにと思っていた」と粘り強くリード。「みんな強気で腕を振って頑張ってくれた」と頭を下げた。

捕手として成長を遂げながら、バットでは中軸としての役割を全うする。「一戦一戦やるだけ。夏場で暑いが、頑張りどころだと思う」。汗を拭う顔は、どこか誇らしそうだった。

## 広島 6-1 巨人

東京ドーム(18時・37,291人)
(15回戦　広島10勝5敗)

| | 1 | 2 | 3 | 4 | 5 | 6 | 7 | 8 | 9 | 10 | 11 | R |
|---|---|---|---|---|---|---|---|---|---|---|---|---|
| 広島 | 0 | 0 | 0 | 0 | 0 | 1 | 0 | 0 | 0 | 0 | 5 | 6 |
| 巨人 | 0 | 0 | 0 | 1 | 0 | 0 | 0 | 0 | 0 | 0 | 0 | 1 |

(延長十一回)

広島が1—1の延長十一回に5点を奪って試合を決めた。2死二、三塁から坂倉の中前打で2点を勝ち越し、さらに満塁として堂林が走者一掃の二塁打。大道が2年ぶりの勝利。巨人は九回1死満塁のサヨナラ機を生かせなかった。

(勝)大道21試合1勝
(敗)ビーディ16試合5敗1S

| 【広 | 島】 | 打 | 安 | 点 | 振 | 本打率 |
|---|---|---|---|---|---|---|
| ⑤4 | 上本 | 4 | 1 | 0 | 1 | ①.261 |
| ⑨ | 野間 | 5 | 1 | 0 | 0 | .271 |
| ⑧ | 秋山 | 5 | 3 | 0 | 0 | ③.303 |
| ③ | 松山 | 5 | 2 | 1 | 0 | .276 |
| 6 | 矢野 | 0 | 0 | 0 | 0 | .172 |
| ② | 坂倉 | 5 | 2 | 2 | 0 | ⑦.290 |
| ⑥5 | 小園 | 5 | 1 | 0 | 1 | ②.106 |
| ④ | 羽月 | 4 | 1 | 0 | 1 | .167 |
| 1 | 中崎 | 0 | 0 | 0 | 0 | — |
| ⑦ | 大盛 | 3 | 1 | 0 | 2 | .214 |
| H7 | 堂林 | 2 | 1 | 3 | 1 | ④.213 |
| ① | 九里 | 1 | 0 | 0 | 0 | .000 |
| H | 田中 | 1 | 0 | 0 | 0 | ⑤.254 |
| 1 | ターリー | 0 | 0 | 0 | 0 | — |
| H | 田村 | 1 | 0 | 0 | 1 | .000 |
| 1 | 栗林 | 0 | 0 | 0 | 0 | — |
| 1 | 島内 | 0 | 0 | 0 | 0 | — |
| 1 | 矢崎 | 0 | 0 | 0 | 0 | — |
| H | 菊池 | 1 | 0 | 0 | 1 | ④.270 |
| 1 | 大道 | 0 | 0 | 0 | 0 | — |
| H3 | デビッドソン | 1 | 0 | 0 | 1 | ⑧.188 |

犠球失併残
0 2 1 0 6　43 13 6 9　.246

| 【巨 | 人】 | 打 | 安 | 点 | 振 | 本打率 |
|---|---|---|---|---|---|---|
| ⑧ | ブリンソン | 2 | 0 | 0 | 1 | ⑥.242 |
| H98 | 梶谷 | 3 | 0 | 0 | 1 | ①.271 |
| ⑨8 | 丸 | 3 | 1 | 0 | 0 | ⑪.240 |
| R8 | 増田大 | 0 | 0 | 0 | 0 | — |
| H | 長野 | 0 | 0 | 0 | 0 | ①.200 |
| 1 | 高梨 | 0 | 0 | 0 | 0 | .000 |
| 1 | ビーディ | 0 | 0 | 0 | 0 | .167 |
| 1 | 大江 | 0 | 0 | 0 | 0 | — |
| 1 | 三上 | 0 | 0 | 0 | 0 | — |
| ⑦ | 秋広 | 5 | 2 | 0 | 1 | ⑥.304 |
| ⑤ | 岡本和 | 4 | 1 | 0 | 1 | ⑳.309 |
| R5 | 中山 | 1 | 0 | 0 | 0 | .220 |
| ② | 大城卓 | 3 | 0 | 0 | 0 | ⑪.267 |
| ③ | 中田翔 | 3 | 1 | 0 | 0 | ⑪.273 |
| ④ | 吉川 | 4 | 0 | 1 | 0 | ②.237 |
| ⑥ | 門脇 | 5 | 1 | 0 | 0 | ①.173 |
| ① | 戸郷 | 2 | 0 | 0 | 1 | .083 |
| H | 中島 | 1 | 0 | 0 | 1 | .000 |
| 1 | 鈴木康 | 0 | 0 | 0 | 0 | — |
| 1 | 中川 | 0 | 0 | 0 | 0 | — |
| H9 | 若林 | 1 | 0 | 0 | 0 | .182 |

犠球失併残
2 7 0 3 12　37 6 1 6　.248

▽二塁打　岡本和、大盛、堂林▽犠打　大城卓
▽犠飛　吉川▽盗塁　羽月(9)中山(4)▽失策　松山
▽与死球　九里(中田翔)ターリー(大城卓)ビーディ(上本)
▽試合時間　3時間57分

| 投手 | 回 | 打 | 安 | 振 | 責 | 防御率 |
|---|---|---|---|---|---|---|
| 九里 | 5 | 20 | 2 | 3 | 1 | 2.29 |
| ターリー | 1 | 5 | 1 | 0 | 0 | 2.05 |
| 栗林 | 1 | 3 | 0 | 1 | 0 | 4.94 |
| 島内 | 1 | 6 | 2 | 0 | 0 | 1.91 |
| 矢崎 | 1 | 6 | 1 | 1 | 0 | 2.05 |
| 大道 | 1 | 3 | 0 | 0 | 0 | 3.86 |
| 中崎 | 1 | 3 | 0 | 1 | 0 | 2.51 |

| 投手 | 回 | 打 | 安 | 振 | 責 | 防御率 |
|---|---|---|---|---|---|---|
| 戸郷 | 7 | 27 | 7 | 4 | 1 | 2.27 |
| 鈴木康 | 1 | 3 | 0 | 0 | 0 | 3.77 |
| 中川 | 1 | 3 | 1 | 1 | 0 | 1.45 |
| 高梨 | 1 | 3 | 0 | 3 | 0 | 3.18 |
| ビーディ | ⅔ | 2 | 1 | 0 | 1 | 4.28 |
| 大江 | ⅔ | 5 | 3 | 0 | 4 | 4.12 |
| 三上 | ⅓ | 2 | 1 | 1 | 0 | 1.98 |

## 球炎 指揮官の優しさと厳しさ

五反田康彦

菊池は誇らしかった。11日の試合で右腕に死球を受け、うずくまっていた時のこと。新井監督がベンチ前の柵を思い切りぶったたき、怒りをあらわにした。グラウンドに響いた音、血走る目つき。後で巨人の選手に言われた。「あんなに怒ってくれる監督なんだ」

いつも振りまく陽気な姿とは違う。大事な選手に何してくれるんだ—。そんな新井監督の思いが現れたような場面だった。シーズン折り返しの今、選手は一様に「やりやすい」と口にする。雰囲気の一因はトップの頼もしさにもあるだろう。

優しいだけでは足りない。この日、厳しい采配があった。0—1の五回終了時、九里を降板させた。エースを目指す右腕がまだ1失点。新井監督は九里のそばに行き、何かを諭していた。先発投手としては到底、納得できないかもしれない。

チーム内はいろいろな思いが渦巻く。全てを受け止め、まとめ、戦う集団にする。新井監督は常に「計算はない。感じたままやっている」と答える。九回1死満塁、テレビ画面にベンチが映った。その最前列でマウンドの矢崎へ「頑張れ、頑張れ」と声をからす九里だった。大事な夏、ナインは同じ方向を見ている。

## 救援陣 無失点リレー

十回を三者凡退に抑え、ターリー(右端)、栗林(中央)に迎えられる大道

救援6投手が無失点リレーを演じた。土俵際で踏ん張ったのは、八回の島内と九回の矢崎。いずれも満塁のピンチを切り抜けた。失策などで無死二塁から、サヨナラ負けの窮地を脱した矢崎は「打順の巡りを考えながら勝負した」。慌てず、うろたえず、新人だった2017年以来の黒星は免れた。

十回を三者凡退に抑えた大道が打線の奮起を呼び、2年ぶりの白星を手にした。「(3連戦を)勝ち越せたのは大きい。結果的に3人で抑えられて良かった」。十一回を締めた中崎からウイニングボールを手渡され、笑顔を浮かべた。

七回途中1失点で8勝目を挙げた床田

7/17 月 VS DeNA

## コイ 5連勝 2位ターン

# 主役は床田 堂々8勝

## 好投にマルチ安打 激走も

投げて、打って、走って。主役は間違いなく床田だった。本業では七回途中1失点。打席で2安打を放ち、好走塁で2得点。自己最多タイの8勝目を手にし「前回（登板した）巨人戦でやられているので、何とか取り返せて良かった」と大粒の汗をぬぐった。

投げては、立ち上がりの2安打だけに抑えた。先頭蝦名に二塁打、佐野に先制打を浴びたが、二回からの5イニングを三者凡退。6度3ボールにするも2四球にとどめ「根負けせずにストライクゾーンで勝負できた」。七回2死二塁まで粘り強く投げ抜いた。

打っては、好投手バウアーからマルチ安打。五回は「追い込まれたので来た球を打った」と151キロを右前打し、七回にも中前へはじき返すと敵失の間に二塁へ。ともに先頭で快音を響かせ、攻撃の起点となった。

走っては、七回の秋山の右前打で二塁から本塁まで激走。「きつかったし怖かったけど、打った瞬間にかえろうと思っていたので、あまり足のことは気にせずに走った」と決勝のホームを踏んだ。昨年8月、走塁中に右足首を骨折した横浜スタジアム。「浜スタに罪はない」と笑う左腕は、因縁の地を活躍の記憶に塗り替えた。

## 広島 2-1 DeNA

横浜（17時・33,220人）
（15回戦　広島9勝6敗）

| | 1 | 2 | 3 | 4 | 5 | 6 | 7 | 8 | 9 | R |
|---|---|---|---|---|---|---|---|---|---|---|
| 広島 | 0 | 0 | 0 | 0 | 1 | 0 | 1 | 0 | 0 | 2 |
| DeNA | 1 | 0 | 0 | 0 | 0 | 0 | 0 | 0 | 0 | 1 |

広島が5連勝。0―1の五回に野間の二ゴロで追い付き、七回に秋山の適時打で勝ち越した。床田は七回途中1失点でリーグトップに並ぶ8勝目、矢崎が17セーブ目。DeNAはバウアーが7回2失点にまとめたが、援護できず3連敗。

（勝）床田14試合8勝2敗
（S）矢崎31試合4勝17S
（敗）バウアー12試合6勝3敗

| 【広 | 島】 | 打 | 安 | 点 | 振 | 本 | 打率 |
|---|---|---|---|---|---|---|---|
| ④ | 上本 | 5 | 2 | 0 | 1 | ① | .263 |
| ⑨ | 野間 | 4 | 0 | 1 | 3 | | .266 |
| ⑧ | 秋山 | 3 | 1 | 1 | 0 | ③ | .296 |
| ③ | 松山 | 4 | 0 | 0 | 1 | | .264 |
| ② | 坂倉 | 3 | 0 | 0 | 0 | ⑧ | .281 |
| ⑤ | 田中 | 3 | 0 | 0 | 0 | ⑤ | .248 |
| ⑥ | 小園 | 4 | 2 | 0 | 0 | ② | .153 |
| ⑦ | 大盛 | 4 | 0 | 0 | 2 | | .158 |
| ① | 床田 | 3 | 2 | 0 | 1 | | .240 |
| 1 | 栗林 | 0 | 0 | 0 | 0 | | ― |
| 1 | 島内 | 0 | 0 | 0 | 0 | | ― |
| H | デビッドソン | 1 | 0 | 0 | 1 | ⑨ | .200 |
| 1 | 矢崎 | 0 | 0 | 0 | 0 | | ― |

犠球失併残
0300834729 .245

| 【DeNA】 | | 打 | 安 | 点 | 振 | 本 | 打率 |
|---|---|---|---|---|---|---|---|
| ⑨ | 蝦名 | 3 | 1 | 0 | 1 | | .143 |
| H9 | 楠本 | 1 | 0 | 0 | 0 | ① | .214 |
| ⑦ | 関根 | 4 | 0 | 0 | 1 | ③ | .287 |
| ③ | 佐野 | 4 | 1 | 1 | 1 | ⑧ | .270 |
| ④ | 牧 | 3 | 0 | 0 | 0 | ⑯ | .283 |
| ⑧ | 桑原 | 1 | 0 | 0 | 0 | ③ | .286 |
| ⑥ | 大和 | 4 | 1 | 0 | 0 | | .274 |
| ⑤ | 京田 | 2 | 0 | 0 | 0 | ① | .232 |
| H | 宮崎 | 1 | 0 | 0 | 1 | ⑬ | .347 |
| 1 | ウェンデルケン | 0 | 0 | 0 | 0 | | ― |
| 2 | 戸柱 | 1 | 0 | 0 | 0 | ④ | .238 |
| ② | 伊藤 | 2 | 0 | 0 | 0 | | .198 |
| H | ソト | 1 | 0 | 0 | 0 | ⑥ | .230 |
| 1 | 森原 | 0 | 0 | 0 | 0 | | ― |
| ① | バウアー | 2 | 0 | 0 | 1 | | .043 |
| 5 | 柴田 | 0 | 0 | 0 | 0 | | .182 |

犠球失併残
1410629315 .252

▽二塁打　上本2、蝦名、小園▽犠打　桑原
▽盗塁　田中（2）小園（2）▽失策　桑原
▽与死球　バウアー（坂倉）
▽試合時間　2時間54分

| 投手 | 回 | 打 | 安 | 振 | 責 | 防御率 |
|---|---|---|---|---|---|---|
| 床田 | 6⅔ | 24 | 2 | 3 | 1 | 1.89 |
| 栗林 | ⅓ | 1 | 0 | 1 | 0 | 4.85 |
| 島内 | 1 | 4 | 0 | 1 | 0 | 1.78 |
| 矢崎 | 1 | 5 | 1 | 0 | 0 | 1.84 |

| 投手 | 回 | 打 | 安 | 振 | 責 | 防御率 |
|---|---|---|---|---|---|---|
| バウアー | 7 | 31 | 7 | 8 | 1 | 3.46 |
| ウェンデルケン | 1 | 3 | 0 | 0 | 0 | 1.44 |
| 森原 | 1 | 3 | 0 | 1 | 0 | 2.25 |

## 球炎　進撃を支えるキーマン

五反田康彦

進撃の前半戦が終わった。

その人は広島が上昇気流に乗る中、一度も報道陣への取材対応がなかった。折に触れ、時にスーツで時にジャージーで球場を訪れる。ユニホームのないキーマン。口を開かなかったのは、自分は表に出るべきではない、と考えているからかもしれない。

試合後は監督室を訪れる。新井監督は「負けた後はすごく疲れて、悔しがっていた。勝ったら、すごくうれしそう。一緒に戦っていた」。開幕してから采配への注文は一切なかった。黒田博樹球団アドバイザーとはそういう男だ。

専門は投手。由宇球場も視察し、若手の育成システムのアイデアを出した。投手陣は皆1度は褒められた。ケムナや大道は2軍にいた時、「何でここにいるんだ」と潜在能力を評価された。島内は幾多の助言が全て宝物となった。まさに勇気のプレゼンターだった。

選手だけではない。新井監督は試合での思い切った采配をともに振り返る時、「あそこでよくいけたなあ」と感心されると、前向きになれた。「起用や投手の球数を含め黒田さんも納得してくれている」。同じ野球観を持つ人がそばにいる。初めて指揮を執るシーズン、新井監督は1人じゃない。

## 秋山が決勝打
### 今月初打点に破顔

七回に決勝打を放ち、ナインに迎えられる秋山

秋山が決勝打を放った。七回2死二塁、バウアーの107球目を鮮やかに右前へはじき返した。「ずっと感触は悪くなかった。勝っていたから前向きでいられたので、チームメートに感謝です。やっと自分も参加できた」と、7月初打点に口元を緩めた。

無死二塁から上本が送りバントできず、野間が空振り三振。「簡単につながせてくれる相手ではない。2人が倒れた分、何とかしたい思いはあった」と重苦しい空気を振り払った。

前半戦を5連勝で締め、「いったん締めるのがもったいない展開。また良いスタートが切れるように準備したい」と、勝負の後半戦を見据えた。

四回、広島1死一、二塁、末包が右中間に逆転の3ランを放つ

7/26 水

VS ヤクルト

# コイすいすい 9連勝

## 末包 同期救う逆転3ラン

外角高めのチェンジアップを豪快に振り抜くと、末包は本塁まで全速力で走った。「打った瞬間の感触は良かったけど、審判が誰も本塁打と言ってくれなかったので」。四回1死一、二塁、右中間スタンドへ放った打球はグラウンドに跳ね返り、協議の結果、逆転3ランと認定。ベンチで明るい笑みが広がった。

2安打4打点と暴れた。二回は2死一、二塁で詰まりながらも右前へ先制打。四回の殊勲打は2ボールから狙いを絞り、「しっかり振り切ることができた」と逆方向へ。6月16日以来となる2号3ランをかっ飛ばし、同期入団の森に、勝ち投手の権利をプレゼントした。

脱力打法を貫く。今季は長野（巨人）モデルの柔らかくて長いバットを使い「衝突や反発でなく、乗せるイメージ」。この日の2安打も、芯で捉えなくてもバットに乗せて振り切るから、凡打にならない。無理やり引っ張らず、逆方向への当たりが成長の証しだ。

危機感を抱く。西川の離脱後、大盛や中村奨ら若手と競う外野の一枠。前日まで先発4試合は10打数1安打で「ラストチャンス。危ないなと思って死に物狂いだった」。9連勝に導くも、競争は終わりではない。2年目の27歳。居場所をつかみ取るまで戦いは続く。

## 広島 5-3 ヤクルト

マツダスタジアム（18時・26,804人）
（14回戦　広島9勝5敗）

| | 1 | 2 | 3 | 4 | 5 | 6 | 7 | 8 | 9 | R |
|---|---|---|---|---|---|---|---|---|---|---|
| ヤクルト | 0 | 0 | 3 | 0 | 0 | 0 | 0 | 0 | 0 | 3 |
| 広島 | 0 | 1 | 0 | 3 | 1 | 0 | 0 | 0 | × | 5 |

広島が連勝を9に伸ばした。1―3の四回に末包の3ランで逆転し、五回は坂倉のソロで加点した。先発森は毎回走者を出しながら5回3失点と粘って3勝目、矢崎が20セーブ目。ヤクルトは四回以降、追加点が奪えず3連敗。

（勝）森5試合3勝1敗
（S）矢崎34試合4勝20S
（敗）高橋12試合4勝6敗
（本）オスナ15号③（森）末包2号③（高橋）坂倉9号①（高橋）

| 【ヤクルト】 | | 打 | 安 | 点 | 振 | 本 | 打率 |
|---|---|---|---|---|---|---|---|
| ⑧ | 並木 | 4 | 0 | 0 | 3 | ① | .255 |
| H | 川端 | 1 | 0 | 0 | 0 | ① | .358 |
| ④ | 武岡 | 4 | 2 | 0 | 2 | | .278 |
| ⑦ | 青木 | 3 | 0 | 0 | 0 | ② | .268 |
| R9 | 赤羽 | 0 | 0 | 0 | 0 | | .133 |
| ⑤ | 村上 | 3 | 1 | 0 | 1 | ⑰ | .241 |
| ③ | オスナ | 4 | 1 | 3 | 0 | ⓯ | .246 |
| ② | 中村 | 4 | 2 | 0 | 1 | ④ | .231 |
| ⑨7 | 内山 | 4 | 0 | 0 | 1 | ⑥ | .215 |
| ⑥ | 長岡 | 4 | 1 | 0 | 1 | ② | .214 |
| ① | 高橋 | 1 | 0 | 0 | 0 | | .063 |
| H | 元山 | 1 | 0 | 0 | 1 | | .194 |
| 1 | 木沢 | 0 | 0 | 0 | 0 | | .000 |
| 1 | 今野 | 0 | 0 | 0 | 0 | | ― |
| 1 | 尾仲 | 0 | 0 | 0 | 0 | | .000 |
| H | 宮本 | 1 | 0 | 0 | 0 | | .212 |
| 犠球失併残 | 1 2 3 1 7 | 34 | 7 | 3 | 10 | | .236 |

| 【広島】 | | 打 | 安 | 点 | 振 | 本 | 打率 |
|---|---|---|---|---|---|---|---|
| ⑥5 | 小園 | 5 | 1 | 0 | 0 | ② | .200 |
| ⑨ | 野間 | 4 | 0 | 0 | 2 | | .273 |
| ⑧ | 秋山 | 4 | 1 | 0 | 1 | ③ | .300 |
| ④ | 上本 | 4 | 1 | 0 | 2 | ① | .269 |
| ② | 坂倉 | 3 | 1 | 1 | 1 | ❾ | .283 |
| ⑤ | デビッドソン | 1 | 1 | 0 | 0 | ⑨ | .215 |
| 53 | 田中 | 3 | 0 | 0 | 1 | ⑤ | .237 |
| ③ | 堂林 | 2 | 1 | 0 | 1 | ④ | .206 |
| R | 羽月 | 0 | 0 | 0 | 0 | | .167 |
| 6 | 矢野 | 0 | 0 | 0 | 0 | | .186 |
| ⑦ | 末包 | 3 | 2 | 4 | 0 | ❷ | .267 |
| 1 | 栗林 | 0 | 0 | 0 | 0 | | ― |
| 1 | 中崎 | 0 | 0 | 0 | 0 | | ― |
| 1 | 島内 | 0 | 0 | 0 | 0 | | ― |
| H | 松山 | 1 | 0 | 0 | 0 | | .266 |
| 1 | 矢崎 | 0 | 0 | 0 | 0 | | ― |
| ① | 森 | 1 | 0 | 0 | 0 | | .333 |
| 1 | 大道 | 0 | 0 | 0 | 0 | | ― |
| H7 | 大盛 | 2 | 1 | 0 | 0 | | .179 |
| 犠球失併残 | 0 4 1 0 8 | 33 | 9 | 5 | 8 | | .248 |

▽三塁打　武岡▽二塁打　中村▽犠打　高橋
▽盗塁　村上（3）▽失策　並木、村上、オスナ、上本
▽ボーク　森▽与死球　栗林（青木）
▽試合時間　3時間38分

| 投手 | 回 | 打 | 安 | 振 | 責 | 防御率 |
|---|---|---|---|---|---|---|
| 高橋 | 5 | 24 | 5 | 6 | 4 | 3.82 |
| 木沢 | 1 | 3 | 0 | 1 | 0 | 3.48 |
| 今野 | 1 | 6 | 2 | 1 | 0 | 3.13 |
| 尾仲 | 1 | 4 | 2 | 0 | 0 | 4.73 |

| 投手 | 回 | 打 | 安 | 振 | 責 | 防御率 |
|---|---|---|---|---|---|---|
| 森 | 5 | 24 | 7 | 4 | 0 | 3.66 |
| 大道 | 1 | 3 | 0 | 1 | 0 | 3.70 |
| 栗林 | ⅔ | 3 | 0 | 2 | 0 | 4.55 |
| 中崎 | ⅓ | 1 | 0 | 1 | 0 | 2.45 |
| 島内 | 1 | 3 | 0 | 1 | 0 | 1.62 |
| 矢崎 | 1 | 3 | 0 | 1 | 0 | 1.67 |

## 球炎　包囲網破る右打者起用

池本泰尚

このカードが始まる前、ついに来たか、と思った。報じられたヤクルトの先発ローテーション予想は左投手3人。サイスニードの登板を回避し、再編したとあった。間隔もさることながら、広島打線が左投手を苦手としていることが決め手になったという。

首位争いを演じていくならば、待っているのはこの手の「広島包囲網」。他球団は先発ローテを柔軟に変更し、相性のいい投手をぶつけてくる。その第1弾とも言える左腕3枚投入。やられれば苦手意識が深まりかねない。そんな心配をしていたのは私だけだった。

新井監督。スタメンを決める方針は明確だった。「相性もあるが、右打者にチャンスをあげたい」。初戦は野間を外して中村奨を起用。今夜は末包、堂林を2戦連続で使った。その堂林が2四球と1安打、末包は逆転3ラン。チームは依然、右腕に打率2割5分8厘、左腕に打率2割3分だが、2人には、そんな数字は関係なかった。

指揮官が位置づける勝負の時期は「8月中旬」。そのころには西川も戻り、チャンスを与えるだけの起用はしないだろう。でも、その選択肢は広がっていく。新井監督が繰り返す「もっと強くなれる」の意味を、私はかみしめている。

## 森　5回3失点で3勝

中16日での先発となった森が5回3失点と何とか試合をつくり、3勝目（1敗）を挙げた。「粘れて良かった」と喜んだ。

苦しい投球だった。三回、上本の失策などで2死一、三塁とされ、オスナに3ランを浴びた。四、五回も得点圏に走者を置いた。要所でスライダー、チェンジアップを低めに投げて三振で切り抜けた。

ここまでの3勝はいずれも5回で降板した。飛躍を期す2年目左腕は「厳しい戦いが続くと思うが、勝っていきたい」と、チームのいい波に乗っていくつもりだ。

5回3失点で3勝目を手にした森

七回、広島1死三塁、会沢の勝ち越し中前打で生還した三塁走者大盛㊾を迎える新井監督

7/27 木
VS ヤクルト

# 家族一丸 捉えた首位

## コイ10連勝 日替わりヒーロー躍動

広島が一丸の野球でついに首位に立った。4試合ぶりに先発した会沢が、先制と勝ち越しの2安打2打点と活躍。前夜の末包に続き、ヒーローが日替わりで生まれる好循環。新井監督は「今日は俺がやるぞ、という気持ちが伝わってくる。それがうれしい」と選手をたたえた。

指揮官の起用にベテランが応えた。0—0の五回無死二塁、会沢が石川の129キロを捉えて先制の中前打。同点で迎えた七回も中前に適時打を放ち、「試合に出るときはチームに貢献したい。監督が使ってくれたので、その気持ちに応えた」と力を込めた。

アクシデントも支え合って乗り越えた。先発の床田が、八回1死、丸山和に4球目を投じた後、左手人さし指に違和感を訴え降板。前夜の中崎に続き、この日はターリーが緊急登板し、無失点に抑えた。左腕は「先発投手に何かあったとき、助けにいくのがブルペンの仕事。大事な場面で抑えられて良かった」と胸を張った。

28日からは甲子園球場に乗り込み、2位阪神との直接対決。会沢は「強いときは日替わりヒーローが多い。みんな心を一つにして戦っている。いい雰囲気を続けていきたい」。まだまだ連勝を伸ばすつもりだ。

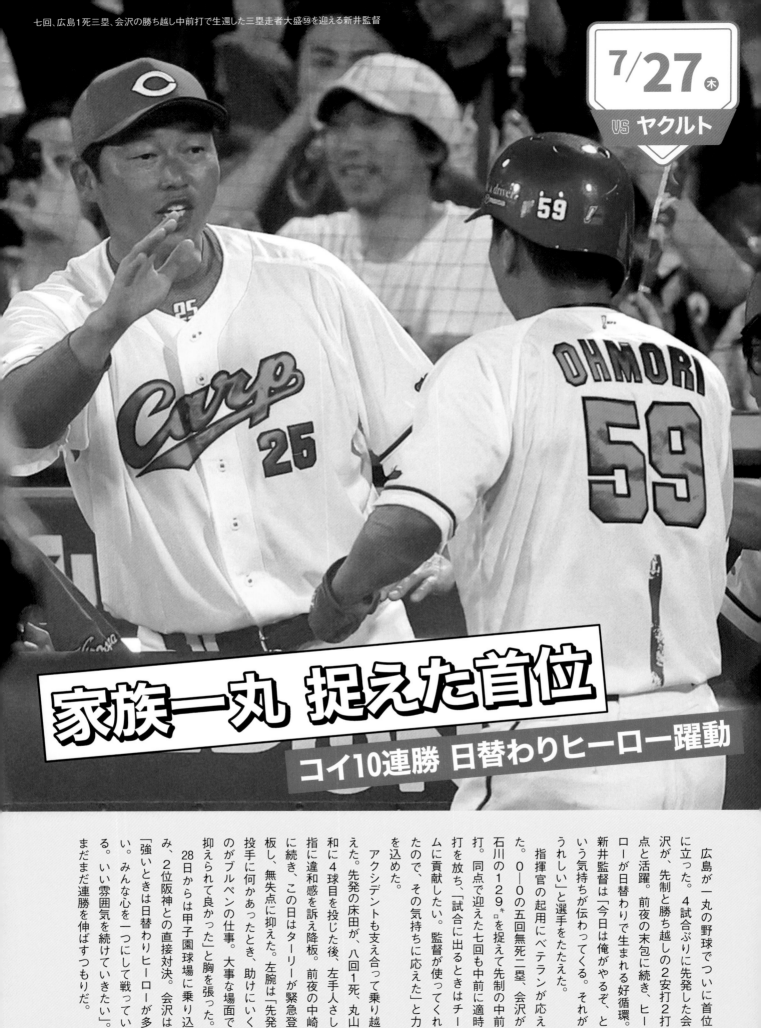

## 広島 4－1 ヤクルト

マツダスタジアム（18時・27,479人）
（15回戦　広島10勝5敗）

| | 1 | 2 | 3 | 4 | 5 | 6 | 7 | 8 | 9 | R |
|---|---|---|---|---|---|---|---|---|---|---|
| ヤクルト | 0 | 0 | 0 | 0 | 0 | 1 | 0 | 0 | 0 | 1 |
| 広島 | 0 | 0 | 0 | 0 | 1 | 0 | 1 | 2 | × | 4 |

広島は投打がかみ合い10連勝を飾り、4月以来の首位に浮上した。床田は八回途中まで1失点で9勝目。栗林が9セーブ目を挙げた。会沢が五回に先制打、1―1の七回には勝ち越し打。ヤクルトは犠飛による1得点で4連敗。

（勝）床田15試合9勝2敗
（S）栗林31試合2勝6敗9S
（敗）石山30試合3勝5敗

| 【ヤクルト】 | | 打 | 安 | 点 | 振 | 本 | 打率 |
|---|---|---|---|---|---|---|---|
| ⑨8 | 並木 | 4 | 2 | 0 | 0 | ① | .263 |
| ④ | 武岡 | 4 | 1 | 0 | 1 | | .277 |
| ⑧ | 塩見 | 2 | 0 | 1 | 0 | ③ | .263 |
| 1 | 石山 | 0 | 0 | 0 | 0 | | ― |
| 1 | 丸山翔 | 0 | 0 | 0 | 0 | | .000 |
| 1 | 大西 | 0 | 0 | 0 | 0 | | ― |
| H | 宮本 | 1 | 0 | 0 | 0 | | .206 |
| ⑤ | 村上 | 4 | 0 | 0 | 2 | ⑰ | .238 |
| ③ | オスナ | 4 | 0 | 0 | 0 | ⑮ | .243 |
| ② | 中村 | 3 | 0 | 0 | 1 | ④ | .227 |
| ⑦ | 浜田 | 3 | 0 | 0 | 0 | ④ | .207 |
| ⑥ | 長岡 | 3 | 1 | 0 | 2 | ② | .215 |
| ① | 石川 | 1 | 0 | 0 | 0 | | .143 |
| 1 | 山本 | 0 | 0 | 0 | 0 | | .000 |
| 9 | 丸山和 | 0 | 0 | 0 | 0 | | .121 |

| 犠 | 球 | 失 | 併 | 残 | 打 | 安 | 点 | 振 | 打率 |
|---|---|---|---|---|---|---|---|---|---|
| 2 | 1 | 1 | 2 | 4 | 29 | 4 | 1 | 6 | .235 |

| 【広島】 | | 打 | 安 | 点 | 振 | 本 | 打率 |
|---|---|---|---|---|---|---|---|
| ⑥4 | 小園 | 4 | 0 | 0 | 0 | ② | .190 |
| ⑨ | 野間 | 4 | 1 | 0 | 0 | | .273 |
| ⑧ | 秋山 | 3 | 1 | 0 | 0 | ③ | .301 |
| ④7 | 上本 | 4 | 0 | 0 | 0 | ① | .263 |
| ⑦ | 末包 | 3 | 1 | 0 | 0 | ② | .273 |
| R7 | 大盛 | 0 | 0 | 0 | 0 | | .179 |
| H | 松山 | 1 | 1 | 0 | 0 | | .274 |
| R6 | 矢野 | 0 | 0 | 0 | 0 | | .186 |
| ③ | 堂林 | 2 | 2 | 2 | 0 | ④ | .221 |
| ② | 会沢 | 4 | 2 | 2 | 0 | ① | .193 |
| ⑤ | 田中 | 3 | 2 | 0 | 0 | ⑤ | .245 |
| ① | 床田 | 2 | 0 | 0 | 1 | | .222 |
| 1 | ターリー | 0 | 0 | 0 | 0 | | ― |
| 1 | 栗林 | 0 | 0 | 0 | 0 | | ― |

| 犠 | 球 | 失 | 併 | 残 | 打 | 安 | 点 | 振 | 打率 |
|---|---|---|---|---|---|---|---|---|---|
| 2 | 2 | 1 | 0 | 6 | 30 | 10 | 4 | 1 | .249 |

▽二塁打　堂林、末包▽犠打　石川、堂林、床田
▽犠飛　塩見▽失策　石川、田中
▽試合時間　3時間1分

| 投手 | 回 | 打 | 安 | 振 | 責 | 防御率 |
|---|---|---|---|---|---|---|
| 石川 | 5⅔ | 20 | 4 | 0 | 1 | 3.38 |
| 山本 | 1 | 2 | 0 | 0 | 0 | 3.05 |
| 石山 | ⅔ | 5 | 3 | 1 | 1 | 4.91 |
| 丸山翔 | ⅔ | 6 | 3 | 0 | 2 | 4.37 |
| 大西 | ⅔ | 1 | 0 | 0 | 0 | 3.92 |

| 投手 | 回 | 打 | 安 | 振 | 責 | 防御率 |
|---|---|---|---|---|---|---|
| 床田 | 7⅓ | 27 | 4 | 5 | 1 | 1.85 |
| ターリー | ⅔ | 2 | 0 | 1 | 0 | 2.16 |
| 栗林 | 1 | 3 | 0 | 0 | 0 | 4.40 |

球炎

## 床田の投球術 けがの功名

池本泰尚

ボキボキボキ―。床田の耳には、あの時の音がこびりついている。全身がつり、気付いた時には膝から下の感覚がなくなっていた。運ばれた病院では車いす生活。点滴を受けている時にも全身がつった。震えるほど寒く、時間がたつと大汗。着替えるとまた寒気。「なんでこんな目に」。苦痛に耐えて転がった床で、ずっと考えていた。

走塁中に転倒し、右足首5カ所を骨折した昨年の8月3日。規定投球回をカウントダウンし、残り試合と白星の数をにらめっこ。皮算用を続けていた。「調子に乗んなってことだったと思う」。けがをした意味を、今はそう考えている。

あの時と同じ、後半戦初戦のマウンドだった。バント処理、ベースカバー、挟殺プレーも難なくこなす。「けがの功名」と語る相手の反応を見ながらの投球も光った。同点直後の六回2死一塁では、149キロで村上を三振に仕留めた。これまでの攻め方や配球はすべて頭に入っているという。

「今年はとにかく1試合ずつ」。歩き方から見直すリハビリを組んでくれた松原トレーナーとも誓った。指がつっての降板は、まだ油断するなのサイン。携帯に残る青い足の写真も、耳に残る音も。打ち消しにいく床田の夏が始まった。

汗を飛び散らしながら八回途中1失点と力投した床田

## 床田9勝 防御率もトップ

先発床田が自己最多の9勝目を挙げた。最多勝争いで戸郷（巨人）と並走し、防御率（1・85）でもリーグトップに立った。

八回途中1失点。「長打がなかったのが良かったかな」。この日もいつも通り変化球を低めに集める丁寧な投球が光った。村上から2三振を奪うなど中軸打者に安打を浴びなかったのも、好投の要因。八回1死、丸山和に4球目を投げた後に左手の人さし指がつったために降板し、「情けないです。もう治りました」と苦笑いした。

昨季は後半戦初戦で故障し、そのまま離脱した。「（後半戦初戦に）思うところはあったが、勝てて良かった」と胸をなで下ろしていた。

8/4（金）

VS 巨人

# つなぐコイ サヨナラ

## 小園・松山 殊勲の連打

九回、広島1死満塁、サヨナラの一塁内野安打を放ち、菊池㊧から手荒い祝福を受ける松山

静かだった打線が土壇場で反発力を見せた。2―3の九回、先頭の菊池からつなぎ、小園と松山の適時打で逆転サヨナラ勝ち。殊勲打の松山は「やるしかない。とにかく気持ちで打とうと思った。最高です」。手荒い祝福を受け、ハイタッチの嵐にのみ込まれた。

四回途中から15打者連続で無安打。それでも九回、空気を変えた。菊池、野間の連打と秋山の犠打野選で無死満塁。1死後に「何としても前に飛ばす」と小園が初球を右前へ。続く代打松山は「当たりは悪かったけど気持ちが勝った」と一塁内野安打で、サヨナラの走者を迎え入れた。

投手陣が粘り、打線が奮起する。10連勝中にも見せた形だ。貢献したのは九回に打った野手だけではない。小園は、9球目で左飛に倒れた前打者の上本に対し「粘ってもらったので配球が見られた」と感謝。松山は代打の準備中、負傷交代した会沢のリストバンドを手首に着け、力を借りた。

新井監督は投手陣の奮闘をたたえた上で「みんなで勝ち取った最後」と全員野球を強調する。接戦続きの夏。チーム最年長37歳の松山は「今のチームはすごく楽しい。強いのでこのままいけると思う」。優勝争いに自信をみなぎらせた。

## 広島 4-3 巨人

マツダスタジアム(18時・30,348人)
(16回戦　広島11勝5敗)

| | 1 | 2 | 3 | 4 | 5 | 6 | 7 | 8 | 9 | R |
|---|---|---|---|---|---|---|---|---|---|---|
| 巨人 | 0 | 0 | 3 | 0 | 0 | 0 | 0 | 0 | 0 | 3 |
| 広島 | 0 | 2 | 0 | 0 | 0 | 0 | 0 | 0 | 2 | 4 |

広島が逆転サヨナラ勝ちし、引き分けを挟んで2連勝。2―3の九回1死満塁から小園の右前打で追い付き、代打松山がサヨナラの内野安打を放った。4番手大道が2勝目。巨人は九回に登板の中川が誤算だった。

(勝)大道26試合2勝
(敗)中川26試合1勝2敗3S
(本)デビッドソン10号②(横川)

| 【巨人】 | | 打 | 安 | 点 | 振 | 本 | 打率 |
|---|---|---|---|---|---|---|---|
| ④ | 吉川 | 5 | 2 | 0 | 1 | ⑥ | .262 |
| ⑥ | 坂本 | 4 | 1 | 0 | 0 | ⑫ | .283 |
| R5 | 増田大 | 0 | 0 | 0 | 0 | | .250 |
| ⑨ | 梶谷 | 4 | 0 | 0 | 0 | ② | .294 |
| 1 | 中川 | 0 | 0 | 0 | 0 | | ― |
| ③ | 岡本和 | 5 | 1 | 0 | 0 | ㉖ | .295 |
| ⑦ | 秋広 | 2 | 1 | 0 | 1 | ⑩ | .286 |
| H7 | オコエ | 1 | 0 | 0 | 1 | ② | .241 |
| H7 | 長野 | 1 | 0 | 0 | 0 | ① | .265 |
| ② | 大城卓 | 3 | 2 | 2 | 0 | ⑬ | .275 |
| ⑧ | ブリンソン | 3 | 0 | 0 | 0 | ⑧ | .237 |
| ⑤6 | 門脇 | 4 | 1 | 0 | 0 | ② | .206 |
| ① | 横川 | 2 | 2 | 0 | 0 | | .158 |
| H | 中田翔 | 1 | 0 | 0 | 0 | ⑪ | .266 |
| 1 | 船迫 | 0 | 0 | 0 | 0 | | ― |
| 1 | 今村 | 0 | 0 | 0 | 0 | | ― |
| 1 | 鈴木康 | 0 | 0 | 0 | 0 | | ― |
| H | 若林 | 1 | 0 | 0 | 1 | | .143 |
| 1 | 高梨 | 0 | 0 | 0 | 0 | | .000 |
| 9 | 重信 | 0 | 0 | 0 | 0 | | .200 |
| 犠球失併残 | | | | | | | |
| 1 4 0 1 11 | | 36 | 10 | 2 | 4 | | .253 |

| 【広島】 | | 打 | 安 | 点 | 振 | 本 | 打率 |
|---|---|---|---|---|---|---|---|
| ④ | 菊池 | 4 | 1 | 0 | 0 | ⑤ | .276 |
| ⑨ | 野間 | 3 | 1 | 0 | 1 | | .278 |
| ⑧ | 秋山 | 3 | 1 | 0 | 0 | ③ | .291 |
| ⑤7 | 上本 | 4 | 1 | 0 | 0 | ① | .272 |
| ⑥ | 小園 | 4 | 1 | 1 | 1 | ② | .241 |
| ③ | デビッドソン | 3 | 1 | 2 | 0 | ❿ | .215 |
| 1 | 大道 | 0 | 0 | 0 | 0 | | ― |
| H | 松山 | 1 | 1 | 1 | 0 | | .269 |
| ② | 会沢 | 1 | 0 | 0 | 1 | ① | .203 |
| R | 中村奨 | 0 | 0 | 0 | 0 | | .100 |
| 1 | 中崎 | 0 | 0 | 0 | 0 | | ― |
| 1 | ターリー | 0 | 0 | 0 | 0 | | ― |
| 3 | 堂林 | 1 | 0 | 0 | 0 | ④ | .231 |
| ⑦ | 末包 | 1 | 0 | 0 | 0 | ② | .233 |
| H5 | 田中 | 2 | 0 | 0 | 0 | ⑤ | .229 |
| ① | 野村 | 1 | 0 | 0 | 1 | | .000 |
| H2 | 坂倉 | 2 | 0 | 0 | 0 | ⑨ | .265 |
| 犠球失併残 | | | | | | | |
| 1 2 2 1 4 | | 30 | 7 | 4 | 4 | | .247 |

▽二塁打　吉川、秋山、大城卓▽犠打　大城卓、秋山
▽失策　上本2▽与死球　船迫（会沢）
▽試合時間　3時間20分

| 投手 | 回 | 打 | 安 | 振 | 責 | 防御率 |
|---|---|---|---|---|---|---|
| 横川 | 4 | 15 | 3 | 4 | 2 | 3.34 |
| 船迫 | 1 | 3 | 0 | 0 | 0 | 4.82 |
| 今村 | 1 | 3 | 0 | 0 | 0 | 9.72 |
| 鈴木康 | 1 | 3 | 0 | 0 | 0 | 4.50 |
| 高梨 | 1 | 3 | 0 | 0 | 0 | 3.06 |
| 中川 | ⅓ | 6 | 4 | 0 | 2 | 2.10 |

| 投手 | 回 | 打 | 安 | 振 | 責 | 防御率 |
|---|---|---|---|---|---|---|
| 野村 | 5 | 27 | 8 | 1 | 0 | 0.35 |
| 中崎 | 1 | 3 | 0 | 0 | 0 | 2.08 |
| ターリー | 1 | 3 | 1 | 1 | 0 | 1.98 |
| 大道 | 2 | 8 | 1 | 2 | 0 | 3.38 |

球炎

## 貧打解消 デビ砲頼んだ

木村雅俊

勝ったからこそ書ける小話を一つ。

試合前、解説で球場入りした山本浩二さんが言っていた。「この前、デビッドソンに言うたのよ。わしは今でも打つと思っとるよと。そのためにはセンター中心に目線を切るな、と伝えたよ」

それは7月中旬の東京ドームのこと。デビッドソンは通訳を伴い、ベンチにいた浩二さんに打撃のアドバイスを求めてきたという。打率1割9分を切り、周囲の空気も感じていた頃だろう。

536本塁打のレジェンドは力説した。スイングは素晴らしい、タイミングも合っている。しかし、空振りが多いのは目線を切るのが原因だと。真剣に聞いたデビッドソンは早速、打撃練習で実践。センター方向に飛ばし続けてきた。

あれから10試合。調子は上がってきた。先制2ランのこの日を含め、23打数10安打、2本塁打、8打点。スタメン落ちが続いたのは内転筋に軽度の肉離れを起こしたため。今も全力疾走は怖そうだが、朝山打撃コーチも「低めに対応できてきた。いい状態」という。

打線では数少ない復調組で、しかも長打が打てる。今はそんなデビッドソンにすがりたい。持ち味は4番ではなく、6番、7番で、なお光る。

八回に登板して2回無失点と好投し、2勝目を挙げた大道

## 回またぎ 大道無失点2勝

八、九回を無失点に抑えた4番手大道が、勝ち投手。「うれしいです」と無邪気に笑った。

八回は三者凡退。2イニング目の九回は1死一、二塁とされた。ここから球威で押す。岡本には外角低めへ球を集めて右飛、代打長野も二飛とした。「ストライクを投げれば野手が守ってくれる。僕は低めにいくと打たれることがあるので高めオーケーのつもりで投げた」と振り返った。

打線の奮起で2勝目をゲット。救援陣の中での立ち位置を上げる。「どこでも投げるつもり。その気持ちは変わらず持っていきたい」と意気込んだ。

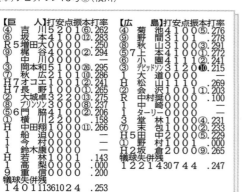

# 床田完封 初の10勝

8/17（木） VS 阪神

## 志願の続投 122球 防御率1位

自身初の2桁勝利を完封で飾り、坂倉㊧と喜ぶ床田

八回のベンチ。投げ終えた床田は、新井監督の降板の提案に顔をしかめた。115球、6点差。「行かせてください」。続投を直訴した。九回は大声援に包まれ、こだわったシーズン2度目の完封勝ちを決め、初の10勝。球団の日本人左腕で2001年の高橋建以来となる2桁勝利に到達した。

いつも通り、テンポが良かった。雨の中断も意に介さず「着替えてキャッチボールして、スムーズに試合に入れた」と五回はきっちり三者凡退。打席でも四回に適時二塁打を放ち、今季初打点。「（ノーゲームにならず）一番うれしい」と無邪気に喜んだ。

周囲から聞いていた「10勝の壁」は2度の足踏みだけで乗り越えた。「ポテンシャルはあった」と横山投手コーチ。入団7年目。けがが多かったが、左右両打者に効果的なツーシーム、打撃を含めたセンス、登板ごとに球の変化を変える器用さが実を結んだ。

防御率（1・90）でリーグトップに立ち、勝ち星でもトップに並んだ。今季最多の122球にも「脚もつりそうになかったし、涼しかったので」とさらり。左腕エースは「良い左投手は他にもいる。僕も負けないように一緒に頑張りたい」。頼もしい表情に、充実感がのぞいた。

## 広島 6-0 阪神

マツダスタジアム（18時・30,373人）
（18回戦　阪神10勝7敗1分け）

| | 1 | 2 | 3 | 4 | 5 | 6 | 7 | 8 | 9 | R |
|---|---|---|---|---|---|---|---|---|---|---|
| 阪神 | 0 | 0 | 0 | 0 | 0 | 0 | 0 | 0 | 0 | 0 |
| 広島 | 0 | 0 | 2 | 3 | 0 | 1 | 0 | 0 | × | 6 |

広島が快勝した。先発の床田は5安打で今季2度目の完封。リーグトップタイの10勝目を挙げた。打線は三回に上本の適時打と矢野の犠飛で2点を先制。以降も加点した。阪神は打線がつながらなかった。ビーズリーは2敗目。

（勝）床田18試合10勝3敗
（敗）ビーズリー16試合1勝2敗

| 【阪 | 神】 | 打 | 安 | 点 | 振 | 本 | 打率 |
|---|---|---|---|---|---|---|---|
| ⑧ | 近本 | 3 | 0 | 0 | 2 | ⑥ | .288 |
| ④ | 中野 | 4 | 1 | 0 | 0 | ② | .303 |
| ⑨ | 森下 | 4 | 0 | 0 | 0 | ⑤ | .238 |
| ③ | 大山 | 2 | 1 | 0 | 0 | ⑬ | .279 |
| ⑦ | ノイジー | 4 | 1 | 0 | 0 | ⑤ | .245 |
| ⑤ | 小野寺 | 4 | 1 | 0 | 0 | | .333 |
| ② | 坂本 | 2 | 0 | 0 | 0 | | .209 |
| H | 原口 | 1 | 0 | 0 | 0 | ② | .205 |
| 6 | 小幡 | 0 | 0 | 0 | 0 | | .306 |
| ⑥ | 木浪 | 2 | 0 | 0 | 0 | | .285 |
| H | 佐藤輝 | 1 | 0 | 0 | 0 | ⑬ | .225 |
| 2 | 長坂 | 0 | 0 | 0 | 0 | | .000 |
| ① | ビーズリー | 1 | 0 | 0 | 0 | | .000 |
| 1 | 及川 | 0 | 0 | 0 | 0 | | ― |
| H | ミエセス | 1 | 0 | 0 | 0 | ④ | .213 |
| 1 | 馬場 | 0 | 0 | 0 | 0 | | .000 |
| H | 熊谷 | 1 | 1 | 0 | 0 | | .333 |
| 1 | 岡留 | 0 | 0 | 0 | 0 | | ― |

犠球失併残
0 3 1 1 6 30 5 0 2 .246

| 【広 | 島】 | 打 | 安 | 点 | 振 | 本 | 打率 |
|---|---|---|---|---|---|---|---|
| ⑧ | 上本 | 2 | 1 | 1 | 0 | ① | .262 |
| R8 | 大盛 | 3 | 1 | 1 | 0 | ① | .146 |
| ⑨ | 野間 | 4 | 2 | 0 | 0 | | .288 |
| ⑥ | 小園 | 1 | 0 | 0 | 1 | ④ | .237 |
| H6 | 矢野 | 0 | 0 | 1 | 0 | | .211 |
| ⑦ | 西川 | 4 | 0 | 0 | 1 | ⑨ | .320 |
| ② | 坂倉 | 4 | 1 | 0 | 0 | ⑪ | .271 |
| ③ | 堂林 | 3 | 2 | 0 | 1 | ⑥ | .252 |
| ⑤ | デビッドソン | 4 | 0 | 0 | 1 | ⑫ | .211 |
| 5 | 曽根 | 0 | 0 | 0 | 0 | | .091 |
| ④ | 菊池 | 4 | 1 | 0 | 1 | ⑤ | .261 |
| ① | 床田 | 2 | 1 | 1 | 1 | | .219 |

犠球失併残
2 4 0 2 7 31 9 4 6 .244

▽二塁打　床田▽犠打　床田▽犠飛　矢野
▽失策　小野寺▽捕逸　坂本▽暴投　床田2
▽試合時間　2時間52分（中断34分）

| 投手 | 回 | 打 | 安 | 振 | 責 | 防御率 |
|---|---|---|---|---|---|---|
| ビーズリー | 3 1/3 | 18 | 6 | 2 | 3 | 2.73 |
| 及川 | 1 2/3 | 7 | 2 | 0 | 0 | 2.60 |
| 馬場 | 2 | 9 | 1 | 2 | 0 | 2.25 |
| 岡留 | 1 | 3 | 0 | 2 | 0 | 0.00 |

| 投手 | 回 | 打 | 安 | 振 | 責 | 防御率 |
|---|---|---|---|---|---|---|
| 床田 | 9 | 33 | 5 | 2 | 0 | 1.90 |

## 球炎　完封劇に悲喜こもごも

木村雅俊

これほど心中複雑な勝利もまた珍しい。残り試合で床田への大いなる可能性を感じつつ、しびれるような最終盤への展望を広げられないかもしれないアクシデントも横たわる。悲喜こもごもとしかいいようのない57勝目なのである。

床田が初めて10勝を手にした。広島の日本人左腕では高橋建以来と聞けば、本格派左腕の仲間入りを実感する。さらに投球術を確立した今の投げっぷりを見れば、大野豊や川口和久の域まで勝ち星を伸ばせるはずだ。そう確信させる完封劇だった。

シーズンの勝負どころとは、個々が持ち得る最大限のパフォーマンスを発揮する場でもある。その意味からすれば、大瀬良と九里のふがいない投球を見た直後に、先発投手の責任感と気概を見せた姿は頼もしい限り。何より疲労がにじむ中継ぎ陣を全休させた122球に最大限の称賛を送りたい。

しかし、これに浸れない現実もある。三回の上本と小園のアクシデントによる連続交代は気が気でない。大盛と矢野が見事なプレーで穴を埋めたが、残り試合に向けた選手層を考えれば、今夜ばかりはポジティブ思考を唱えられない。軽傷であることを切に願う。

## 矢野 途中出場で輝き

三回、広島1死一、三塁、代打矢野が中犠飛を放つ

途中出場した矢野が攻守に活躍した。1―0の三回1死一、三塁、小園の打席で代打出場。「小園の代わりに行ったので、やるしかないという気持ちだった」。中堅にはじき返した打球は貴重な犠飛となり、「追加点につながって良かった」と喜んだ。守りでは四回2死一、二塁でノイジーの三遊間のゴロを逆シングルで捕球し、一塁へノーバウンド送球。「僕にとっての見せ場」とピンチを断った。九回1死ではノイジーの打球が床田の左脚に当たった後、急いで拾って、アウトに。「ぶつからないように、（二塁手の）キクさんが一歩引いてくれたと思う」と連係を強調した。

九回を三者凡退に抑えた栗林

8/19 土

VS 巨人

# コイ 4年ぶりG戦勝ち越し

## 「九回の栗林」復権10S

九回、最後の打者を空振り三振に仕留めると、栗林は派手にグラブをたたいた。この日、出場選手登録を抹消された矢崎に代わり、抑えとして上がったマウンド。「矢崎さんが戻ってくるまで、情けない姿は見せられない」。三者凡退に抑え、10セーブ目を飾った。

150キロ超の直球で押し込み、フォークで空振りを奪う。そこには、2年連続で30セーブを挙げた守護神の姿があった。「緊張もプレッシャーもあった」。大声援で迎えられた3点リードの九回。代打長野を右飛に打ち取ると、門脇、浅野を空振り三振。少しの隙も見せず、歓喜のハイタッチをマウンドで迎えた。

セーブ機会で九回に登板するのは7月27日のヤクルト戦以来。最近はビハインドの展開も含めて登板し、7試合連続で無失点中だった。新井監督は「ずっと状態が良かったから。久しぶりの九回だけど安心して見ていました」と信頼を強調した。

開幕からの不調で抑えを外され、はい上がってきた3年目。「2軍から上がった時から勝ちパターンで頑張っている人たちを助けるという思いは変わらない。カバーできるように、与えられたところで頑張りたい」。その目は決意に満ちていた。

## 広島 6-3 巨人

マツダスタジアム（18時1分・31,148人）
（20回戦　広島13勝7敗）

| | 1 | 2 | 3 | 4 | 5 | 6 | 7 | 8 | 9 | R |
|---|---|---|---|---|---|---|---|---|---|---|
| 巨人 | 0 | 0 | 0 | 0 | 0 | 0 | 0 | 3 | 0 | 3 |
| 広島 | 0 | 1 | 0 | 0 | 3 | 2 | 0 | 0 | × | 6 |

広島が4年ぶりの巨人戦勝ち越しを決めた。打線は末包が二回に先制二塁打、六回には3号ソロを放つなど活躍。森下は8回を岡本和の3ランによる3失点で7勝目を挙げた。九回は栗林が2三振を奪い、三者凡退で締めて10セーブ目。

(勝)森下14試合7勝3敗
(S)栗林41試合2勝7敗10S
(敗)横川17試合4勝5敗
(本)デビッドソン13号①(堀岡)末包3号①(堀岡)岡本和33号③(森下)

| 【巨 | 人】 | 打 | 安 | 点 | 振 | 本 | 打率 |
|---|---|---|---|---|---|---|---|
| ⑨ | 梶谷 | 4 | 2 | 0 | 0 | ② | .300 |
| ④ | 吉川 | 4 | 0 | 0 | 0 | ⑥ | .260 |
| ⑦ | 秋広 | 4 | 3 | 0 | 1 | ⑩ | .292 |
| ③ | 岡本和 | 3 | 1 | 3 | 1 | ㉝ | .296 |
| ② | 大城卓 | 3 | 0 | 0 | 0 | ⑭ | .270 |
| ⑧ | 丸 | 3 | 0 | 0 | 0 | ⑪ | .234 |
| 1 | 今村 | 0 | 0 | 0 | 0 | | — |
| H | 坂本 | 1 | 0 | 0 | 1 | ⑭ | .287 |
| 1 | 船迫 | 0 | 0 | 0 | 0 | | — |
| ⑤ | 中山 | 3 | 0 | 0 | 1 | | .233 |
| H | 長野 | 1 | 0 | 0 | 0 | ④ | .263 |
| ⑥ | 門脇 | 4 | 1 | 0 | 1 | ② | .228 |
| ① | 横川 | 2 | 0 | 0 | 1 | | .174 |
| 1 | 堀岡 | 0 | 0 | 0 | 0 | | — |
| H8 | 浅野 | 2 | 0 | 0 | 1 | ① | .286 |
| 犠球失併残 | | | | | | | |
| 02006 | | 34 | 7 | 3 | 7 | | .256 |

| 【広 | 島】 | 打 | 安 | 点 | 振 | 本 | 打率 |
|---|---|---|---|---|---|---|---|
| ⑧9 | 野間 | 4 | 1 | 1 | 1 | | .291 |
| ⑥ | 矢野 | 3 | 2 | 0 | 0 | | .232 |
| ④ | 菊池 | 2 | 0 | 0 | 0 | ⑤ | .259 |
| ⑦ | 西川 | 4 | 1 | 2 | 0 | ⑨ | .319 |
| ③ | 坂倉 | 4 | 0 | 0 | 0 | ⑪ | .267 |
| ⑤ | デビッドソン | 3 | 2 | 1 | 0 | ⑬ | .214 |
| ② | 会沢 | 3 | 0 | 0 | 0 | ① | .189 |
| ⑨ | 末包 | 3 | 2 | 2 | 0 | ❸ | .214 |
| 8 | 大盛 | 1 | 0 | 0 | 1 | ① | .137 |
| ① | 森下 | 3 | 1 | 0 | 1 | ① | .185 |
| H | 小園 | 1 | 0 | 0 | 0 | ④ | .234 |
| 1 | 栗林 | 0 | 0 | 0 | 0 | | — |
| 犠球失併残 | | | | | | | |
| 15107 | | 31 | 9 | 6 | 3 | | .245 |

▽二塁打　秋広、門脇、デビッドソン、末包、森下、西川
▽犠打　矢野▽盗塁　矢野（6）▽失策　森下
▽暴投　森下
▽試合時間　3時間5分

| 投手 | 回 | 打 | 安 | 振 | 責 | 防御率 |
|---|---|---|---|---|---|---|
| 横川 | 4⅔ | 20 | 5 | 0 | 3 | 3.26 |
| 堀岡 | 1⅓ | 8 | 3 | 2 | 3 | 13.50 |
| 今村 | 1 | 6 | 1 | 0 | 0 | 6.00 |
| 船迫 | 1 | 3 | 0 | 1 | 0 | 3.60 |

| 投手 | 回 | 打 | 安 | 振 | 責 | 防御率 |
|---|---|---|---|---|---|---|
| 森下 | 8 | 33 | 7 | 5 | 3 | 2.11 |
| 栗林 | 1 | 3 | 0 | 2 | 0 | 3.76 |

弱気になっていた。離脱者が続出し、矢崎にもリフレッシュを与えた。阪神の背中は遠ざかり、振り向けばDeNAが近づいている。現実的には2位狙いで…。ひそかに抱いていた私の思いは、躍動する赤を前にきれいに散った。カープは上だけを目指している。

勝負と位置づけた8月中旬。15日の阪神戦が始まる前だった。新井監督は選手を集めたミーティングで伝えた。「むちゃするよ」。それは中継ぎ陣には展開によらず連投もあること、野手陣にはなりふり構わず点を取りにいくこと、そして、より積極的な作戦をとることを意味していた。

## 球炎 「むちゃするよ」指揮官の覚悟

池本泰尚

言葉とタクトに矛盾はない。今夜もやはり「むちゃ」をしていく。五回だ。エンドランを読まれてアウトにされた。尻込みは不要とばかりに、すぐさま矢野に盗塁させた。攻めていく。その思いはグラウンドへ広がっていく。赤松コーチは二塁から森下を迷わず回す。菊池はヘッドスライディング。長距離砲は三振を怖がらなかった。

うまくいくことばかりではないし、リスクだってある。でも見るのは少し先だけでいい。上も下も見て戦う器用さなんて、今はいらない。指揮官は、こうも言ったという。「お前たちもむちゃしてくれ」。奮い立たない選手がいるだろうか。

## 末包応えた 先制打・3号

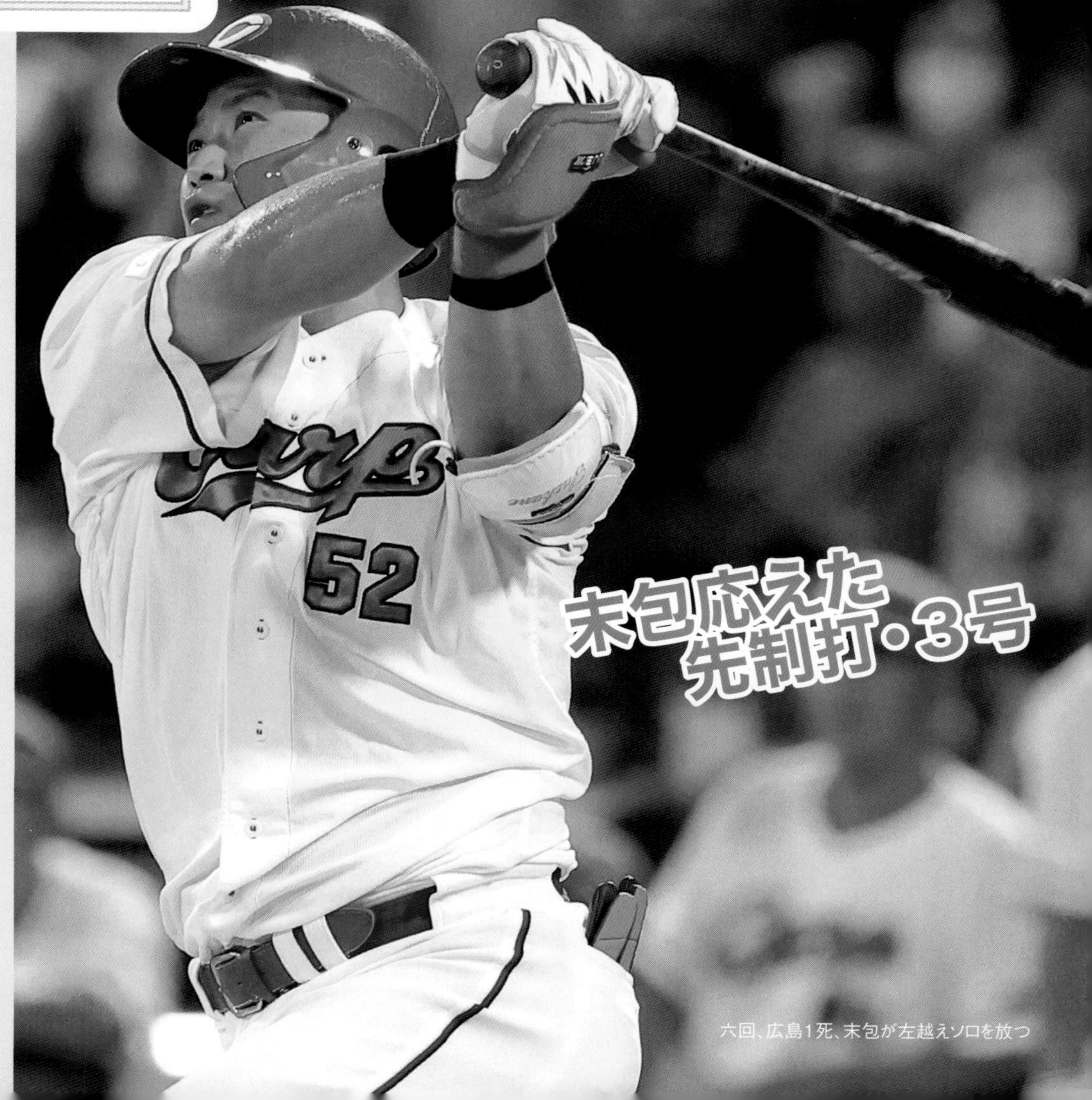

六回、広島1死、末包が左越えソロを放つ

末包が11試合ぶりのスタメン起用に応えた。「8番・右翼」で先発し、3号ソロを含む2安打2打点。「8月は安打が出ず苦しかった。これをきっかけにしたい」と声を弾ませた。

二回2死一、二塁で右中間へ先制二塁打。17打席ぶりの安打で勢いに乗った。

六回1死では「カウント有利だから勇気を持って」と3ボール1ストライクからの146キロを強振し、左翼席に運んだ。

前日には新井監督から打ちにいくときに脱力を意識するよう助言を受けた。「こんな状態でも使っていただいている。結果を残せてよかった」と笑顔だった。

四回、広島無死、2打席連続弾となる左越えソロを放ち、ナインと笑顔でハイタッチする堂林⑦

8/22 火

VS DeNA

# 豪快 堂林連発

## 8・9号3打点 今月5発 絶好調

堂林が9年ぶりの2打席連発で試合を決めた。一回は右中間席、四回は左翼席と広角に打ち分けて3打点。本塁打は昨季を超える9本目となり、「今は捉えるポイントもいい。準備から意識してできている」とうなずいた。

2―0の一回2死一塁で146キロを右中間席へ運び8号2ラン。四回は内角攻めの5球目を左翼席に放り込み、9号ソロとした。2014年9月13日の阪神戦以来となる2打席連発で今永攻略に貢献。「中途半端にいかないようにしていた。特に1本目はいい方向に打てた」と振り返った。

8月は打率3割5分7厘、5本塁打、12打点と絶好調。熱戦を繰り広げる高校球児の姿から刺激を受けている。愛知・中京大中京高時代の09年夏、甲子園決勝では九回に追い上げられながらも逃げ切り、優勝旗を手にしたことから「試合は最後まで分からないというのが（甲子園での）教訓」と自身の戦いに生かしている。

DeNAは23日の予告先発が浜口、24日は東が予想され、左腕との対戦が続く。左腕キラーとして首脳陣の期待に応える背番号7は「（優勝に向けては）勝つしかない。泥くさく食らい付いていく」と表情を引き締めた。

## 広島 5-0 DeNA

横浜（18時・32,804人）
（19回戦　広島11勝7敗1分け）

| | 1 | 2 | 3 | 4 | 5 | 6 | 7 | 8 | 9 | R |
|---|---|---|---|---|---|---|---|---|---|---|
| 広島 | 4 | 0 | 0 | 1 | 0 | 0 | 0 | 0 | 0 | 5 |
| DeNA | 0 | 0 | 0 | 0 | 0 | 0 | 0 | 0 | 0 | 0 |

広島が3連勝。一回に西川の2点適時打と堂林の8号2ランで4点を先制。堂林は四回に2打席連続となる9号ソロを放った。九里が無四球の7安打完封で、7試合ぶりの7勝目を挙げた。DeNAは今永が5回5失点と崩れ、3連敗。

（勝）九里20試合7勝5敗
（敗）今永17試合7勝3敗
（本）堂林8号②（今永）9号①（今永）

| 【広島】 | 打 | 安 | 点 | 振 | 本 | 打率 |
|---|---|---|---|---|---|---|
| ④ 菊池 | 5 | 1 | 0 | 1 | ⑤ | .260 |
| 6 矢野 | 0 | 0 | 0 | 0 | | .224 |
| ⑧9野間 | 4 | 1 | 0 | 1 | | .287 |
| ⑥4小園 | 3 | 2 | 0 | 1 | ④ | .241 |
| ⑦ 西川 | 4 | 2 | 2 | 1 | ⑨ | .318 |
| ⑤ デビッドソン | 4 | 0 | 0 | 2 | ⑭ | .215 |
| ③ 堂林 | 4 | 2 | 3 | 1 | ❾ | .265 |
| ② 会沢 | 4 | 1 | 0 | 1 | ① | .192 |
| ⑨ 末包 | 2 | 0 | 0 | 1 | ④ | .213 |
| R8大盛 | 0 | 0 | 0 | 0 | ① | .135 |
| ① 九里 | 3 | 0 | 0 | 3 | | .000 |

| 犠 | 球 | 失 | 併 | 残 | 打 | 安 | 点 | 振 | 打率 |
|---|---|---|---|---|---|---|---|---|---|
| 2 | 2 | 0 | 1 | 5 | 33 | 9 | 5 | 12 | .245 |

| 【DeNA】 | 打 | 安 | 点 | 振 | 本 | 打率 |
|---|---|---|---|---|---|---|
| ⑨ 梶原 | 1 | 1 | 0 | 0 | | .226 |
| R9関根 | 2 | 0 | 0 | 1 | ③ | .277 |
| ⑧ 桑原 | 4 | 0 | 0 | 1 | ④ | .266 |
| ⑦ 佐野 | 4 | 0 | 0 | 0 | ⑩ | .249 |
| ④ 牧 | 4 | 1 | 0 | 0 | ㉒ | .292 |
| ③ ソト | 4 | 1 | 0 | 1 | ⑧ | .240 |
| ② 戸柱 | 4 | 2 | 0 | 1 | ⑤ | .242 |
| ⑥5京田 | 3 | 1 | 0 | 1 | ① | .233 |
| ⑤ 林 | 2 | 0 | 0 | 2 | | .156 |
| H6大和 | 1 | 0 | 0 | 0 | | .248 |
| ① 今永 | 1 | 0 | 0 | 1 | | .233 |
| H 楠本 | 1 | 0 | 0 | 0 | ② | .197 |
| 1 宮城 | 0 | 0 | 0 | 0 | | — |
| 1 田中健 | 0 | 0 | 0 | 0 | | — |
| H 藤田 | 1 | 1 | 0 | 0 | | .333 |
| 1 エスコバー | 0 | 0 | 0 | 0 | | — |

| 犠 | 球 | 失 | 併 | 残 | 打 | 安 | 点 | 振 | 打率 |
|---|---|---|---|---|---|---|---|---|---|
| 1 | 0 | 0 | 1 | 6 | 32 | 7 | 0 | 8 | .248 |

▽二塁打　小園、戸柱▽犠打　小園、九里、関根
▽暴投　今永
▽試合時間　3時間

| 投手 | 回 | 打 | 安 | 振 | 責 | 防御率 |
|---|---|---|---|---|---|---|
| 九里 | 9 | 33 | 7 | 8 | 0 | 2.48 |

| 投手 | 回 | 打 | 安 | 振 | 責 | 防御率 |
|---|---|---|---|---|---|---|
| 今永 | 5 | 22 | 7 | 8 | 5 | 2.89 |
| 宮城 | 2 | 7 | 0 | 1 | 0 | 1.80 |
| 田中健 | 1 | 5 | 2 | 2 | 0 | 2.25 |
| エスコバー | 1 | 3 | 0 | 1 | 0 | 6.26 |

あと数十㌢ずれれば、本塁打という大ファウル。ひやりとした後の次の球、投手に何を投げさせるか。九里ならば、真骨頂であるチェンジアップ、もしくは胸元付近へのストレートも効く。4―0の二回無死一塁、戸柱への6球目だった。

ここで、外角からスライダーを曲げてみせた。打者の体勢を大きく崩し、空振り三振。九里がスライダーで三振を奪ったのは6月30日以来、実に7試合ぶり。「それが僕の出ている意味だから」と会沢。何でも投げられるという九里の良さを引き出した。

### 球炎　支え合いの「全員野球」

五反田康彦

九里の立ち上がりの悪さを見る限り、完封できるとは思えなかった。救ったのは会沢だけではない。一回、野間がフェンス際の打球にジャンプして好捕。一、二回は西川が打球を素早く処理し、単打で抑える動きも光った。打つこと以外にも野手陣には大事な仕事がある。

けが人続きで、新井監督が最近よく口にするのは「全員野球」。目指すのは、この日のような戦いである。バットを持った九里もそうだった。ファウルで粘り、1打席目に9球、2打席目は8球をそれぞれ投げさせた。今季まだ無安打。こつこつとした取り組みが、やっと勝利となって報われた。

五回、DeNA2死一、三塁、代打楠本を右飛に仕留め、ほえる九里

## 爽快 九里完封
### リーグ最多3度目

九里が久々に心の底から笑った。6月30日以来の白星となる7勝目を、リーグ最多3度目の完封で挙げた。「チームに迷惑をかけてきた。最後まで投げ切り、やっと勝ててよかった」と声を弾ませた。

いきなり4点のリードをもらい、守りではフェンス際で野間、三塁線でデビッドソン、左中間で西川が好捕を演じた。九里は「野手の皆さんに助けてもらった。本当にありがたい。良い流れに乗って投げることができた」と、中5日での128球を気持ち良さそうに振り返った。

延長十一回、広島2死、サヨナラの右越えソロを放ち、ナインとタッチを交わすデビッドソン㉟

# デビ砲 サヨナラ決着

## コイ 連夜の延長を制す

デビッドソンが一振りで2夜連続のサヨナラ勝利をもたらした。延長十一回、2死から右翼席へ本塁打。ナインから手荒い祝福を受け、「優勝を狙うには負けられない試合が続いている。難しい展開を勝ち切れてよかった」と喜んだ。

これぞ4番の仕事だ。十一回は2死走者なしで、中川が投じた真ん中高めの149キロを強振。快音を響かせた打球は、ファンが待つ右翼席へ飛び込んだ。「後ろにつなぐという意識だった。一番良い結果が出てうれしい」。7月12日の巨人戦以来となる来日2度目の4番で長打力を発揮した。

打席での修正力が光る。相手バッテリーのコーナーを丁寧に突く攻めに5打席目までは無安打。それでも「構えたときに真っすぐ立つようにした。それでいい感触があった」と思い切った変更で、最後の打席での一発につなげた。

これで19号に到達。球団では2019年のバティスタ以来となる外国人選手の20発まであと1本となった。それでも満足感はない。「日本の野球に慣れてきたが、数字には自分でも納得はしていない。もっとできると思っている」。逆転Vに向け、さらなる打棒爆発を誓った。

## 広島 4-3 DeNA

マツダスタジアム（18時・26,224人）
（23回戦　広島14勝8敗1分け）

| | 1 | 2 | 3 | 4 | 5 | 6 | 7 | 8 | 9 | 10 | 11 | R |
|---|---|---|---|---|---|---|---|---|---|---|---|---|
| DeNA | 1 | 1 | 0 | 0 | 1 | 0 | 0 | 0 | 0 | 0 | 0 | 3 |
| 広島 | 0 | 0 | 0 | 0 | 0 | 3 | 0 | 0 | 0 | 0 | 1 | 4 |

（延長十一回）

広島が2試合続けて延長サヨナラ勝ち。0―3の六回に代打会沢の2点二塁打と小園の適時三塁打で追い付き、十一回にデビッドソンが中川からソロ本塁打を放って勝負を決めた。7番手の新人の益田がプロ初勝利。DeNAは3連敗。

（勝）益田5試合1勝
（敗）中川6試合1敗
（本）佐野13号①（大瀬良）デビッドソン19号①（中川）

| 【DeNA】 | | 打 | 安 | 点 | 振 | 本 | 打率 |
|---|---|---|---|---|---|---|---|
| ⑨ | 蝦名 | 3 | 0 | 0 | 1 | | .158 |
| H | 藤田 | 1 | 0 | 0 | 1 | | .364 |
| 1 | 上茶谷 | 0 | 0 | 0 | 0 | | .000 |
| 1 | 宮城 | 0 | 0 | 0 | 0 | | .000 |
| 3 | 大和 | 0 | 0 | 0 | 0 | | .239 |
| ⑧ | 桑原 | 4 | 0 | 1 | 0 | ⑤ | .267 |
| ⑦ | 佐野 | 4 | 1 | 1 | 0 | ⓭ | .257 |
| ④ | 牧 | 4 | 0 | 0 | 0 | ㉖ | .299 |
| ⑤ | 宮崎 | 5 | 1 | 0 | 1 | ⑲ | .338 |
| ③ | ソト | 5 | 0 | 0 | 2 | ⑨ | .237 |
| R | 楠本 | 0 | 0 | 0 | 0 | ② | .187 |
| 1 | 中川 | 0 | 0 | 0 | 0 | | ― |
| ② | 山本 | 4 | 3 | 0 | 0 | ③ | .304 |
| R | 知野 | 0 | 0 | 0 | 0 | ① | .273 |
| 9 | 関根 | 1 | 0 | 0 | 0 | ④ | .270 |
| ⑥ | 京田 | 3 | 0 | 0 | 0 | ① | .227 |
| 2 | 伊藤 | 0 | 0 | 0 | 0 | ① | .213 |
| ① | 今永 | 3 | 2 | 1 | 0 | | .257 |
| 1 | エスコバー | 0 | 0 | 0 | 0 | | ― |
| 1 | 伊勢 | 0 | 0 | 0 | 0 | | ― |
| 1 | ウェンデルケン | 0 | 0 | 0 | 0 | | ― |
| H6 | 柴田 | 0 | 0 | 0 | 0 | | .152 |

| 犠 | 球 | 失 | 併 | 残 | 打 | 安 | 点 | 振 | 打率 |
|---|---|---|---|---|---|---|---|---|---|
| 2 | 4 | 2 | 1 | 7 | 37 | 7 | 3 | 5 | .250 |

| 【広島】 | | 打 | 安 | 点 | 振 | 本 | 打率 |
|---|---|---|---|---|---|---|---|
| ④ | 小園 | 6 | 4 | 1 | 0 | ⑤ | .272 |
| ⑧9 | 野間 | 5 | 2 | 0 | 1 | | .287 |
| ⑦3 | 堂林 | 5 | 2 | 0 | 2 | ⑨ | .290 |
| ⑤ | デビッドソン | 6 | 1 | 1 | 2 | ⓳ | .227 |
| ② | 坂倉 | 5 | 2 | 0 | 1 | ⑪ | .258 |
| ⑨7 | 末包 | 4 | 0 | 0 | 2 | ⑦ | .232 |
| ③ | マクブルーム | 3 | 2 | 0 | 1 | ⑤ | .216 |
| R8 | 曽根 | 1 | 0 | 0 | 0 | | .077 |
| ⑥ | 矢野 | 5 | 1 | 0 | 3 | | .200 |
| ① | 大瀬良 | 1 | 0 | 0 | 1 | | .000 |
| H | 中村奨 | 1 | 0 | 0 | 0 | | .176 |
| 1 | アドゥワ | 0 | 0 | 0 | 0 | | ― |
| H | 会沢 | 1 | 1 | 2 | 0 | ① | .183 |
| R | 菊池 | 0 | 0 | 0 | 0 | ⑤ | .264 |
| 1 | アンダーソン | 0 | 0 | 0 | 0 | | .091 |
| 1 | 大道 | 0 | 0 | 0 | 0 | | ― |
| H | 松山 | 1 | 0 | 0 | 0 | | .246 |
| 1 | 栗林 | 0 | 0 | 0 | 0 | | ― |
| 1 | 矢崎 | 0 | 0 | 0 | 0 | | ― |
| H | 田中 | 0 | 0 | 0 | 0 | ⑥ | .232 |
| 1 | 益田 | 0 | 0 | 0 | 0 | | ― |

| 犠 | 球 | 失 | 併 | 残 | 打 | 安 | 点 | 振 | 打率 |
|---|---|---|---|---|---|---|---|---|---|
| 1 | 4 | 1 | 2 | 13 | 44 | 15 | 4 | 13 | .247 |

▽三塁打　今永、小園
▽二塁打　宮崎、今永、会沢、マクブルーム
▽犠打　柴田、野間▽犠飛　桑原▽盗塁　蝦名（1）
▽失策　宮城、京田、坂倉▽暴投　ウェンデルケン
▽与死球　大瀬良（蝦名）
▽試合時間　4時間22分

| 投手 | 回 | 打 | 安 | 振 | 責 | 防御率 |
|---|---|---|---|---|---|---|
| 今永 | 5⅔ | 27 | 10 | 10 | 3 | 2.81 |
| エスコバー | ⅓ | 2 | 1 | 0 | 0 | 5.40 |
| 伊勢 | 1 | 3 | 0 | 1 | 0 | 3.45 |
| ウェンデルケン | 1 | 4 | 1 | 0 | 0 | 1.47 |
| 上茶谷 | 1 | 5 | 1 | 0 | 0 | 1.78 |
| 宮城 | 1 | 5 | 1 | 1 | 0 | 2.45 |
| 中川 | ⅔ | 3 | 1 | 1 | 1 | 3.52 |

| 投手 | 回 | 打 | 安 | 振 | 責 | 防御率 |
|---|---|---|---|---|---|---|
| 大瀬良 | 5 | 23 | 5 | 1 | 3 | 3.55 |
| アドゥワ | 1 | 4 | 1 | 1 | 0 | 3.27 |
| アンダーソン | 1 | 3 | 0 | 1 | 0 | 2.41 |
| 大道 | 1 | 3 | 0 | 1 | 0 | 2.49 |
| 栗林 | 1 | 4 | 1 | 1 | 0 | 3.25 |
| 矢崎 | 1 | 3 | 0 | 0 | 0 | 2.58 |
| 益田 | 1 | 3 | 0 | 0 | 0 | 0.00 |

球炎

## 我慢の4番起用 花開く

木村雅俊

今季は4番に座った選手がなぜか、ことごとく負傷に見舞われる。開幕4番のマクブルームが不振を極めた後、その重責を務めた西川と上本が離脱。5日に今季3度目の4番に入った菊池は左手親指を負傷し、看板の「つなぎの4番」を果たせる選手が底を突いた。

打順編成は打撃コーチの腕の見せどころだ。ミーティングでは何パターンかが用意され、「どの打順が一番つながるか」を突き詰め、意見を戦わせている。しかし、つなげられる適任者が不在となった。この日、7月12日以来となる「4番・デビッドソン」に再び手を出した。

結論から言うと、6打席目で一発屋の本領を発揮する大当たり。前日までとは一転し、4番打者に長打力を求めた采配が4時間22分をかけて的中した。走者を置いた5打席目までは必要以上に力み、得意のセンター返しを忘れたようなスイングをしていたのが、うそのようだ。

「つなぎの4番」をひとまず横に置き、苦心の末に生まれた「4番・デビッドソン」。あれほど空を切っていたバットを振り続け、努力する姿勢も買って我慢強く起用した成果が花開く。ベンチワークを超えた、新井監督の器量に目を見張る。

## 益田がプロ初勝利

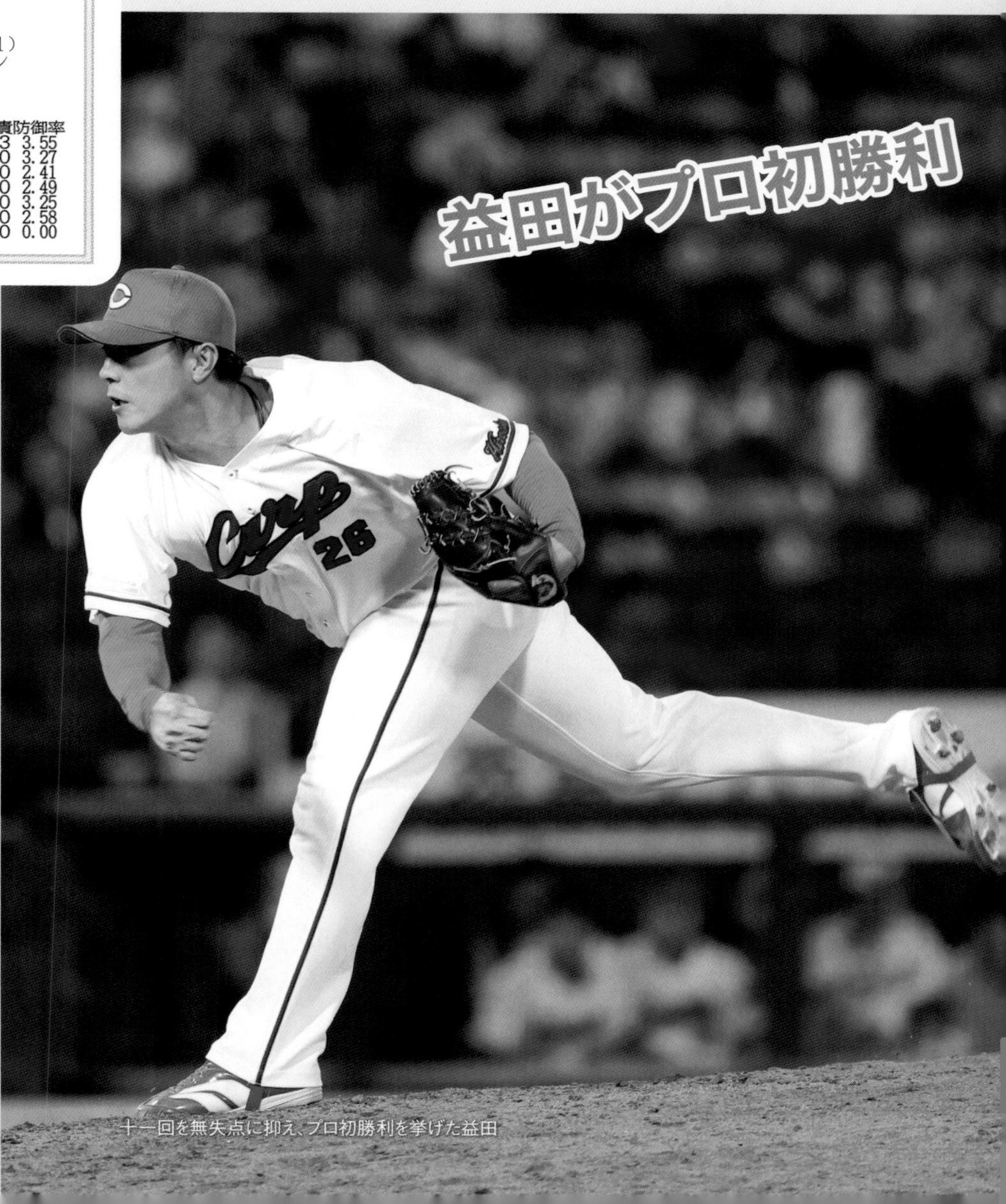
十一回を無失点に抑え、プロ初勝利を挙げた益田

7番手で救援したドラフト3位新人の益田にプロ初勝利が舞い込んだ。

3―3の延長十一回に登板した。1死からソトの飛球を坂倉が落球。続く関根の飛球を矢野が背走しながら好捕し、飛び出した一塁走者を封殺して併殺に。「守備で助けてもらい、点も取ってもらったので野手の皆さんのおかげ」と感謝した。

8月27日以来5試合目で、お立ち台ではファンに自己紹介。ウイニングボールを手に「この1勝で一喜一憂せずに、次の登板もしっかりゼロで抑えられるように切り替えたい」と冷静に話した。

八回、広島1死満塁、代打磯村が逆転の中前2点打を放つ

9/14（木）

VS ヤクルト

# 磯村 意地の逆転打

## コイV逸 仕切り直し

優勝が消滅した一戦でナインが意地をみせた。6試合連続1得点と不振だった打線が、最大4点差をひっくり返す逆転劇。チームの連敗を6で止めた。2位死守、そしてクライマックスシリーズ（CS）での逆襲に向けて仕切り直しの1勝となった。

新井監督の積極的な代打策が決まった。2―5の八回、代打秋山の四球と堂林の安打で無死一、三塁。小園が「逆方向をイメージしていた」と追い込まれながらも左前に運んで2点差。なおも、四球で1死満塁とし、代打松山が押し出し四球を選んで1点差とした。

押せ押せムードの中、この回3人目の代打となった磯村が逆転の中前打を放つと、ベンチは総立ちで大盛り上がり。約4カ月ぶりの打点で勝利を呼び込んだ磯村は「みんながつないでくれた。日頃、練習してきたことが今日は生きた」と胸を張った。

今季神宮では2勝10敗と苦しんだ。それでも最後の一戦で執念の勝利。試合後、左翼席に向かって一礼をする首脳陣やナインにファンからは今後の戦いへの激励の言葉が飛んだ。ヒーローの磯村は「声援のおかげで勝つことができた。これからも勝っていく」とナインの思いを代弁した。

## 広島 6-5 ヤクルト

神宮（18時・25,351人）
（24回戦　広島13勝10敗1分け）

| | 1 | 2 | 3 | 4 | 5 | 6 | 7 | 8 | 9 | R |
|---|---|---|---|---|---|---|---|---|---|---|
| 広島 | 0 | 1 | 0 | 0 | 1 | 0 | 0 | 4 | 0 | 6 |
| ヤクルト | 0 | 2 | 2 | 1 | 0 | 0 | 0 | 0 | 0 | 5 |

広島が連敗を6で止めた。2―5の八回に押し出し四球などで1点差に追い上げ、代打磯村の中前への2点打で逆転した。大道が3勝目。ヤクルトは村上の3戦連続本塁打などで優勢だったが、救援陣が崩れ、Bクラスが決まった。

（勝）大道45試合3勝
（S）栗林48試合3勝7敗14S
（敗）木沢51試合2勝3敗
（本）堂林11号①（高橋）山田11号①（遠藤）村上29号①（遠藤）

| 【広島】 | 打 | 安 | 点 | 振 | 本 | 打率 |
|---|---|---|---|---|---|---|
| ⑧9 野間 | 5 | 1 | 1 | 0 | | .283 |
| ④ 羽月 | 5 | 1 | 0 | 1 | | .143 |
| 1 島内 | 0 | 0 | 0 | 0 | | ― |
| 1 栗林 | 0 | 0 | 0 | 0 | | ― |
| ⑨ 末包 | 3 | 0 | 0 | 1 | ⑧ | .225 |
| H 秋山 | 0 | 0 | 0 | 0 | ③ | .272 |
| R8 大盛 | 1 | 0 | 0 | 1 | ① | .145 |
| ⑦ 堂林 | 5 | 2 | 1 | 2 | ⓫ | .298 |
| ⑥4 小園 | 5 | 4 | 1 | 0 | ⑤ | .276 |
| ⑤ デビッドソン | 4 | 0 | 0 | 4 | ⑲ | .218 |
| ③ マクブルーム | 2 | 1 | 0 | 0 | ⑥ | .217 |
| R6 矢野 | 0 | 0 | 0 | 0 | | .189 |
| ② 会沢 | 3 | 0 | 0 | 1 | ① | .167 |
| H3 松山 | 0 | 0 | 1 | 0 | | .246 |
| ① 遠藤 | 1 | 0 | 0 | 0 | | .000 |
| 1 アンダーソン | 0 | 0 | 0 | 0 | | .091 |
| H 田村 | 1 | 1 | 0 | 0 | | .250 |
| 1 河野 | 0 | 0 | 0 | 0 | | .000 |
| 1 中崎 | 0 | 0 | 0 | 0 | | ― |
| H 田中 | 1 | 0 | 0 | 0 | ⑥ | .242 |
| 1 大道 | 0 | 0 | 0 | 0 | | ― |
| H2 磯村 | 1 | 1 | 2 | 0 | ① | .214 |
| 犠球失併残 0 5 0 0 9 | 37 | 11 | 6 | 10 | | .246 |

| 【ヤクルト】 | 打 | 安 | 点 | 振 | 本 | 打率 |
|---|---|---|---|---|---|---|
| ⑧ 塩見 | 5 | 1 | 1 | 1 | ⑥ | .287 |
| ③ オスナ | 5 | 0 | 0 | 0 | ㉑ | .256 |
| ④ 山田 | 2 | 1 | 1 | 0 | ⓫ | .233 |
| H4 武岡 | 2 | 0 | 0 | 1 | ① | .221 |
| ⑤ 村上 | 4 | 2 | 1 | 1 | ㉙ | .255 |
| ⑨ サンタナ | 3 | 0 | 0 | 0 | ⑭ | .298 |
| 9 丸山和 | 0 | 0 | 0 | 0 | | .204 |
| ⑦ 宮本 | 2 | 0 | 0 | 2 | | .247 |
| ② 中村 | 4 | 0 | 0 | 1 | ④ | .231 |
| ⑥ 長岡 | 3 | 2 | 2 | 0 | ③ | .225 |
| ① 高橋 | 1 | 0 | 0 | 0 | | .045 |
| H 川端 | 0 | 0 | 0 | 0 | ② | .315 |
| 1 清水 | 0 | 0 | 0 | 0 | | ― |
| 1 石山 | 0 | 0 | 0 | 0 | | ― |
| 1 木沢 | 0 | 0 | 0 | 0 | | .000 |
| 1 山本 | 0 | 0 | 0 | 0 | | .000 |
| 1 阪口 | 0 | 0 | 0 | 0 | | ― |
| H 青木 | 1 | 0 | 0 | 0 | ③ | .256 |
| 犠球失併残 1 5 0 1 6 | 32 | 6 | 5 | 6 | | .240 |

▽二塁打　小園、長岡、塩見、田村、野間、マクブルーム
▽犠打　高橋▽暴投　高橋
▽与死球　遠藤（宮本）高橋（デビッドソン）中崎（川端）
▽試合時間　3時間50分

| 投手 | 回 | 打 | 安 | 振 | 責 | 防御率 |
|---|---|---|---|---|---|---|
| 遠藤 | 3⅓ | 19 | 5 | 0 | 5 | 4.39 |
| アンダーソン | ⅔ | 2 | 0 | 1 | 0 | 2.43 |
| 河野 | 1 | 3 | 0 | 2 | 0 | 11.32 |
| 中崎 | 1 | 5 | 1 | 1 | 0 | 2.08 |
| 大道 | 1 | 3 | 0 | 0 | 0 | 2.51 |
| 島内 | 1 | 3 | 0 | 1 | 0 | 2.65 |
| 栗林 | 1 | 3 | 0 | 1 | 0 | 3.18 |

| 投手 | 回 | 打 | 安 | 振 | 責 | 防御率 |
|---|---|---|---|---|---|---|
| 高橋 | 6 | 26 | 7 | 6 | 2 | 4.52 |
| 清水 | 1 | 3 | 0 | 0 | 0 | 2.96 |
| 石山 | ⅔ | 3 | 2 | 0 | 3 | 4.83 |
| 木沢 | ⅓ | 2 | 0 | 1 | 1 | 2.96 |
| 山本 | ⅔ | 4 | 1 | 1 | 0 | 2.55 |
| 阪口 | 1 | 4 | 1 | 2 | 0 | 3.65 |

## 球炎　期待される強いチームに

五反田康彦

甲子園のマウンド付近で岡田監督が宙に舞っていた頃、神宮ではようやく広島の反撃が始まった。八回、小園の適時打から攻撃がつながっていく。広島ベンチでは全員が立ち上がっていた。そして、それは遅かった。あまりに遅過ぎた。

響いたシーズン終盤の失速。悔しいのは黒星が積み重なった結果だけではない。優勝が遠ざかり、いい試合ができなくなったことだ。先発陣が崩れ、野手陣は貧打と失策連発…。先を見ず、目の前に集中する。どんな状況でも最善を尽くす。それが広島の長所であるはずだ。

なぜ阪神に突き放されたのか。最も足りないのはシーズンを戦い抜くスタミナだろう。132試合目のこの日、秋山も西川も菊池も先発にいなかった。主力が体調に問題を抱え、万全で戦えなくなった。首位を追うには不可欠な戦力だった。最後、息切れした投手陣にしてもそうだった。

最後まで新井監督に対し、観客席からブーイングが飛ぶ場面は見られなかった。「健闘した」というのが、ファンの正直な思いだろう。半面、まだ期待値は高くない、という表れでもあった。勝てない以上、厳しい声が飛び交う存在になってほしい。そうなってこそ、新井カープは本当に強いチームになる。

## 4番堂林 2戦連発

二回、広島無死、堂林が先制の左越えソロを放つ

4番の堂林が2試合連続アーチを放った。二回無死、先制の11号ソロ。果敢な初球打ちも、大きなフォロースルーも、真っ赤に染まった左翼席へ飛び込む打球も、まるで前夜の再現VTRのようだった。

球種は違った。緩いカーブを技ありで仕留めた13日とは一転、この日は内角の速球に振り負けなかった。先発遠藤が一回を三者凡退で好発進した直後の一発を「遠藤の良い投球のリズムに乗って、打つことができた」と振り返る。1点差勝利につながり、前夜はなかった笑顔を浮かべた。

7回を無失点に抑え、8勝目を挙げた九里

9/17（日）

VS 中日

# タフネス九里 8勝

## 先発13戦ぶり白星
## 修正力発揮 7回無失点

九里が粘り、先発陣の悪い流れを断ち切った。7回無失点で柳に投げ勝ち8勝目。チームとしては13試合ぶりの先発投手の勝利となり、「（投球内容が）良かったわけではないが、野手の皆さんがしっかり守ってくれた。本当にありがたい」と感謝した。

修正力を発揮した。一回は制球を乱し28球を要した。イニング終了後に捕手の会沢と話し合い、投球フォームを微調整。その後は立ち直り、3併殺を奪うなど走者を出しても粘った。「相手が柳君なので、先に点を与えたくなかった。会沢さんがいろんな球種でうまくリードしてくださった」と振り返った。

シーズン終盤でのタフネスぶりが心強い。先発陣は9月に入り、疲労の色が濃い。16日は森下が7失点で5敗目を喫し、15日に6回4失点だった床田は登録を抹消された。仲間が疲労やけがに苦しむ中、九里は「疲れはない。これからも自分のやるべきことをやっていく」と力を込める。

レギュラーシーズンは残り8試合。その先に待つクライマックスシリーズへ、「反省しないといけないところもある。映像を見直して、入りからしっかり投げられるようにやっていく」と引き締めた。

## 広島 3-0 中日

バンテリンドームナゴヤ（14時・36,328人）
（22回戦　広島11勝10敗1分け）

| | 1 | 2 | 3 | 4 | 5 | 6 | 7 | 8 | 9 | R |
|---|---|---|---|---|---|---|---|---|---|---|
| 広島 | 0 | 0 | 0 | 0 | 0 | 2 | 0 | 0 | 1 | 3 |
| 中日 | 0 | 0 | 0 | 0 | 0 | 0 | 0 | 0 | 0 | 0 |

広島は六回、羽月と小園の連続適時打で2点を先行し、九回に代打・末包の適時打で3点目を追加した。九里が7回を無失点で8勝目。島内を挟み、九回は栗林が締めた。中日は拙攻が続き、8回を2失点の柳を援護できなかった。

（勝）九里24試合8勝7敗
（S）栗林50試合3勝7敗16S
（敗）柳23試合4勝11敗

| 【広 | 島】 | 打 | 安 | 点 | 振 | 本 | 打率 |
|---|---|---|---|---|---|---|---|
| ⑧ | 秋山 | 3 | 1 | 0 | 1 | ③ | .272 |
| R8 | 大盛 | 0 | 0 | 0 | 0 | ① | .154 |
| ④ | 羽月 | 4 | 1 | 1 | 1 | | .156 |
| 1 | 島内 | 0 | 0 | 0 | 0 | | — |
| 1 | 栗林 | 0 | 0 | 0 | 0 | | — |
| ⑥ | 小園 | 4 | 2 | 1 | 1 | ⑤ | .285 |
| ⑦3 | 堂林 | 4 | 0 | 0 | 1 | ⑪ | .294 |
| ③ | 坂倉 | 3 | 0 | 0 | 1 | ⑫ | .259 |
| H | デビッドソン | 0 | 0 | 0 | 0 | ⑲ | .216 |
| R9 | 曽根 | 0 | 0 | 0 | 0 | | .143 |
| ⑨ | 田村 | 3 | 1 | 0 | 0 | | .364 |
| H7 | 末包 | 1 | 1 | 1 | 0 | ⑧ | .239 |
| ⑤ | 田中 | 4 | 0 | 0 | 0 | ⑥ | .230 |
| ② | 会沢 | 3 | 1 | 0 | 0 | ① | .170 |
| ① | 九里 | 2 | 0 | 0 | 0 | | .025 |
| H | マクブルーム | 1 | 0 | 0 | 1 | ⑥ | .223 |
| 4 | 矢野 | 1 | 0 | 0 | 0 | | .188 |

犠球失併残
0 3 0 4 6 33 7 3 6 .247

| 【中 | 日】 | 打 | 安 | 点 | 振 | 本 | 打率 |
|---|---|---|---|---|---|---|---|
| ⑧ | 岡林 | 4 | 2 | 0 | 0 | ③ | .286 |
| ⑦ | 大島 | 3 | 1 | 0 | 0 | | .288 |
| ⑨ | 細川 | 3 | 0 | 0 | 0 | ㉒ | .264 |
| ③ | ビシエド | 3 | 0 | 0 | 0 | ⑤ | .246 |
| ⑤ | 石川昂 | 4 | 1 | 0 | 0 | ⑬ | .244 |
| ② | 宇佐見 | 3 | 0 | 0 | 1 | ③ | .290 |
| ⑥ | カリステ | 3 | 1 | 0 | 2 | ② | .217 |
| ④ | 龍空 | 2 | 0 | 0 | 1 | ① | .190 |
| H | 後藤 | 1 | 0 | 0 | 0 | | .222 |
| 1 | 斎藤 | 0 | 0 | 0 | 0 | | — |
| 1 | 祖父江 | 0 | 0 | 0 | 0 | | — |
| ① | 柳 | 2 | 0 | 0 | 1 | | .243 |
| H | ブライト | 0 | 0 | 0 | 0 | | .241 |
| 4 | 石垣 | 0 | 0 | 0 | 0 | | .056 |

犠球失併残
0 4 0 0 5 28 5 0 5 .236

▽三塁打　小園▽二塁打　田村、大島、羽月
▽盗塁　大盛（4）小園（8）▽与死球　柳（会沢）
▽試合時間　3時間2分

| 投手 | 回 | 打 | 安 | 振 | 責 | 防御率 |
|---|---|---|---|---|---|---|
| 九里 | 7 | 25 | 4 | 5 | 0 | 2.53 |
| 島内 | 1 | 4 | 1 | 0 | 0 | 2.55 |
| 栗林 | 1 | 3 | 0 | 0 | 0 | 3.04 |

| 投手 | 回 | 打 | 安 | 振 | 責 | 防御率 |
|---|---|---|---|---|---|---|
| 柳 | 8 | 29 | 4 | 5 | 2 | 2.57 |
| 斎藤 | ⅔ | 5 | 2 | 1 | 1 | 0.83 |
| 祖父江 | ⅓ | 2 | 1 | 0 | 0 | 3.76 |

## 球炎　好機の神様 前髪つかめ

池本泰尚

野球人は常に競争の中にいる。レギュラーになれるのはほんの一握り。実力が同じなら若い方が優先されるし、勝利優先なら機会そのものが限られる。つかみ取るには、一瞬を逃さないこと。目の前を通り過ぎれば、もう振り向いてはくれない。チャンスの神様には、前髪しかない。

8月中旬から9月初旬に打ちまくった末包にとっても、それは同じ。当初の目標は秋山や西川が戻るまで1軍に残ることだった。それをクリアしたのに、また強敵が現れた。12日に昇格し、快音を連発する田村に譲る形で打席は激減。同日以降は田村が18打席立ったのに対し、末包はこの試合で6打席目だった。

九回。2ボール2ストライクで負傷した田村に代わって登場すると、末包は前髪に飛びついた。田村が立っていたのは左腕斎藤の打席。それだけで期する思いがあったはず。鼻息は荒く、頭は冷静に。甘い球を逃さず、ファウルを挟んで三遊間を突破。試合を決めた。

西川、野間がいない外野陣は、静かに火花が散る。短期決戦になれば、確実に誰かがベンチからあふれる。「いつチャンスが来るか分からない。打つしかない」と末包。この日は、2軍で絶好調の中村貴も昇格した。前髪を狙う若者たちが、チーム力を底上げする。

## 羽月「天敵」柳打ち 先制二塁打

六回、広島2死三塁、小園の左前適時打で生還し、ベンチ前でタッチを交わす三塁走者羽月（左端）

羽月が欲しい場面で長打を放った。0—0の六回2死一塁。内角の直球をたたくと右翼線を深々と破る適時二塁打となった。「内角が続いていた。1球だけ狙おうと思っていたら、たまたま来た。反応が良かったと思う」と胸を張った。

チームが苦手とする柳に痛打を浴びせた。「低めをどんどん突いてくる。我慢し、何とか浮いた球を仕留められた」。昨年9月17日以来となる長打は決勝打となった。

菊池がけがで離脱する中、二塁で4試合連続先発出場。「重圧になるといけない。あまりそういうことは考えず、与えられたところでしっかり役割を果たす」と誓った。

七回、広島無死、末包㊧が勝ち越しの左越えソロを放ち、ナインに迎えられる

9/23（土）

VS 巨人

# コイ4発 CS王手

## 末包 2打席連続アーチ

大砲候補が乗ってきた。末包が2打席連続本塁打と適時打で今季初の猛打賞。2年目での2桁本塁打は2013年に11本塁打した菊池以来で「開幕から（1軍に）出られずにことしは無理かなと思ったが、最後の最後で2桁に乗せられて良かった」と喜びをかみしめた。

時にしぶとく、時に豪快に。四回はフルカウントから外角のスライダーに食らい付き、一時勝ち越し打。3―3の七回は初球の内角球を左翼席に放り込んだ。八回もフルカウントから体勢を崩されながら左翼席へ。「打撃練習で良かったので良い感じで打席に入れた」と手応えを口にする。

首脳陣の助言でバットを振る前に背中側に引き過ぎないようにし、スイングにぶれが少なくなった。立ち遅れせずに球を見られるから受け身にならない。「球の見方に雰囲気が出ていた。どんどん成長している」と朝山打撃コーチ。巨人戦では打率3割4分4厘、6本塁打とキラーぶりも発揮した。

ベテラン勢が復帰した打線で存在感を示した。「今日駄目だったら明日は厳しいかなと思って、とにかく今日が勝負だと思って臨んだ」。常に危機感と闘う27歳の活躍で、クライマックスシリーズ進出のクリンチナンバーはついに1。がむしゃらな姿勢が最終盤のチームを勇気づける。

## 広島 7-3 巨人

東京ドーム（14時・41,451人）
（最終戦　広島17勝8敗）

| | 1 | 2 | 3 | 4 | 5 | 6 | 7 | 8 | 9 | R |
|---|---|---|---|---|---|---|---|---|---|---|
| 広島 | 0 | 1 | 0 | 2 | 0 | 0 | 3 | 1 | 0 | 7 |
| 巨人 | 0 | 0 | 2 | 0 | 1 | 0 | 0 | 0 | 0 | 3 |

広島が終盤の本塁打攻勢で快勝した。3—3の七回に末包のソロで勝ち越し、さらに秋山が2ラン。八回には末包が2打席連続のソロを放った。森下が6回3失点で9勝目。継投も決まった。巨人は投手陣が精彩を欠いた。

（勝）森下19試合9勝5敗
（敗）菅野14試合4勝8敗
（本）堂林12号①（菅野）末包9号①（菅野）10号①（ビーディ）秋山4号②（船迫）

| 【広　島】 | | 打 | 安 | 点 | 振 | 本 | 打率 |
|---|---|---|---|---|---|---|---|
| ⑧ | 秋山 | 4 | 1 | 2 | 1 | ❹ | .273 |
| R5 | 田中 | 0 | 0 | 0 | 0 | ⑥ | .230 |
| ⑦ | 上本 | 5 | 2 | 0 | 2 | ① | .265 |
| ⑥56 | 小園 | 5 | 1 | 0 | 0 | ⑤ | .281 |
| ③ | 堂林 | 4 | 2 | 2 | 2 | ⓬ | .295 |
| ② | 坂倉 | 4 | 1 | 0 | 0 | ⑫ | .262 |
| ⑨ | 末包 | 4 | 3 | 3 | 0 | ❿ | .262 |
| 9 | 曽根 | 0 | 0 | 0 | 0 | | .143 |
| ⑤ | デビッドソン | 3 | 0 | 0 | 0 | ⑲ | .211 |
| R68 | 矢野 | 0 | 0 | 0 | 0 | | .188 |
| ④ | 菊池 | 4 | 1 | 0 | 1 | ⑤ | .264 |
| ① | 森下 | 1 | 0 | 0 | 0 | ① | .176 |
| H | 中村貴 | 1 | 1 | 0 | 0 | | .182 |
| 1 | 矢崎 | 0 | 0 | 0 | 0 | | — |
| 1 | 島内 | 0 | 0 | 0 | 0 | | — |
| H | マクブルーム | 1 | 0 | 0 | 1 | ⑥ | .219 |
| 1 | 栗林 | 0 | 0 | 0 | 0 | | — |
| 犠球失併残 | | | | | | | |
| 1 2 0 2 5 | | 36 | 12 | 7 | 7 | | .247 |

| 【巨　人】 | | 打 | 安 | 点 | 振 | 本 | 打率 |
|---|---|---|---|---|---|---|---|
| ⑨ | 梶谷 | 5 | 1 | 0 | 1 | ② | .279 |
| ⑥ | 門脇 | 2 | 0 | 0 | 0 | ③ | .261 |
| ⑤ | 坂本 | 4 | 3 | 2 | 1 | ⑳ | .292 |
| ③ | 岡本和 | 3 | 0 | 0 | 0 | ㊶ | .290 |
| ② | 大城卓 | 2 | 1 | 1 | 0 | ⑯ | .277 |
| ⑦ | 秋広 | 4 | 1 | 0 | 1 | ⑩ | .272 |
| ⑧ | ブリンソン | 3 | 1 | 0 | 0 | ⑪ | .250 |
| H | ウォーカー | 1 | 0 | 0 | 1 | ⑥ | .273 |
| 8 | 増田大 | 0 | 0 | 0 | 0 | | .300 |
| ④ | 吉川 | 4 | 0 | 0 | 0 | ⑦ | .258 |
| ① | 菅野 | 3 | 1 | 0 | 0 | | .238 |
| 1 | 船迫 | 0 | 0 | 0 | 0 | | — |
| 1 | 高梨 | 0 | 0 | 0 | 0 | | .000 |
| 1 | ビーディ | 0 | 0 | 0 | 0 | | .143 |
| 1 | 今村 | 0 | 0 | 0 | 0 | | — |
| H | 丸 | 1 | 0 | 0 | 0 | ⑱ | .244 |
| 犠球失併残 | | | | | | | |
| 1 4 0 1 7 | | 32 | 8 | 3 | 4 | | .254 |

▽二塁打　梶谷、堂林、菅野、坂本、中村貴
▽犠打　森下▽犠飛　大城卓
▽与死球　ビーディ（デビッドソン）今村（秋山）
▽試合時間　3時間16分

| 投手 | 回 | 打 | 安 | 振 | 責 | 防御率 |
|---|---|---|---|---|---|---|
| 森下 | 6 | 27 | 7 | 0 | 3 | 2.98 |
| 矢崎 | 1 | 3 | 0 | 2 | 0 | 2.74 |
| 島内 | 1 | 4 | 1 | 2 | 0 | 2.41 |
| 栗林 | 1 | 3 | 0 | 0 | 0 | 3.04 |

| 投手 | 回 | 打 | 安 | 振 | 責 | 防御率 |
|---|---|---|---|---|---|---|
| 菅野 | 6⅔ | 24 | 7 | 4 | 4 | 3.36 |
| 船迫 | ⅔ | 5 | 3 | 0 | 2 | 2.93 |
| 高梨 | ⅓ | 1 | 0 | 0 | 0 | 4.19 |
| ビーディ | 1 | 5 | 1 | 2 | 1 | 3.99 |
| 今村 | 1 | 4 | 1 | 1 | 0 | 3.81 |

始まりの鐘が鳴っていた。21日、廿日市市の大野屋内総合練習場。かつての兄貴分、広瀬2軍外野守備・走塁コーチが投じる球を丁寧に打ち返す姿。打球音は次第に大きくなる。「リハビリに入ってから、打つの初めてなんですよ」。左手親指のけがで離脱していた菊池の仕上げは、まさに急ピッチだった。

2軍戦を飛ばしての1軍昇格だった。それほど首脳陣が菊池の復帰を待望した理由が、この日のグラウンドで示される。八回、岡本の強烈な打球を下がって、倒れて、捕る。体をねじって一塁送球。試合後、新井監督は言った。

球炎

## 故障者復活 戦える自信

五反田康彦

「三つ。キクでなければ、アウトにできないという打球が」

その全てを簡単な打球に見せた。何事もないように見えたのは、グラウンドでのひょうひょうとした態度もそうだ。親指はまだ痛い。一向に打撃練習を再開できなかったくらいだ。それを周囲には悟られないようにした。

菊池だけではなかった。上本が2安打。発熱明けの秋山はパワーで右翼席へ運んだ。これが主力選手の実力と誇り。故障者が戻れば、広島は戦える。そう再認識できた1勝の価値は大きい。DeNAが敗れ、自力2位が復活。ラストスパートの鐘が鳴る。

七回、広島2死二塁、秋山が右越えに2ランを放つ

秋山が5月31日以来のアーチを描き、競り合いを抜け出した。4—3の七回2死二塁、右越え4号2ラン。「たまたま右方向へ飛んだけれど、あそこに強く打てたのは久しぶり。よかった」と手応えを語った。

「追い込まれてから、ちょっとずつ良い対応ができている」とフルカウントで会心の一発を放った。発熱から復帰して「また試合に出る機会をもらえた。結果が出て、チームが勝ってよかった」と安《あん》堵《ど》した。ただ、九回の打席で死球を受け交代し「勘弁してほしいです。ほんとに」と最後は苦笑いを浮かべた。

最終戦
10/1(日)
VS 阪神

# コイ執念空回り

## 中継ぎに床田 守備乱れ裏目

執念の継投をあざ笑うかのように、佐藤輝の打球は右翼席に消えた。五回。劣勢を余儀なくされる3ランに、打たれた床田は立ち尽くすしかなかった。2年ぶりの中継ぎ登板で黒星を喫し、「僕が踏ん張れなかっただけ」。2回4安打4失点に声を落とし、敗戦の責任を背負い込んだ。

勝てば2位をつかみ取れた最終戦。新井監督は勝負に出た。森、アドゥワをベンチから外し、中4日の床田に中継ぎ待機を命じた。0―0の三回に大瀬良が無死一、二塁を招くと、すかさず大道にスイッチ。逆転した後の四回からは満を持して床田を投入した。だが結果は裏目に出た。

投手陣を助けるべき守備陣も足を引っ張った。1点リードの四回は上本が2死からボテボテの当たりを処理し、一塁へ悪送球。五回にも上本が無死一塁で二塁へ悪送球し「僕の責任。練習するしかない」と言葉少な。八回には飛球のお見合いもあり、締まらなかった。

チームの失策数は阪神と並びリーグワーストの82となった。トップだった盗塁数も最終的には阪神にかわされた。クライマックスシリーズ(CS)ファーストステージは13日後。立て直すことができなければ、戦いはすぐに終わってしまう。

## 広島 5-6 阪神

マツダスタジアム（14時・31,209人）
（最終戦　阪神15勝9敗1分け）

| | 1 | 2 | 3 | 4 | 5 | 6 | 7 | 8 | 9 | R |
|---|---|---|---|---|---|---|---|---|---|---|
| 阪神 | 0 | 0 | 1 | 1 | 3 | 0 | 1 | 0 | 0 | 6 |
| 広島 | 0 | 0 | 2 | 0 | 1 | 0 | 0 | 0 | 2 | 5 |

広島は逆転負け。0—1の三回に小園の2ランでひっくり返したが、四回に追い付かれ、五回に3番手床田が佐藤輝に勝ち越し3ランを浴びた。3—6の九回に内野ゴロの間に2点を返したが、届かなかった。阪神は連敗を3で止めた。

(勝)岡留8試合1勝
(S)岩崎59試合3勝2敗35S
(敗)床田24試合11勝7敗
(本)小園6号②(馬場)佐藤輝23号③(床田)

| 【阪　神】 | | 打 | 安 | 点 | 振 | 本 | 打率 |
|---|---|---|---|---|---|---|---|
| ⑧ | 近本 | 4 | 2 | 1 | 0 | ⑧ | .286 |
| ④ | 中野 | 4 | 1 | 0 | 1 | ② | .287 |
| ⑨ | 森下 | 3 | 2 | 0 | 0 | ⑩ | .237 |
| ③ | 大山 | 4 | 1 | 0 | 2 | ⑱ | .287 |
| ⑤ | 佐藤輝 | 5 | 2 | 4 | 1 | ㉓ | .261 |
| ⑦ | ノイジー | 3 | 0 | 0 | 2 | ⑨ | .242 |
| 1 | 及川 | 0 | 0 | 0 | 0 | | .000 |
| H | 糸原 | 0 | 0 | 0 | 0 | | .225 |
| 1 | ブルワー | 0 | 0 | 0 | 0 | | — |
| 1 | 島本 | 0 | 0 | 0 | 0 | | — |
| 1 | 桐敷 | 0 | 0 | 0 | 0 | | .167 |
| H | 渡辺諒 | 1 | 0 | 0 | 0 | ② | .177 |
| 1 | 岩崎 | 0 | 0 | 0 | 0 | | — |
| ② | 坂本 | 4 | 1 | 1 | 1 | | .230 |
| ⑥ | 木浪 | 4 | 0 | 0 | 1 | ① | .269 |
| ① | 馬場 | 1 | 0 | 0 | 0 | | .000 |
| H | ミエセス | 1 | 1 | 0 | 0 | ⑤ | .222 |
| 1 | 岡留 | 0 | 0 | 0 | 0 | | — |
| 7 | 島田 | 2 | 0 | 0 | 1 | ① | .147 |

犠球失併残
０７００１０３６１０６９　.247

| 【広　島】 | | 打 | 安 | 点 | 振 | 本 | 打率 |
|---|---|---|---|---|---|---|---|
| ⑥ | 小園 | 4 | 3 | 3 | 1 | ❻ | .286 |
| ④ | 菊池 | 3 | 0 | 0 | 1 | ⑤ | .258 |
| ⑦ | 西川 | 4 | 0 | 0 | 2 | ⑨ | .305 |
| ③ | 堂林 | 4 | 0 | 0 | 0 | ⑫ | .273 |
| ⑧ | 秋山 | 4 | 1 | 0 | 1 | ④ | .274 |
| ⑤ | 上本 | 4 | 0 | 1 | 0 | ① | .259 |
| ⑨ | 末包 | 3 | 2 | 0 | 1 | ⑪ | .273 |
| ② | 会沢 | 1 | 1 | 0 | 0 | ① | .172 |
| 1 | アンダーソン | 0 | 0 | 0 | 0 | | .091 |
| H | マクブルーム | 1 | 1 | 0 | 0 | ⑥ | .221 |
| R | 曽根 | 0 | 0 | 0 | 0 | | .143 |
| ① | 大瀬良 | 0 | 0 | 0 | 0 | | .000 |
| 1 | 大道 | 0 | 0 | 0 | 0 | | — |
| H | 田中 | 1 | 0 | 0 | 1 | ⑥ | .228 |
| 1 | 床田 | 0 | 0 | 0 | 0 | | .275 |
| H | 松山 | 1 | 0 | 0 | 0 | | .252 |
| 1 | 一岡 | 0 | 0 | 0 | 0 | | — |
| 1 | 中崎 | 0 | 0 | 0 | 0 | | — |
| 1 | 矢崎 | 0 | 0 | 0 | 0 | | — |
| H2 | 坂倉 | 2 | 0 | 1 | 1 | ⑫ | .266 |
| R | 羽月 | 0 | 0 | 0 | 0 | | .149 |

犠球失併残
２３３２５３２８５８　.246

▽三塁打　秋山▽二塁打　末包、森下▽犠打　菊池、会沢
▽盗塁　大山（3）▽失策　上本2、坂倉
▽暴投　アンダーソン▽与死球　大瀬良（森下）
▽試合時間　3時間40分

| 投手 | 回 | 打 | 安 | 振 | 責 | 防御率 |
|---|---|---|---|---|---|---|
| 馬場 | 3 | 12 | 4 | 3 | 2 | 2.45 |
| 岡留 | 1⅓ | 5 | 1 | 0 | 1 | 1.29 |
| 及川 | 1⅔ | 6 | 1 | 2 | 0 | 2.23 |
| ブルワー | ⅔ | 3 | 0 | 1 | 0 | 2.38 |
| 島本 | ⅓ | 1 | 0 | 1 | 0 | 1.69 |
| 桐敷 | 1 | 4 | 0 | 0 | 0 | 1.79 |
| 岩崎 | 1 | 6 | 2 | 1 | 2 | 1.63 |

| 投手 | 回 | 打 | 安 | 振 | 責 | 防御率 |
|---|---|---|---|---|---|---|
| 大瀬良 | 2⅔ | 11 | 2 | 3 | 1 | 3.61 |
| 大道 | 1 | 4 | 1 | 1 | 0 | 2.72 |
| 床田 | 2 | 11 | 4 | 1 | 2 | 2.19 |
| 一岡 | ⅓ | 1 | 0 | 1 | 0 | 0.00 |
| 中崎 | ⅔ | 2 | 0 | 0 | 0 | 2.73 |
| 矢崎 | 1 | 7 | 3 | 0 | 1 | 2.81 |
| アンダーソン | 2 | 7 | 0 | 3 | 0 | 2.20 |

## 球炎　新井カープの初心に戻れ

五反田康彦

143試合目まで、打球を譲り合うミスを見た記憶はない。八回1死一塁、森下の平凡な飛球が右翼手末包と二塁手菊池の間にぽとりと落ちる。優先は外野手。声を出せば、いいじゃないか。一塁走者を二塁でアウトにし、記録は右ゴロ。失策が付かない凡プレーは、瀬戸際でやるべきミスではなかった。

ミスにうなだれ、思い出した。新井カープの始まりもそうだった。3月31日、ヤクルトとの開幕戦。六回、田中の中飛に一塁走者菊池が飛び出して戻れず、アウトに。零封負け発進。後に新井監督からこう明かされた。

「実はうれしかった。前へ行くんだという気持ち。キクほどの選手が空回りするほどの気合を見せるんだ、と」。攻めたミスは悪くない。失敗しても誰も責めない。それが今季の旗印だった。評論家の最下位予想が並ぶ中、その積み重ねで成長し、乗り切った。

道半ば。阪神に勝ち切る力はないが、伸びしろは残っているはずだ。開幕戦、ベンチに戻った菊池は仲間に叫んだ。「すまん、俺が悪かった」。この一言から始まった進撃。全員で初心を思い返し、反省し、やり返せ。残り2週間、CSまでにもっと強くなる必要がある。

三回、広島1死一塁、小園が逆転の右越え2ランを放つ

## 小園2ラン&適時打 3打点

小園が敗戦の中で気を吐いた。本塁打を含む3安打3打点をマークし、「（今季は）いろんな経験をさせてもらった。粘り強さが出てきたと思う」と話した。

0—1の三回1死一塁は馬場のカーブを捉え、右翼ポール際に飛び込む6号2ラン。一時は逆転となる一発を「風もあったが、振り抜けたのがよかった」と振り返った。

五回にも適時打を放つなど、5年目の今季は規定打席に未到達ながら打率2割8分6厘。「チームは負けてしまった。悔しい気持ちを忘れずにやっていく」と初体験となるCSを見据えていた。

自身初の2桁勝利をマークした床田

# 2023カープ
# 5年ぶりのAクラス

※2023年10月3～4日の中国新聞朝刊に掲載したものを再録しています

新井監督就任1年目の広島は、2023年レギュラーシーズンを5年ぶりのAクラスで終えた。74勝65敗4分け。苦手だった交流戦を勝率5割で乗り切り、夏は10連勝で一時首位に立った。9月以降に失速し、2位確保はDeNAの結果次第となった。143試合を投打で振り返る。

## 投手

### 進撃支えた先発 息切れ 中継ぎ 球威増し飛躍

進撃を支えた先発投手が、シーズン終盤に息切れした。象徴したのが、9月8～10日の首位阪神との3連戦。新井監督は満を持して先発を再編し、床田、森下、九里の3本柱をぶつけた。しかし、3人で計13失点。3連敗で逆転優勝の望みは断たれた。

9月のチーム成績は9勝13敗。4～8月は毎月8勝以上挙げていた先発陣が、森下2勝、九里と床田が各1勝の計4勝にとどまったことが響いた。新井監督は登板間隔を空けたり、投球回数を制限したりしてマネジメント。最後の勝負どころで実らなかった点が来季の課題となる。

3本柱に試合をつくる力はあった。床田は初めて規定投球回に達し、自身初の2桁となる11勝。九里は174回$\frac{1}{3}$を投げて8勝、右肘手術明けの森下も9勝した。ただ、優勝するには頭数が足りないことも事実だ。

大瀬良が安定感を欠き、1試合の平均投球回は5・6。完投は6年ぶりにゼロだった。若手の突き上げも乏しい。森、遠藤、玉村、黒原らがチャンスを与えられたが、先発定着には至らず底上げができなかった。

シーズン前、課題とされた救援陣は飛躍を遂げた。島内はセットアッパーに定着し、最優秀中継ぎ投手のタイトルを獲得。昨季登板3試合の大道は48試合と台頭し、矢崎が24セーブを挙げ、中崎も防御率2・73と復活した。

躍進の理由の一つは「球威」にある。勝ちパターンには150キロを記録する投手が重用された。トレーナーの指導で栗林、大道らが自己最速を更新するなど力でねじ伏せる投球を披露。他球団からは「広島の中継ぎの球速が上がった」との声も。変化球を駆使する先発陣とのスタイルの差で相手をてこずらせた。

先発、救援ともに疲労感をにじませ、シーズンは終わった。新井監督は「まずはしっかり休んでほしい」と体力回復を重視する。クライマックスシリーズ（CS）まで約2週間。失敗の許されない短期決戦では、勝負強さが求められる。

（千葉教生）

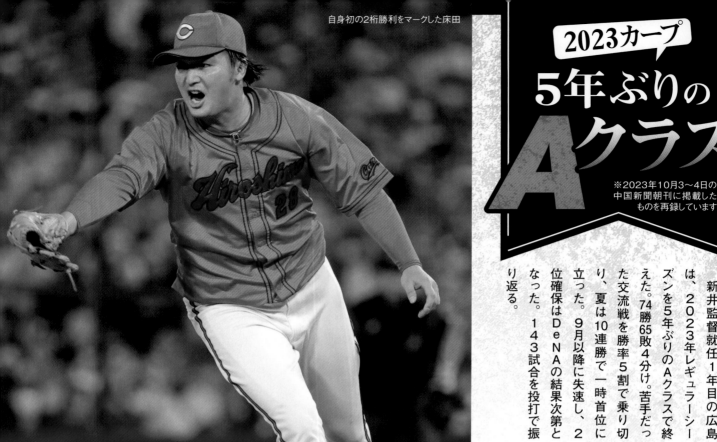

# 主力 終盤に相次ぎ離脱

## 末包ら若手 成長示す

**野手**

「みんなアクセル全開で頑張ってくれた。これだけ離脱者が出るのは自分のマネジメントミス」。9月20日のDeNA戦後、新井監督が謝罪した。秋山が登録抹消され、若手主体で臨んだ打線は5安打に終わり、1—3で完敗。シーズン終盤に相次いだ主力野手の離脱を象徴する一戦になった。

新井監督は野手にも積極的な休養や出場制限などのコンディション管理を行った。ただ、主軸の秋山と西川の代わりはおらず、連続出場が続いた。その結果、シーズンの勝負どころでの離脱。秋山、西川、菊池、野間ら多くの主力を欠いた9月は1試合の平均得点が、8月の3・9から2・8へと低下した。

20歳代の選手はたくましさを見せた。捕手に再転向した坂倉は、苦しみながらも120試合に出場し、3年連続で規定打席に到達。小園は7月の昇格後は先発出場を増やし、80試合で打率2割8分6厘をマークした。シーズンを通じ、安定した戦いをするには若手が台頭し、30歳代の主力に依存し過ぎないチームになることが必要となる。

主力不在で好機をつかんだのは2年目の末包だ。65試合で打率2割7分3厘、11本塁打。試合を決める一発に加え、得点圏でも勝負強さを見せて得点源となった。終盤には堂林が4番に定着。新井監督が我慢強く起用した2人は、クライマックスシリーズ（CS）を経験し、さらなる成長が期待される。

外国人選手は頼りになったとは言い難い。19本塁打のデビッドソンは好不調の波があり、もろさもあった。2年目マクブルームは相手の対策を打破できず、成績を落とした。

「どんどん走れ」の方針で盗塁数は昨季から3倍増の78盗塁。成功率は60・9％と低かったが、相手バッテリーを警戒させ、プレッシャーをかけた。新井監督も「選手の意識が『アウトになったらまずい』から『行っていいんだ』に変わってきた」と手応えをつかんでいる。

CSでは故障者が戻り、フルメンバーがそろう。シーズンで0勝4敗とやられた東（DeNA）、0勝6敗だった大竹（阪神）らが立ちはだかる。勝機につながる鍵は、伝統の機動力を織り交ぜた攻撃。2023年の新井カープの集大成となる。

（千葉教生）

初の2桁本塁打を放ち、成長を見せた末包

# 新井語録

試合後の監督談話を掲載した新井語録。指揮官の人柄がにじんだまっすぐなメッセージは、時には選手を鼓舞し、時には勇気付け、チームの呼吸を一つにしてきた魔法の言葉だ。新井カープの躍進の秘密はここに詰まっている。

**ヤクルト 4－0 広島　3/31（金）**

## 普通に平常心で入っていけた

◆初陣の采配
「そんなに変わらずというか、普通に平常心で入っていけた」
◆5回2失点の大瀬良について
「ナイスピッチングだったと思うよ。（村上の本塁打は）あの高さを逆方向に打たれたら、これはもう相手が上」
◆ルーキーの河野、2年目の田村が開幕戦で初出場
「やっぱり結果が良かろうが悪かろうが、彼らは全てが勉強だから」

**ヤクルト 1－0 広島　4/1（土）**

## いろいろ動きを出していかないと

◆本塁どころか三塁も遠く、考え込むように
「こっちも動きを出していかないといけないのかな。打つ方に関しては開幕して、まだね、一本出るまでというのはあるんだけど」
◆ヤクルト打線に本塁を踏ませなかった床田が報われず
「ナイスピッチングだったね。何とか勝ちを付けてあげたかった。また次に投げる時は、点を取って勝ちを付けてあげたい」
◆七回から継投に突入
「床田にとってきょうは開幕だし、シーズン初めてのマウンドは疲れ方、その度合いが全然違うと思うから。あそこは迷いなく」
◆攻撃面でのミスが続き
「どんどん動きを出していきたいなとは思っている。こっちが考えて、いろいろ動きを出していかないといけない」

**ヤクルト 3－2 広島　4/2（日）**

## まだ3試合でしょう

◆打線は今季初得点など復調の兆し
「今日はヒットは8本かな。各打者が捉え始めているなというふうにみえる」
◆デビッドソンが来日初本塁打
「今日は1、2戦目より足を上げる幅をちょっと小さめにして対応していこうという彼の工夫がみえた。いいホームランだったと思う。ナイスホームラン」
◆今季初先発の玉村は5回2失点
「ナイスピッチングでしょう。ナイスピッチング」
◆中継ぎ陣も粘りをみせている
「投手はまだ3試合だけど、よく頑張っている」
◆打線を動かすことは
「動かすというか、今日はみんな捉えた当たりが正面だったり、捕られたりというのが結構あった。いい感じで各打者の力みが取れてきているとみている」
◆2008年と13年に開幕4連敗があるものの、引き分けなしの開幕3連敗は19年ぶり
「まだ3試合でしょう」

**阪神 5－4 広島　4/4（火）**

## 栗林 信頼は変わらない

◆九回に栗林が痛打されて惜敗。努めて冷静に。
「うちのクローザーだから信頼は変わらない」
◆七回に坂倉が2ランを放つなど打線の粘りを評価
「ビハインドを何とかしたい、勝ちたいという気持ちは伝わってきた。（坂倉は）ゲームに慣れてくれば、普通に打つと思っているので。ナイスホームランだった」
◆九回1死一塁、大盛が盗塁死したプレーに
「そこは（詳細に）言えない」
◆先発の九里が制球難で6四球4失点
「彼にとって開幕だったので少し硬さがあったかな。次に期待しましょう」
◆引き分けなしの開幕4連敗は19年ぶり
「あれだけお客さんが入って後押しになった。勝ち切りたかった」

**広島 3－0 阪神　4/6（木）**

## うれしいのとほっとしている

◆開幕5戦目で初勝利
「4連敗したが、選手の表情や姿勢を見て何とかしたいと伝わってきたので、心配していなかった。ただ1勝目をファンに届けたい気持ちだけはあった」
◆遠藤が5回無失点
「彼にとっての開幕マウンドだし、スライド登板で難しかったと思う。足場が緩い中、粘り強く投げてくれた。ナイスピッチング」
◆デビッドソンの2ランをたたえ
「甘い球を一振りで仕留めてくれた。長打力は彼の持ち味だから」
◆選手時代の一勝と監督の一勝の違いについて
「立場は変わっているけど勝ちたいという気持ちは一緒。うれしい初勝利になったし、マツダスタジアム500勝の日になって、うれしいのとほっとしている」

**広島 4－2 巨人　4/7（金）**

## 堂林 かっこいいじゃん

◆大瀬良が6回2失点で今季初勝利
「（大瀬良）大地が粘り強く投げてくれたし、（六回2死二、三塁の）最後の場面はしびれましたね」
◆三回に打線がつながった
「デビッドソンも試合をこなすごとに対応してくれているし、（西川）龍馬も微調整しながら彼本来の打席が増えてきている」
◆野間がつなぎ役を果たす
「彼を2番に置いているのは足を使いたいから。打撃でもしつこい打撃で、何かことを起こしてくれることに期待している」
◆堂林が今季初打席で本塁打
「かっこいいですね。オープン戦のときから打席の内容はよかった。四球も取れてた。状態はいいと思っていたので初打席で貴重な追加点。彼にも言いました。『かっこいいじゃん!』って」
◆地元で2連勝
「今日もたくさんのファンの方に声援をいただいて、選手もすごく力になったと思う」

**広島 6－3 巨人　4/8（土）**

## 戸根 難しい場面 よく止めた

◆打線が6得点と活発
「各打者が自分のスイングをできている。その結果、打線がつながって得点に結びついている」
◆特に秋山が好調
「打つだけじゃなく、守備でも走る方でも引っ張ってくれている。ベテランと中堅がすごくチームを引っ張ってくれている。若手も負けないぞ、

「興奮した。ちょっと覚えていないけど、打った瞬間、いけーいけーと。興奮して覚えてません」

◆無失点に抑えた島内らリリーフ陣を称賛

「ブルペンが本当によく頑張ってくれた。先発の床田も粘り強く、六回もよく2点で耐えて。みんなが耐えた積み重ねがサヨナラにつながった」

◆野間がベンチ外に

「下半身のコンディション不良。そんなにシリアスなものではない。何日かで大丈夫でしょう」

広島 ヤクルト
7 − 5
**4/16**（日）

## 今年に懸ける 気持ち伝わる

◆田中が同点満塁弾

「ベンチで見て、血が沸騰するような、そんなホームランだった。キャンプ初日に彼の動きを見て、今年に懸ける気持ちは伝わっている」

◆監督の派手な喜び方が、ファンの間で話題になっている

「あまりそういうことを言われるとですね、私、気になりますので、そっとしておいてください」

◆首位に浮上

「まだ何試合ですか。一戦一戦やっていく。最初に5点を取られたが、ベンチはここからいっちょ、いったるぞという雰囲気だった。ゼロで抑えたブルペン陣も素晴らしかった。流れがきて逆転勝ちにつながった」

◆開幕カード3連敗のリベンジを果たす

「ヤクルト戦を迎える選手の目つきが違った。絶対にやり返すぞ、と。結果に出て自分もうれしいし、頼もしい」

阪神 広島
2 − 1
**4/18**（火）

## （栗林） 次も信頼して送り出す

◆最後に栗林が打たれて逆転サヨナラ負け

「栗林もね、打たれることもあるんでね。うちのク

中日 広島
5 − 2
**4/12**（水）

## 遠藤 ゲームつくってくれた

◆先発した遠藤を評し

「粘り強く投げてくれ、ゲームはつくってくれた」

◆六回、アドゥワが2ランを浴びるなど計4失点

「あそこはアドゥワにチェンジすると決めていた。勝負にいった結果。次の登板に備えてもらいたい」

◆打線は四回に先制

「攻撃陣はワンチャンスで得点し、いいんじゃないかな。続けてもらいたい」

◆黒原が今季初登板で好投

「開幕1軍メンバーで投げていないのは黒原だけ。それはすごく頭にあった。登板間隔が空いた中でストライクを先行させ、3人で（終えて）ナイスピッチング。ただ抑えただけじゃなく、内容も良かった」

◆栗林がベンチを外れ

「少し登板数が多くなり、今日は上がりでしっかり休んでくれと。昨日の試合が終わった段階で、ミーティングで決めた。（今後も）臨機応変にいきたい」

広島 ヤクルト
1 − 0
**4/14**（金）

## 大地がナイスピッチング

◆雨中の接戦を制す

「（大瀬良）大地がナイスピッチングでしたね。天候があまり良くない中で、絶対に先に点をやらないという気迫が伝わってきた」

◆六回は1死走者なしで代打松山を送る

「天候の回復が見込めないという中で、勝負にいった。難しい球だったが、ナイスバッティングでした。キク（菊池）もね、追い込まれながら何とかバットに当てて塁を進めたいという執念が相手のミスを誘ったのかなと思う。もちろん、チャンスで打った野間も素晴らしいバッティングだった」

◆開幕カードではミスもあった野間が決勝打

「野間だけじゃなく、開幕カードで3連敗しているので、自分もすごく気持ちも入ったし、選手からも開幕カードでやられた分やり返すぞというのが伝わってきた」

広島 ヤクルト
5 − 4
**4/15**（土）

## 興奮して覚えてません ブルペンよく頑張った

◆1点を追う九回2死から秋山が逆転2ラン

「絶対最後まで諦めないという、みんなの気持ちが伝わってきたので、ベンチもひっくり返すぞという雰囲気があった。（秋山は）すごいよね。ベテランの読み、一発で仕留める技術。本当にすごい。彼の野球に対する向き合い方は素晴らしいものがある」

◆監督として初のサヨナラ勝ちした気持ちを問われ

俺たちも頑張るぞとやってくれたらチームも相乗効果で良くなる」

◆床田が好投で今季初勝利

「ヤクルト戦もナイスピッチングだった。今日勝ちが付いて本人もほっとしているんじゃないかと思う」

◆デビッドソンの本塁打も効果的だった

「追い込まれながらも、バックスクリーンにね。打球方向も良かった」

◆戸根が八回に悪い流れを断ち切る

「昨年までずっといたジャイアンツが相手で、いい意味で気持ちも入っていたと思う。難しい場面だったが、よく止めてくれた」

広島 巨人
4 − 2
**4/9**（日）

## 広輔素晴らしかった。 僕もうれしい

◆栗林に3連投させたことについて

「3連投させないと言ったが、状況だと思っていた。昨日の球数が12球。これが20〜30球だと、今日は（ベンチメンバーから）外していた。昨日の投球は、その前より手応えがあったと思う。投げたいんじゃないかなとも思ったし、試合前に彼が投げたいと意思を示してくれたのもある。それでもやめておけ、と言う時ももちろんある」

◆好投の玉村を評価

「ストライク先行でどんどん攻めていた。四球もないし、ナイスピッチング」

◆デビッドソンと田中の本塁打を喜び

「三振を気にせず、どんどん振ってくれとマットには言っている。広輔は素晴らしかった。今年に懸ける意気込みはキャンプから伝わっていた。『こんなもんじゃないだろ』と伝えていた。彼もうれしいと思うけど僕もうれしい」

◆勝率を5割に戻し

「見てくださっている方が5割だと思ってくれればいい。そこはあまり考えていない」

広島 中日
4 − 1
**4/11**（火）

## 気持ちと集中力を感じる

◆九里が今季初勝利を挙げる

「前回の登板を反省して修正できていた。ストライク先行で、どんどん打者に向かっていっていた。ナイスピッチングでした」

◆先発ローテーション投手全員に勝ちがつく

「先発投手に勝ちがついているのは、いい戦い方をしているということなので、みんなホッとしたと思う」

◆秋山が4安打を放つ

「打つのも、守るのも、走るのも引っ張ってくれている。彼ぐらいの打者だったら驚きはないけど、すごいと思う。1打席も無駄にしないという気持ちと、集中力を感じる」

◆今季初の貯金1

「そこはあまりそんなに。明日いい日になるようにしっかり準備したい」

◆栗林が4試合連続登板

「セーブシチュエーションになったからね。さすがうちのクローザーだなと。難しい場面でいったが、ナイスピッチングでした」

しいくぞと、集中力をもって得点できている。いい傾向と思う」

DeNA 広島
4 － 3

## 4/23（日）

## こういう日もある。ありますす。

◆終盤にターリーと栗林で逆転を許す

「こういう日もある。ずっと、ブルペン全員が頑張ってくれた。こういう日もあります」

◆空振りや三振が取れない栗林の投球について

「それ（球質など）は本人が投手コーチといろいろ話しています」

◆マクブルームが初本塁打を放つ

「完璧ないいホームランだった。（打撃状態は）心配してない」

◆セ・リーグ5球団と対戦が一巡し10勝9敗

「開幕から4連敗したけど、一回り終わって、選手がみんなよく頑張ってくれているなと感じる」

◆同点の八回2死満塁で矢野をそのまま打席に送る

「久しぶりの打席（15日の出場選手登録後、初打席）で結果的に遊ゴロだったけど、すごくいいものを見せてくれた。あれだけ粘って粘って対応している姿を見るとね。良かったと思う」

中日 広島
6 － 3

## 4/26（水）

## （守乱で失点）しっかり反省

◆先発し、4回で降板した大瀬良について

「少しハムストリングに違和感があったということだったので、大事を取った」

◆守備の乱れから失点したことに

「そこはしっかりまた反省して。また練習して、しっかりいい準備をして、明日に向かいたい」

◆菊池の適時打などで一時は同点とした打線について

「いい集中力で打席に入れていたと思います」

◆九回に登板した大道を褒め

「良かったですね。ファームの方からも、いいと聞いていた。真っすぐで空振りが取れていた。ナイスピッチングですね」

◆8試合目の登板で今季初失点した戸根をかばい

「ここまで頑張ってくれていたから。点を取られる時だってある。次の登板につなげてくれればいい」

広島 中日
3 － 2

## 4/27（木）

## 菊池にはまだまだ通過点

◆延長十二回の接戦を制し

「全員で手繰り寄せたサヨナラ勝ちだったと思う。（韮沢は）スライダーを打ちに行きながら、何とか

DeNA 広島
1 － 0

## 4/21（金）

## （次回は）援護してあげたいね

◆今永の前に打線が沈黙

「今永はエースですからね。うちの打線も捉えた当たりはあったけどね。次かな」

◆好投したコルニエルを称賛

「向こうはエース、コルニエルは（先発として）初登板ということで何とかロースコアに持ち込みたいなと思っていた中、ナイスピッチングだった。すごくいいものを見せてくれた。また次、彼が投げるとき、野手が援護してあげたいね」

◆連続四球から失点した八回の続投について

「いい投球をしていたので、点を取られるまではコルニエルに預けたという気持ちだった。矢崎は初登板で難しい場面をしっかりと抑えてくれた」

◆小園ら4選手を抹消

「（小園は）現状だとなかなかスタメンで出られない。彼はこれからの選手だし、ファームでしっかりと試合に出て力を付けてもらいたいという判断です」

広島 DeNA
3 － 0

## 4/22（土）

## （西川の2ラン）彼らしさ詰まっていた

◆7回を無失点に抑えた床田の投球をたたえる

「テンポも良かったし、四球もなかったし、ナイスピッチングだった。素晴らしい。（八回の交代は）あそこで代えようと、ちょっと前から決めていた。ブルペンも頑張っているので」

◆四回に追加点となった西川の2ランに

「大きかったね。風の向き、強さも頭に入っていたと思うんで、彼らしさが詰まったホームランだった」

◆六、八回のピンチを併殺で切り抜ける

「しっかりと守っているし、その辺りは信頼関係ですからね。地に足が着いて戦えている」

◆10勝のうち6勝が相手より少ない安打で勝利

「いいじゃないですか。ワンチャンスをものにできているということでしょ。ヒットがたくさん出るに越したことはないけど、ワンチャンスで、みんなでよ

ローザーだから、次も信頼して送り出したい。それだけですね」

◆九回は送りバントで走者を進め、4番が適時打。理想的な形で得点し

「（西勇が）全ての球種を低めに制球する中、なかなか好機がなかったんだけど、この本当のワンチャンスをね（生かしてくれた）。点を取るんだという気迫が伝わってきますよね。九里が気持ちのこもったいい投球だったので、次に登板する時は何とか勝ちを付けてあげたい」

◆監督として戻ってきた甲子園で白星を目前で逃す

「（苦笑しつつ）まあ、そうですね」

◆選手の時と感じたものは違ったかと問われ

「いや、でも一緒かな。うん。雰囲気は一緒」

阪神 広島
6 － 1

## 4/19（水）

## （打順降格は）まだ考えていない

◆阪神の大竹に苦戦

「制球が良かった。緩急もしっかり効いていて、つかまえることができなかった。捉えた当たりもあり、正面に行った」

◆六回、野間がけん制で誘い出されてアウト

「あれはこっちの指示なんで」

◆デビッドソンに元気がない

「思うような打席は出ていないが、しっかり練習もして取り組んでいる。こっちはもう慣れるまで、と。最初からそのつもり。（打順降格は）まだ考えていない」

◆先発の遠藤については

「試合はつくってくれている。先制された時も不運な当たりから。（六回途中での降板は）球数とその時点で投げているボールを見て判断した」

◆2軍戦で森下が登板

「1軍の先発投手がすごく頑張ってくれている。その辺りも考え、（1軍昇格時期を）決めていきたい」

広島 阪神
7 － 5

## 4/20（木）

## （栗林に）お前で打たれたら本望

◆連敗を2で止める

「先制したけれど逆転されて、本当に野手も頑張ったし、ブルペンがね。本当にみんな頑張ってくれて、まさにチーム一丸となった勝ちだと思う」

◆九回のピンチに自らマウンドに行き、栗林に声をかける

「彼の野球に対する向き合い方だとか、背負っているものを自分はすごく感じているので、お前で打たれたら本望だから思い切って腕を振ってこいと言った。正直な気持ちをね。どれだけ彼が背負っているかは分かっているから」

◆逆転二塁打を放ったベテラン松山について

「さすがですね。松山さん。最敬礼ですよ」

◆監督として甲子園で初勝利を挙げ

「普通にうれしい。展開的にも苦しかったけれど、選手は3連敗だけは絶対にしないという気迫が伝わってきた。きょうの勝ちはチームを成長させると思う」

前に、自分たちは試合をしながら、強くなっていかないといけないと言ったが、今日はそういう試合だったと思う」

DeNA 広島
4 ― 1
5/3（水）

## 各打者、内容は良かった

◆バウアーに初勝利を献上
「各打者がいいアプローチをしていた。ビッグネームだが、マット（デビッドソン）もいいホームランだったし、各打者、内容は良かった。初対戦で受け身にならず、いい当たり、いい捉え方をしている打者が結構いた」
◆六回に崩れた九里について
「中5日で行ってくれて、今日もいいピッチングだった。粘ってくれていたし、試合をつくってくれた。その後の戸根も、よくあそこを1点で（抑えた）。相手に勢いがあって大変な場面だ。大道も塹江もそう。結果は負けたが、ブルペンも、またいいものを見せてくれた」
◆4日は森下が今季初登板
「今年初めてで気持ちも高ぶっていると思う。あまり気負い過ぎずに、今の自分に出せるものをマウンドで出してくれたらいい。楽しみにしている」

DeNA 広島
3 ― 2
5/4（木）

## （救援の順）固定していない

◆最後は松本がサヨナラ本塁打を浴びる
「あともうちょっとだったけど、これは勝負にいった結果なのでね」
◆復帰登板となった森下について
「ナイスピッチングでしょう。彼にとっては、今日が開幕。術後初めての（1軍）マウンドということで、いいピッチングだったと思う。（今後の登板間隔は）やっぱり明日を見てからになるね。報告を聞いてから。ファームでは5試合くらい投げたのかな。1軍の公式戦の舞台は体にかかる負荷が違う」
◆栗林がいない中、救援投手の登板順については

◆栗林が逆転サヨナラ2ランを浴び
「そこはやっぱり、クローザーの難しいところであり、厳しいところ。真っすぐも、フォークも、ここ最近では一番いい球がきていたように見えた。そこが結果につながらないというところが、クローザーの厳しいところ」
◆今後も抑えを任せるかと問われ
「もちろん」
◆先発コルニエルが6回1失点で踏ん張り
「きょうもナイスピッチングだった。変化球も練習して、黒田さんに習ったツーシームもしっかり投げられている」
◆三者凡退のない攻撃は12安打で3得点
「そこは、まあね。みんな振れてきているし、いい形での攻撃はできている」

広島 巨人
11 ― 4
4/30（日）

## 関東で勝ちを見せられた

◆打線組み替えが成功
「まっちゃん（松山）にスタメンで頑張ってもらうということで、（西川）龍馬が2番。しっかり打線がつながり、得点できた。スタメンの選手も、イソ（磯村）ら後から出た選手もしっかり頑張ってくれて、すごく良かった」
◆ビジターで苦戦が続いた
「自分の中ではビジターもホームも関係ないと思っているが、関東の試合もたくさんファンの方が見に来てくれている。まだ勝ちを届けられてなかった。初めて関東で勝ちを見せることができた。そこはすごくうれしい」
◆アンダーソンが初勝利
「よく頑張った。立ち上がりからすごく腕も振れていたし、三塁線のフィールディングを見ても、この試合に懸ける彼の気迫というのを感じました。ナイスピッチング」
◆近日中の昇格が期待される森下について
「もう問題ないと報告を受けている。そこは皆さん楽しみにしておいてください」

広島 DeNA
6 ― 1
5/2（火）

## 耐えたから集中打につながった

◆最後に集中打が出た
「チャンスは少なかったが、気迫だったり、集中力だったりをすごく感じた。床田がナイスピッチングで島内、ターリー、矢崎、みんなナイスピッチング。みんなが頑張って耐えたから集中打につながった」
◆最後は坂倉が満塁本塁打で試合を決めた
「サク（坂倉）も捕手に専念して考えること、やることもたくさんあって大変だと思うが、ここ数試合は彼本来の打撃ができてきている。打撃コーチのアドバイスも効いている。空振りしてもいいから、どんどん仕掛けていきなさいという助言をしていた」
◆勝ち越し点の場面は、秋山の積極的な打撃と菊池の好スタートがあった
「走塁であったり、何とか前に飛ばそうという打撃だったり、そういう細かいところが大事。開幕

（バットが）止まったよね。気迫が伝わってきた」
◆救援陣の踏ん張りには
「開幕から中継ぎ陣が踏ん張ってくれているので、こっちに流れが来るよね。そういう意味でもチーム全体で手繰り寄せたサヨナラ勝ち」
◆菊池の1500安打を喜び
「今日は5安打。すごいよね。言葉が出ない。あれだけの守備での貢献がありながら、本当にすごい。彼にとってはまだまだ通過点」
◆新井監督の通算2203安打を「超えてほしいか」との問いに
「もちろん。体が元気なら、その数字は普通に達成できる選手だ」
◆全体的な打線のつながりはいまひとつ
「そこは我慢だと思う。これは開幕前からある程度、想定しているし、我慢」

巨人 広島
5 ― 4
4/28（金）

## これからにつながる攻撃

◆九回に反撃を見せた打撃陣に
「あと一歩というところだったけど、最後まで諦めないという全員の気持ちが見られた。これからにつながる攻撃だったと思う」
◆九回の代打攻勢で韮沢が最初だった意図を問われ
「順番は流れをくんでというか。でもニラもよく打った。昨日といい、今日といい成長を感じている」
◆一発に泣いた遠藤について
「そこはまたしっかり自分で反省して、また次につなげてもらいたい。（登板途中でベンチに下がったのは）打撃でちょっと詰まって手がしびれて感覚がないという感じだったから」
◆デビッドソンに一発
「内容は少しずつ上がってきている。ホームでもビジターでも練習前から特打をしている。その成果が少しずつ内容的にも出てきている。他の打者はいい感じで対応できているので、かみ合えばもっと打線として良くなってくると思う」

巨人 広島
4 ― 3
4/29（土）

## （栗林）最近では一番いい球

広島 9 — 4 巨人

# 5/12 金

## みんなの粘り 頭下がる

◆連日の延長勝利。十回の一挙6得点に頬を緩め

「本当にみんなの粘りに頭が下がる。1点で終わらなかったのはすごく大きい。(本塁打が出やすい)この球場は何があるか分からないからね。キク(菊池)は守備でも、打席でも、球際の気迫がすごい」

◆九回に追い付き

「松山さん、韮沢も。本当に最後まで諦めないという姿勢がね。投手も、野手も、全員で頑張って戦っていく中で、みんな力を付けてくれている」

◆大瀬良が戦列復帰

「ナイスピッチング。気迫が伝わる投球だった。七回も上本が出たら、バント行くよと伝えていた」

◆八回1死二塁は坂本を申告敬遠し、岡本和に勝ち越し打を浴び

「ベンチの判断。坂本は調子を上げており、塁を埋めた方が守りやすい。打ち取った打球だったけれど、それも野球なんで」

巨人 5 — 4 広島

# 5/13 土

## 全員で戦っている 空気すごくある

◆3試合続けて延長。連勝は4でストップ

「中継ぎ陣はちょっと登板が多くなっている。ターリーにしてもね。こちらがちゃんと管理しないとね。まだまだ試合は続くので」

◆九回はマクブルームに代打松山を送り

「あそこは勝負にいきました。野間がよく出塁し、羽月はよく初球でスタートを切った。秋山は一発でバントを決め、本当に良い攻撃だったと思います。今日も」

◆終盤に追い付くゲームを重ね、この日はベンチ入りした全野手を起用

「みんな頑張って、最後まで諦めない。ひっくり返そうという姿勢は、こちらにも伝わってくる。全員

◆島内、矢崎が好救援

「重圧はかかったと思う。マウンドに上がるたびに力と自信を付けている。(抑えは)流動的。今日は右打者が多かったから」

◆野間が決勝打

「執念のタイムリー。床田を勝たせたいという、みんなの気持ちが伝わった1点だった。(野間は)試合中止になってもずっと打ち込んでいた。原因が分からなかったら(不振は)長くなるが、本人はどこが良くないか分かっていた」

◆岐阜は野間と床田にとって学生時代にプレーした場所

「(気持ちの高ぶりは)あると思う。思い出が詰まった球場。大学時代に力を付けた球場で活躍できた」

◆序盤から好機をつぶした攻撃には

「勝ったけど、あれだけたくさんヒットが出て1得点は、自分が反省したいと思います」

広島 4 — 0 中日

# 5/10 水

## 代えたら 怒られるでしょう

◆九里が118球で完封勝利

「ははは。ナイスピッチングでしたね」

◆八回を終えて交代する選択肢について

「代えたら怒られるでしょう。タフで頼りになる投手。ストライクゾーンの中で勝負できている。直球の強さもある」

◆三回、マクブルームが先制打

「内容のいい打席が多かった。練習前に打撃コーチたちとミーティングをしたらしいです。彼もそれで少し気持ちが楽になったと聞いている」

◆途中交代した西川に

「(故障とは)全然違う。ご苦労さん、と」

◆ビジターで初の勝ち越し

「まだ始まったばっかりだから。いい勝ち方だと思う。あとは九里に聞いてください」

広島 3 — 2 中日

# 5/11 木

## (松山)千両役者ですね

◆延長十一回、代打松山が決勝二塁打を放つ

「頼りになる。(打てた理由は)3ボールから浮いてきた球を仕留めるぞという『決め』(にあった)。そこを一振りで仕留めるのは技術もすごいし、経験もある。千両役者ですね」

◆投手陣が踏ん張る

「コルニエルも粘って頑張ってナイスピッチングだったし、そのあとブルペン陣もつないでつないでね。本当に全員野球で勝った、いい試合だったと思う」

◆ビジターで初の3連勝

「一戦一戦と思ってやっているし、サミットで2週間ビジターと皆さんは言っているけど、(自分は)全然関係ないからって言ってたじゃないですか。でも、また明日から東京ドームで続く。気持ちを引き締め直して、向かっていきたい」

◆ヒーロー松山が「お疲れさまでした」と声をかけながら通り過ぎる

「私は全然疲れてない。選手は疲れてますけどね」

「固定はしていないよ。七回は左打者が続くところでニック(ターリー)がいった。打順の巡り合わせや、点差を加味しながらやっていきたい」

阪神 5 — 0 広島

# 5/5 金

## (遠藤の次回) 決まっていない

◆3回で降板した遠藤に

「球数が序盤から多かった。流れも良くなかった。これ以上(は厳しい)と、早めに代えました」

◆持ち味の思い切りの良さが見えない

「シーズンではいろんな心理状態とかフィジカルもある。成長にはしっかり反省して、次どういう気持ちで臨んでいくのかが大切。疑心暗鬼にならず、前に前にと思ってやってほしい」

◆次の登板は

「まだ決まってないんですよ」

◆一回の好機が惜しい

「いつも好機で点が入るものでもない。相手投手も制球、緩急が良かった。(大竹との対戦は)2回目かな。全体で対策したい」

◆相手先発が左腕の試合は勝てない

「もっと進んでいって明らかに傾向が顕著に出たら考えていかないといけないが、まだ気にしてない」

◆上本の右脚に投球が直撃

「試合中はアドレナリンが出てるから本人は大丈夫と、出場したが、箇所が箇所なので腫れると思う」

広島 1 — 0 中日

# 5/9 火

## 1得点は自分が反省

◆床田が3勝目を挙げる

「すごく粘ったナイスピッチング。周りが見えているから打者としっかり勝負できる」

で戦っている空気はすごくある」
◆今季2度目の先発となった森下について
「粘っていいピッチングだった。次も期待したい」

**広島 巨人 7—2　5/14（日）**

## 外国人4人 素晴らしい

◆前日は終盤の好機で代打を送ったマクブルームが、値千金の満塁本塁打
「本当に大きかった。悔しい思いはあっただろうけど、彼はフォア・ザ・チームのスピリットがある。何とかしたい気持ちが伝わってくる。必死に練習している。きょうは新しい日だから頑張ろうと伝えた」
◆延長戦が続いた中で、アンダーソンが7回無失点
「初回から腕の振りが良く、きょうは変化球の精度も高かった。安心して見ていられた」
◆デビッドソンは適時打を含む2安打
「打席での見送り方や反応を見て、アジャストしてきているふうには感じる。（九回を締めた）ターリーも含め、外国人4人は素晴らしい活躍だった」
◆追い上げられた八回に菊池の好守で併殺を奪い
「彼にしかできないプレー。3打点、4打点分ぐらいの価値がある。すごい」

**広島 DeNA 7—5　5/16（火）**

## （秋山） 素晴らしいとしか

◆二回までに7点を挙げ
「前回の対戦で真っすぐや変化球の軌道を体感している。いい対応ができ、いいつながりだった」
◆秋山が固め打ちで通算1500安打を達成
「本当に開幕から素晴らしいとしか表現できない。若い選手は彼の結果だけじゃなく、そこに至る練習や準備が近くに手本としてある。勉強してもらいたい。体も強いし、自分に厳しい。そこまで自分を追い込める選手はそんなにいない」
◆床田が辛抱強く投げ
「立ち上がりは探り探りだったと思うけれど、徐々に本来の球を投げ、粘ってゲームをつくってくれた。ナイスピッチングだった」
◆2位争いの3連戦に先勝し
「初戦を取れたのは大きい。中継ぎがしっかり頑張ってくれて、よく逃げ切った。いいゲームだった」

**DeNA 広島 7—4　5/17（水）**

## エラーはつきもの。 次が大切

◆九里が3本塁打を浴びて八回途中7失点
「ずっと良い投球をしてくれているからね。今日は九里の日ではなかったということ。球数が少なかったし、まだ（連戦の）水曜日だから八回を任せた」
◆打線は中盤以降の加点が少なく、流れを渡す
「DeNAはビハインド（負けている展開）の投手もいい。点を取れる時もあれば取れない時もある」
◆八回は三塁デビッドソンの失策後に逆転を許す
「エラーはつきもの。いつも言っているが、その次にどうするかが大切」

**DeNA 広島 13—3　5/18（木）**

## こういう日もあると 切り替えやすい

◆コルニエルが早々に崩れ
「今季は初登板からずっといい投球を続けてくれていた。こういう日もある。修正して次の登板は頼むと伝えた」
◆中継ぎ陣も乱れ
「ベイスターズ打線は強力だし、一度火が付いたらなかなか止めるのは難しい。8点取られた後も、打者陣は最後まで集中していた。ブルペン陣もずっと頑張ってきてくれている。四死球の多さは各自が分かっていると思う。こういう日もあると、切り替えやすい」
◆デビッドソンが初めて欠場
「疲れている。トレーナーからきょうはベンチでというところ」
◆今季2度目の対戦となった東にひねられ
「前回マツダで対戦した時よりも、各打者の凡打の内容は良かったように見えた」

**広島 阪神 10—7　5/19（金）**

## 粘り強く点を取った

◆一回に5点を先制しながら、一時は追い付かれる
「阪神打線も振れている。追い付かれた後もよく粘り強く点を取った」
◆松山が先制打と勝ち越し打
「さすが。いつもさすがと言っているが、いい場面でいい仕事をしてくれる」
◆全員の勝利を強調し
「勢いが向こうにいっている中で六回、中崎が流れを切ってくれた。投手がずっと頑張ってくれていたので、疲れたところを野手がカバーしている」
◆先発起用した林と中村貴を評価
「（林は）打席での攻撃的な姿がすごく良かった。中村貴も打席内での雰囲気や見送り方がいい」
◆青柳対策として左打者を9人並べる
「青柳が先発と思ったので、かなり前から決めていた。（マクブルームも先発から外し）出ずっぱりだったので逆に良かった」
◆長期遠征の勝ち越しを決める
「そこはあんまり気にならない。また明日の試合」

**阪神 広島 1—0　5/20（土）**

## 勝ちを付けて あげたかった

◆サヨナラ負けしたが、九回途中まで力投した森下について
「素晴らしい投球だった。何とか勝ちを付けてあげたかった。直球の強さ、ボールの精度が、彼本来のものになってきている」
◆大竹をまたも攻略できず
「いろいろと絞り球とか、対策を立てているが、制球が良く、うまく四隅に球を散らされたかなと。他の球団も打てていないが、これで3回目。まだ対戦がある。今日の試合を見直して次に備えたい」
◆七回2死一、二塁の好機で、森下に代打を送らなかった。試合を任せるつもりだったのかと聞かれ
「もちろん、もちろん。あれだけ素晴らしい投球をしていた。彼に任せたと」
◆九回にサヨナラ打を浴びた場面で、外野が前進守備ではなかったことについて
「ぎりぎりのところで（対処）しようとのことだったので。それはこっちの指示なので」

**阪神 広島 4—1　5/21（日）**

## （中村貴） ヒットは時間の問題

◆またも打線が振るわず
「そう簡単にはね。連打って難しいと思うね」
◆五回途中2失点で降板したアンダーソンについて
「体がつったので一回治療し、応急処置してマウンドに上がった。ちょっと状態が良さそうではなかったのでスイッチした。（病院に行くことは）ない、ない、ない。（次回登板への影響は）大丈夫でしょ」
◆才木にてこずる中、七回に林が適時打を放つ
「追い込まれながらいいヒットだった。先発で出たばかりだが、打席の中で勝負する姿勢は見える。試合で打席を重ねれば対応できてくる」
◆先発出場2試合目も無安打だった中村貴について
「打席内での雰囲気もあるし、スイングも強い。追い込まれてからの対応も出せている。ヒットが出るのは時間の問題」
◆長期ロードの12試合を終え、23日から地元で戦う

「あの回までと決めていた。ナイスピッチングということで、野手もそれを分かっていたと思う。（七回は）何とか森下に勝ちを付けてあげたいという気持ちが表れた攻撃でしたね。徐々に本来の球の切れは出てきているし、彼が持っているものを考えると、もう一段階（上のレベルが）あると思うので、すごく楽しみ。そこはまた暖かくなってきたら出るのかな」

◆先制打の西川を称賛

「あらかじめ（意識を）センターから逆方向に入っていくという彼らしい、バットコントロールのいい安打だった」

◆田中や菊池が守りでももり立てる

「あれは大きかった。広輔の飛びついたのや、キクのハーフバウンド（の打球）は、すごく難しい。リードしたアツ（会沢）にしても、最終的に4点入ったけど、今日は守り勝ったという試合でした」

広島 ヤクルト 3 ― 1 **5/28（日）**

## （交流戦）ガンガンいって

◆菊池の先頭打者弾で主導権を握る

「キクの先頭打者ホームランも見事だったし、（上本）崇司もしっかりあそこ（五回1死一、三塁）で転がしてくれた。まあでも、アンディー（アンダーソン）がナイスピッチングだった。真っすぐが良かった」

◆九回は矢崎ではなく島内に任せる

「（八回に登板した）ニック（ターリー）も3連投になったけど、（前日まで2連投の）矢崎は少し球数が多かった。昨日は23球投げていた。ニックは13球だった。明日は休みということで、僅差になったらいけると言ってくれていた。矢崎も言ってくれていたが、球数を考慮した」

◆島内がプロ初セーブ

「頼もしい。今日も九回で2点差という厳しい場面だったが、走者を出しても落ち着いていた」

◆貯金2で30日から交流戦へ

「ガンガンいってくれればいい。結果は私だけが受け止めればいい。選手は何も気にすることなく、ガンガンいってほしい」

オリックス 広島 4 ― 0 **5/30（火）**

## （対オリ山本）受け身になっていなかった

◆7回2失点の大瀬良を

「ナイスピッチング。しっかり試合をつくってくれた」

◆8回無得点に封じられた山本について

「球界を代表する投手にいい投球をされるとなかなか打てるもんじゃない。特にフォークの精度がすごく良かった。投げミスがほとんどなかった。うちはヒット2本だが、反応の仕方を見たら、良かったと思う。受け身になっていなかった」

◆直球を狙っていったのかと問われ

「真っすぐに入っていって、浮いたフォークという入り。ストライクのフォークの投げミスがなかった」

◆右打者との相性が悪い山本に対し、4番マクブルームを外す

また次に向かって準備してもらいたい」

◆中日の柳に今季初勝利を献上

「低め低めに集まっていた。なかなかビッグイニングがあると流れ的にもちょっと厳しくなる」

◆七回1死から林が2失策の後、中崎が3ランを浴びる

「1回で5アウトを取らないといけないとなると投手は苦しくなる。ザキ（中崎）はいい球がいっていた。（林）晃汰はしっかり練習して試合の中で上達してもらいたい。気持ちは攻めていってほしい」

◆2軍で登板した栗林の1軍復帰時期を問われ

「彼がいけるというタイミングで考えている。任せている」

広島 ヤクルト 6 ― 4 **5/26（金）**

## （島内の好救援）ポイントになった

◆プロ初先発の黒原について

「躍動感があったし、しっかりと腕が振れていた。打者との勝負ができているように見えた。（今後は他の投手との）兼ね合いもあるが、先発の資質を感じた。またチャンスがあれば、見てみたいと思わせるような球だった」

◆序盤に6点を奪った打線をたたえる

「しっかりと1打席目から、みんな集中力を持っていい攻撃ができた」

◆イニングまたぎした島内の投球に目を見張り

「（球場が）沸いている場面で行って抑えて、またスイッチを入れるのは大変だと思う。本当にナイスピッチングだった。あそこはポイントになったんじゃないですか。流れをグッとあっち側に行かせなかった」

◆田中の猛打賞が3年ぶりだったと聞き

「そうなの？　まだまだたくさん猛打賞してもらいましょう」

広島 ヤクルト 4 ― 1 **5/27（土）**

## 勝ちを付けたい気持ちが表れた

◆7回無失点、105球で交代した森下の初勝利をうれしそうに

「2週間のビジターだったが、選手は本当によく頑張った。週明けからマツダで1週間やれる」

中日 広島 3 ― 1 **5/23（火）**

## （林・中村貴）いいもの見せた

◆大瀬良は五回までは2安打無失点

「いいボールが行っていたと思うし、しっかりゲームをつくってくれた」

◆七回は2死走者なしからの2失点

「それも野球だから。あそこは点を取られるまでは大地に任せたというこちらの判断」

◆林が今季初本塁打

「すごく大きな本塁打だったね、完璧に捉えて。最終回のマルティネスにもナイスバッティングだったと思う。中村貴にしても初ヒットを打って、2人ともいいものを見せてくれた」

◆2点目を取れなかった

「チャンスをつくって、いい感じで捉えているんだけど、正面に行ったり、捕られたりという形だった。そこはまた明日」

◆打線は主力と若手をどう組み合わせていくか

「ベテランと中堅と若手と外国人選手。そこがうまくバランス良くかみ合ってくれれば、またいいものをお見せできると思う」

広島 中日 6 ― 2 **5/24（水）**

## 坂倉 状態上がってきた

◆一回に西川と坂倉の2ランなどで一挙5点

「先制攻撃が流れの上で大きかった。西川は技術が高いし、状況を踏まえた打撃ができる選手なので、狙った球を最高の形で仕留めてくれた。ナイスホームラン。坂倉も状態が上がってきている。特に最後（八回の右前打）は真っすぐを自分のポイントで捉えた。捕手（専念の今季）はやることがたくさんあるし、体も頭も疲れる。重労働で難しかったと思う。でも徐々にらしさが出てきている。本来の打撃だった」

◆九里が7回1失点で対中日に開幕から3連勝

「しっかりと試合をつくってくれた。内容もよかった。完封した前回対戦（10日）の時ほど調子は良さそうではなかったが、頼もしい」

◆中村貴が三回、1ボール2ストライクから右前適時打でプロ初打点

「カウントによって対応の仕方を変えるなど、ルーキーらしからぬ対応力だと思う」

中日 広島 8 ― 2 **5/25（木）**

## （コルニエル）荒々しさ出して

◆5回5失点でKOのコルニエルについて

「もう少し彼の良さである荒々しさを出してもいいんじゃないかと見える。今日の映像を見直して、

に戻ってきてから良くなってきている。また次に期待したい」

◆アンダーソンのアクシデントを説明

「右脚がつった感じ。（次回登板は）明日、トレーナーの報告を聞いてからかな。今の段階では、はっきりしたことは言えない」

◆2戦続けてスタメン起用した曽根について

「練習でもしっかりと振れていた。肩の強さや守備範囲の広さも考えて、攻撃で足を使いたいというのもあった」

◆交流戦2カード連続負け越しとなり

「差は感じていない。だから悔しい。今日はちょっとした球際の差だったと思う。相手のナイス守備やナイス判断があった。少し運がなかった。オリックス、ソフトバンクとパ・リーグの強いチームと戦ってみて、手応えはある」

広島 日本ハム
3 ― 2
## 6/6(火)

## (栗林)状態上がっている

◆八回2死走者なしからの逆転劇を喜び

「終盤に逆転勝ちができていい勝ち方だった。内容的にもすごく良かった。みんなが頑張ってくれた」

◆七回を抑えた栗林が勝利投手

「この前の試合は不運が重なってしまったが、登板を重ねるごとに状態は上がってきている。結果に一喜一憂せず、どんどん上げていってもらいたい。（当面の起用法は）いろいろ考えながら。島内、矢崎、ターリーの中に栗林が入ってこの4人で起用していきたい」

◆大瀬良の力投に

「よく粘った。松本（剛）君の本塁打は打った方を褒めるしかない。内角の難しい球だった。アツ（会沢）も粘りのいいリードだった」

◆応援団が内野席に陣取る独特な球場

「すごく声が聞こえる。高い位置からなので音が（耳に）入ってきてすごく盛り上がる。ファンの方も盛り上がるんじゃないですか」

投手は打席に立って肌で体感しないと分からない。（若手は）一流との対戦を糧にして成長していってもらいたい」

◆オープン戦で山下から安打を放っている西川を1番に起用

「いや、いや龍馬は何番でも対応できるから、ラインアップと確率を考えたときに龍馬が1番ということ」

ソフトバンク 広島
5 ― 1
## 6/2(金)

## (栗林)いい再スタート

◆左肘の炎症から復帰登板となった床田の投球に

「しっかりとゲームをつくっている。良かったんじゃないですか」

◆七回に登板した栗林が無失点に抑え

「（1軍に）帰ってきて、初めての登板になったけど、いい再スタートが切れたかな。球自体は戻ってきている。状態が上がってきているように見える。（守護神復帰には）また登板していく中で状態を上げていってもらいたいな、と思う」

◆1点止まりだった打線について問われると、ゆっくりと言葉を選びながら

「要所、要所でいい当たりもあったし。まあ紙一重というか、そういうところかな。マクブルームもだんだんと状態が上がっているなと見えるので。また期待したい」

広島 ソフトバンク
4 ― 2
## 6/3(土)

## (森下は)打って良し、投げて良し。大活躍

◆「ははは」と笑いながら、試合後の記者会見場へ

「まずは森下が素晴らしい投球だった。打って良し、投げて良し。大活躍。リードした会沢もいろんな球種を四隅に投げさせた。的を絞らせない、いいリードだった」

◆最後は島内が救った

「本当に難しい場面。向こうに勢いが完全にいっている中で、あの打順、展開でよく抑えてくれた」

◆六回、林が失策。直後の打席で二塁打を放ち、追加点につなげる

「ミスした次が大切。取り返す気持ちを見せてくれた。若い選手はミスをできると言ったらおかしいけど、特権だと思う。そこをとやかく言うつもりはない」

◆2019年以来となるソフトバンク戦の勝利

「そうなの。そんなの関係ないから。私、知らないですから」

ソフトバンク 広島
3 ― 2
## 6/4(日)

## (栗林は)不運が続いた

◆5敗目を喫した栗林について

「彼にとっては不運が続いた。ボール自体は1軍

「ここ数試合の打席での内容を見て、総合的に判断した」

広島 オリックス
3 ― 1
## 5/31(水)

## (九里)今日もナイス
## (秋山)本当に頼りになる

◆九里の力投に目を細め

「すべての球種を低めに集めて、今日もナイスピッチングだったと思います」

◆秋山の決勝3ランを喜び

「アキに何とかかえしてくれーと思っていたら最高の結果を出してくれた。本当に頼りになるなと思います」

◆1軍に復帰した栗林の起用は九回に限らないのかと問われ

「最初はね。今は矢崎、島内、ニック（ターリー）も頑張ってくれて、その中に入って、徐々に上げていこうという話を彼としています」

◆オリックス戦の連敗をストップ

「チームにとっても大きいし、今日もたくさん平日なのにスタンドにカープファンの方が応援しに来てくれて、勝利を届けることができて良かったと思います。自分が引退してからずっと勝ってないんでしょ。私1年目ですし、全然知らないですし関係ないから」

オリックス 広島
9 ― 2
## 6/1(木)

## 反省して次回に備えて

◆五回に崩れたコルニエルについて

「立ち上がりからいい投球だった。反省するところは反省して次回に備えてほしい」

◆山下の印象を問われ

「そりゃまだ負けなしでしょ。9回投げて1点も取られない投手だからいい投手だなと思いましたね。ただ彼の速い直球に対して、各打者がいい反応をしていたんじゃないかなと思う」

◆韮沢、林、羽月と若手を先発起用するなど左打者を8人並べる

「キク（菊池）とかは休養を与えながらと、こっちも思っている。（打線は）真っすぐに強いという点を基準に選んでいったという感じかな。いい

広島 日本ハム
1 − 0
## 6/7(水)

### (坂倉)ナイスホームラン

◆九里が好投し5勝目
「ストライク先行がずっとできているよね。低めに球を集め、球を動かしながら本当にナイスピッチングだった。サク(坂倉)もよく引っ張っていたし、ナイスホームラン」
◆好守を連発し、ロースコアの接戦を制す
「バッテリー中心に守り勝った試合だと思う。キク(菊池)もすごいプレーだったし、最後の矢野もそう。キクはどこの球場でもホームグラウンドのようなプレーをする」
◆4番に松山が入り、マクブルームを初めて6番で起用
「相手投手は左打者の方が被打率が高く、右打者は少し分が悪い。なかなか簡単には打てないということで、いろいろ打線の流れを考えて組み方を変えた」
◆交流戦初の2連勝
「昨日といい、今日といい、選手が頑張ってくれて二つ取れたので、また明日も頑張りたい」

広島 日本ハム
7 − 2
## 6/8(木)

### (野間)良くなっている

◆コルニエルが7回を2失点で先発初勝利
「変化球でカウントが取れなくて、苦しい立ち上がりだったが、尻上がりに良くなって、ナイスピッチングだった」
◆今カードから1軍復帰した野間が勝ち越し打
「だんだん内容も反応も良くなってきている。今日の最終打席も、彼のスイングはできているんじゃないかと、こっちは見ている。ナイスバッティングでした」
◆チームとして守備と走塁の意識が高い
「それはキャンプ、オープン戦から徹底してやってきた。開幕して、本当の公式戦に入って、選手一人一人に浸透してきている。足が速い遅いじゃない。勇気を持つ姿勢が、みんなに浸透している」
◆デビッドソンも2軍で好調
「もちろん私もチェックしているし、高監督の方からも報告もいただいている」

広島 ロッテ
3 − 2
## 6/9(金)

### 力付けている手応え感じる

◆床田が終盤まで好投
「素晴らしいピッチング。八回は気持ちが入って腕を振っていたので、あそこで代えようと。球数だけじゃなく、いろいろと考慮した中でね」
◆2死から全3得点
「みんなの気持ちの粘りが、ここ数試合の2死からの得点につながっている。戦いながらチームが力を付けている手応えを感じる」
◆パ・リーグで最多6勝の西野を攻略
「(西川)龍馬とアキ(秋山)が主導権を握れる安打を打ってくれた。特に龍馬の(七回の)2本目。あれはもう、追い込まれてから内角の素晴らしい真っすぐ。龍馬にしかできない技術の詰まったタイムリーだったと思います」
◆七回は野間の二盗が生きた
「アウトになっても、サインを出しているのはこっち。だんだんと勇気を持ってくれている」

ロッテ 広島
5 − 4
## 6/10(土)

### (救援陣は)難しかったと思う

◆八回、ターリーが追い付かれ、九回には栗林が打たれる
「(栗林は)仕方ない。思い切って行ってくれた。(ターリーも)いつも0点で帰ってこられるわけじゃない。毎回、頑張っている。先発投手は投げながら風の当たり具合とか調整できる。後から行く投手はなかなか感覚をつかむまで時間がない。難しかったと思う。そう見ている」
◆七回はマクブルームの打席で代打に野間を送る
「勝負を懸けるところだと思ったので、どんどん動いた。ライアンの反応の仕方も見た。野間も調子を上げてきている。まっちゃん(松山)が四球なのは分かっていたので、決めていた」
◆先発森下は7回3失点
「風があるからこの球場は難しい。よく粘って試合をつくってくれた」

ロッテ 広島
6 − 5
## 6/11(日)

### (黒原)肥やしに成長して

◆佐々木朗から2得点
「羽月もよく打ちましたね。この前(ソフトバンク戦)のモイネロの時も粘って出塁。若手もベテランも中堅も、みんなが頑張って最後の最後まで食らい付いた。負けはしたけど、そういう試合だった。デビッドソンも速い球をはじき返して、変化球も打っている」
◆先発の黒原には
「本塁打を打たれたが、先発して間もない。抑えても打たれても彼の場合は勉強。肥やしにして成長してほしい」
◆パ・リーグ首位チームに対し、粘り負け
「負けはしたけど、確実にチームが力を付けてきている。戦いながらチームが強くなっている。手応えがすごくあります」
◆最後に自ら切り出し
「関東でもすごくたくさんスタンドを真っ赤に染めてくれて、大声援を送ってくれた。ビジターチームなのに。ファンの皆さんの応援が選手はすごく力強かったと思う。感謝しています」

楽天 広島
6 − 3
## 6/13(火)

### 今まで試合をつくってくれていた

◆大瀬良が四回に崩れる
「まあでも今まで、なかなか援護が少ない中でずっと試合をつくってくれていたんで」
◆反撃した打線を問われ
「もちろんそうだよね。食らい付いていくという姿勢は出ていましたね」
◆六回、走路をはみ出してアウトになった野間のプレーについて抗議
「これはばっかりは審判の判断なので。3フィートと言われた。(野間が滑り込んだ)跡があったから『これは3フィートじゃないですよね』とは言いましたけど、そこはアンパイアのジャッジが優先なんで。ルール上(リクエスト対象ではなく)審判のジャッジということだったんでね。(展開に)影響しますよ。だから(抗議に)行きました」
◆林と末包が快打
「晃汰もナイスバッティングでしたし、スエも今季初打席で、よく打ちましたよね。ナイスバッティングだったと思います」

広島 楽天
4 − 3
## 6/14(水)

### 野間さんらしいヒット

◆しぶといサヨナラ勝ち
「(上本は)先頭で安打で出た。キク(菊池)もしっかり送って、最後は野間さんらしいサヨナラヒットでしたね。ヒットですか。ははは。彼はムードメーカー。チームを明るくする。引っ張っていくものを持っている」
◆野間は七回、犠打失敗後に適時二塁打
「失敗はあるんでね。取り返すチャンスがある。しっかり取り返してくれた。自分もたくさんミスをしてきた。次が大切。前へ前へと、やってほしい。特に試合中は。反省は試合が終わってからでいい」

巨人　広島
5 － 3
## 6/23(金)

## あともうちょっとだったね

◆交流戦後の初戦に競り負け。九回は反撃及ばず

「あともうちょっとだったね。（坂倉は）しっかりファーストスイングで速い真っすぐを完璧なホームラン。ナイスホームランだった」

◆先発の九里は先制を許しながら7回を3失点

「そんなに調子がいい方ではなかったけれど、粘りながら試合をつくってくれた」

◆八回に押し出し四球や犠飛で2失点した森浦の投球について

「大事にいき過ぎたか、攻め切れなかったか、どうかな。どういうメンタルでいったのか。そこは分かっていると思うので、本人に聞いてみたい。いろいろと自分なりに感じていると思う。しっかり今日の投球を分析してもらいたい」

広島　巨人
3 － 1
## 6/24(土)

## この1勝は大地にとっても大きい

◆7回無失点で3勝目の大瀬良を称賛

「ずっと我慢して、いい投球でゲームをつくってくれていたけど、援護をしてあげられなくて、勝ちが付かない状況は本人も苦しかったと思う。野手も何とかしたいと思っていたはず。この1勝はチームにとっても大地にとっても大きい」

◆前日に無安打の堂林を2試合連続で先発起用

「こっちもたまのスタメンで簡単に打てるとは思っていないんでね。今日も迷いなく普通にスタメン。追い込まれていたけど、いい本塁打だった。大地が投げる時は守備を固めたいというのもあるんでね」

◆四回1死二塁から上本が盗塁を決め、2点を追加

「あの盗塁はすごく大きかった。（直後に適時打を放った西川）龍馬も楽になったと思うし、一発で勇気を持って決めてくれた」

◆矢崎が九回を三者凡退で締めて10セーブ目

「経験を重ねるたびにたくましくなっている」

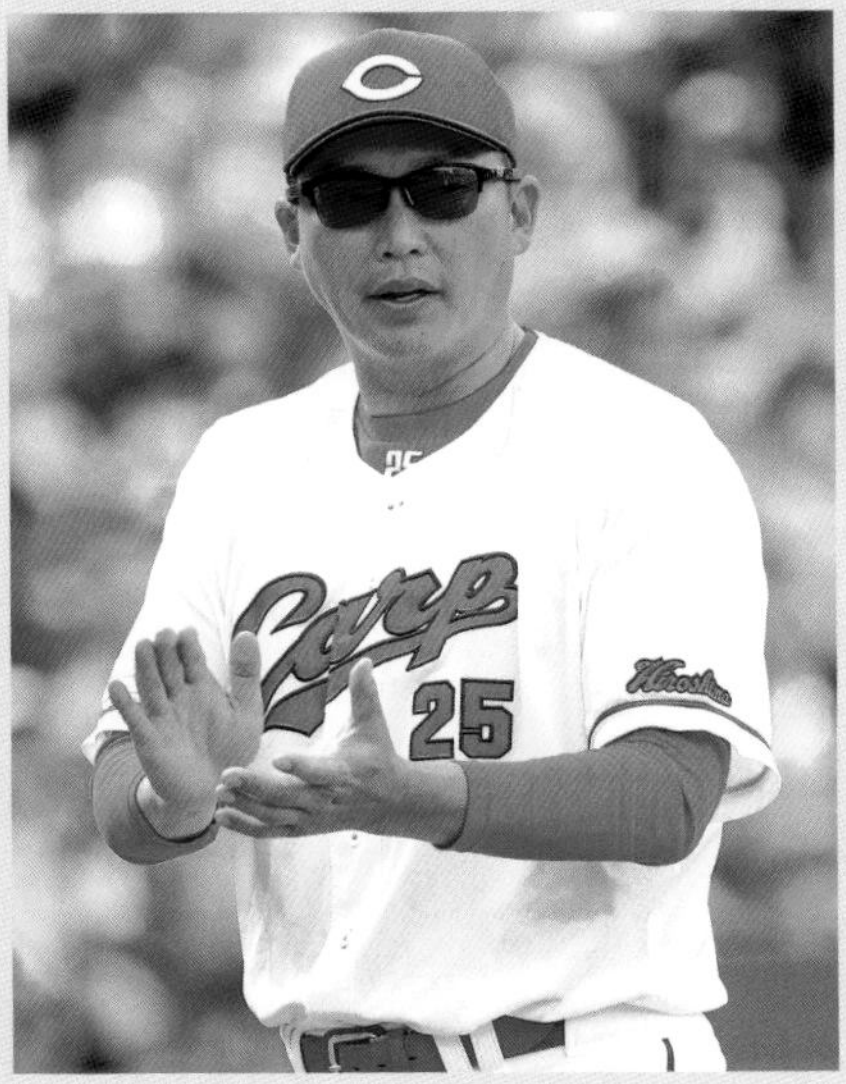


ング。アツ（会沢）もいいリードをしてくれた。15日に中継ぎ陣に負担がかかっていたので、長いイニングを頑張ってほしい、ブルペン陣も助けてと思っていた。最高の投球だった」

◆末包と堂林の連続ソロを上機嫌に

「追い込まれた中で末包がバックスクリーン、ドウ（堂林）が逆方向。あそこはしっかりとした捉え方をしないとホームランにならない。結果も良かったけど内容も抜群だと思う」

◆ターリーを抹消

「登板数が多いし、疲労もたまっているように見えたので、リフレッシュしてもらう。自分も（ベンチに）いたら使ってしまいたくなるから。（27日の）DeNAから待っているよと伝えた」

広島　西武
6 － 4
## 6/17(土)

## （本盗の場面）思い切ってスクイズ出した

◆一回、犠打も絡めて先制

「相手もいい投手で、こっちもいい投手。何とか先制して、主導権を握ってゲームを進めたかった」

◆四回は矢野がスクイズを試み、結果的には本盗となった

「2ボール2ストライク。フルカウントでもフォークを投げる投手で、フォークの可能性が十分ある、と。次打者は森下。仮に矢野がかえせなかったら、森下の打ち待ちになる。思い切ってスクイズを出した」

◆チーム盗塁数33はリーグトップに並んだ

「ひとえに選手のおかげ。常に次の塁を狙い、盗塁数だけでなく細かい走塁も。でも、まだまだ半分も終わってない」

◆交流戦は勝率5割以上が確定

「明日もいい投手。平良君でしょ。（うちには）ほぼ全部、表ローテの投手が先発する。スーパーピッチャーが来たりね。こういう結果が出ているというのは、選手の頑張りのおかげです」

西武　広島
11 － 4
## 6/18(日)

## 抑えても打たれても勉強

◆初先発の河野は援護点をもらいながら粘れなかった

「立ち上がりから緊張していたと思うが、落ち着いて投げているなという印象。打たれたボールはちょっと甘く入っている。そこも勉強。抑えても打たれても勉強なので、今後の糧にしてもらいたい」

◆中継ぎ陣も失点を重ねる

「どこがどうだった、というのは本人が分かっていると思う。しっかり修正して練習して、また次のマウンドに上がってもらいたい」

◆交流戦を勝率5割で終える

「ほぼ、どこのチームも表ローテだったが、選手の頑張りでいい戦いができた。交流戦が始まる前と終わった今とでは、間違いなくチーム力は上がっていると思う。しっかり休んで、また金曜日からの試合を楽しみにしている」

◆先発九里には

「相手の再三の好守で嫌な流れだった。流れを向こうに渡さないピッチングが、サヨナラ勝ちを引き寄せた」

◆交流戦優勝のチャンスも残る

「チャンスがあるから狙うに決まっている。当たり前やん」

楽天　広島
11 － 7
## 6/15(木)

## みんな諦めていなかった

◆6点差を一度は逆転した打線を褒める

「序盤から苦しい展開にはなったが、みんな諦めていなかった。一回ひっくり返したというのは、みんな自信にしてもらいたい」

◆2番手以降の投手の踏ん張りを評価

「（中村）祐太、大道、森浦、ターリーもそう。厳しい展開で、投手が頑張ってくれたので、攻撃につながった」

◆代打や代走をつぎ込んだ攻めの采配に

「序盤からあれだけビハインドの展開だったので、どんどん攻めていくしかない。どんどん起用した」

◆2失点の栗林について

「彼が一番マウンドの上で感じていると思う。その辺は微調整して、修正して、次のマウンドに上がってほしい」

◆先発コルニエルには投球テンポを指摘

「全体的にボールが高い。初回から連打や四球でテンポも良くなかった」

広島　西武
2 － 0
## 6/16(金)

## 床田に尽きる。最高の投球だった

◆床田の完封勝利に口調も滑らか

「床田に尽きる。期待通りの投球でナイスピッチ

## 広島 巨人 3－2 6/25(日)

### 自信になるいい勝ち方

◆先発森は5回2失点で勝ち投手に

「本当によく頑張った。期待通りの投球。前回は中継ぎで打たれたけど、ボール自体は良くなっている」

◆追加点を取れず、接戦になった

「欲を言ったらきりがない。1点差ゲームを何とかみんなで頑張って守り勝った。自信になるいい勝ち方だった」

◆デビッドソンの一発は

「バットの先寄りだったがよく飛んだ。（飛距離は）彼の持ち味。みんなうれしかったけど、彼が一番うれしかったと思う」

◆不振の秋山について

「取り組む姿勢は誰もが認めるお手本。調子の波は関係なく、いつも準備している。（調子が）上がってくるのは時間の問題。開幕からアキ（秋山）で何試合も勝たせてもらっている。アキが思うような状態ではないとき、みんなが助けようと思っている。それがチームプレー」

## 広島 DeNA 3－2 6/27(火)

### （秋山）最高の 仕事をしてくれた

◆八回、決勝の犠飛を放った秋山に

「いやもう、あの場面で最高の仕事をしてくれた。素晴らしいバッティングをしてくれた。先頭のキク（菊池）も、何とか塁に出たいというのが伝わってきた。野間もしっかりと送ってくれた。今、何とかチームで秋山さんをカバーしようという空気になっている。それが結束力にもなるから」

◆先発床田は7回2失点

「勢いもある強力なベイスターズ打線を相手に、ヒットを打たれながらも要所を締めた」

◆休養明けのターリーが好投

「いいボールがいってたね。頼もしい。しっかり走り込み、リカバリーをしながら状態を上げてきた。それが出ていた」

◆2試合続けて1点差勝利

「チームに力が付いてきている証拠。ましてや今一番勢いのあるベイスターズ。先制されたけど、逆転で僅差で勝ち切った」

## 広島 DeNA 6－2 6/28(水)

### 本塁打 予想以上の結果

◆森下の投打での活躍に

「元々打撃は良いが、本塁打は予想以上の結果。序盤からアツ（会沢）があまりないリードをやっていて良かった。ナイスピッチングでナイスバッティング」

◆デビッドソンが2本の長打を放つなど調子を上げ

「スイングの軌道が変わっているし、タイミングも自分の間で振れるようになっている。以前より低めが我慢できている」

◆九回を三者凡退の栗林の守護神復帰を問われ

「直球で空振りを取れているし、手応えはあるんじゃないかな。矢崎も頑張っているからニック（ターリー）、矢崎、栗林、島内でうまく疲労を軽減しながら、起用していきたい」

◆ジェット風船が4年ぶりに復活

「風船を準備している段階で、スタンドの盛り上がりはベンチにも伝わってきた。何万人ものファンの一斉の共同作業というか、久しぶりにすごく盛り上がったんじゃないですか」

## 広島 DeNA 5－3 6/29(木)

### チームに反発力が ついている

◆先発野村について

「彼にとっては開幕。雨でコンディションが悪い中、緊張したと思うが100点の投球をしてくれた。（6回降板は）初登板で、普通より疲労すると思ったし、いいところで代えてあげたかった。もちろん次も期待して送り出したい」

◆追い付かれた七回に勝ち越し。5連勝で2位DeNAと1.5ゲーム差

「すぐ裏に突き放せた。チームに反発力がついていると感じる。ここだ、というポイントで集中力を高めて、点数を入れてくれる。頼もしいし、力をつけてくれているなと思う。守りから戻ってきた選手の表情、雰囲気を見ても『よし、もう一丁やってやるぞ』という空気になっている。すごくいいと感じる」

◆シーズン70試合を終え

「選手も役目や出番など、こうなったら、こういう風に仕掛けるなとか、出番があるなとか、先が読めるようになっているんじゃないか。メンタル的な準備もできてきていると思う」

## 広島 ヤクルト 8－0 6/30(金)

### 九里も野手陣も 素晴らしい試合

◆先発の九里が今季2度目の完封勝利

「移動日試合で金曜日で、ブルペンも助けてくれた。毎回言っているが、ナイスピッチングとしか言いようがない」

◆先制アーチの坂倉は打撃が上向いてきた

「最初はキャッチャーは重労働なので、1年間ブランクもあるし大変だと思ったが、キャッチング、リードと自分が思っていたよりも早く成長してくれている。慣れて彼本来のスイングも出てきている。当初の想定よりも、はるかに成長するスピードが速いのでうれしい」

◆6連勝で上位も見えてきた

「そこはまだまだ。残り試合はたくさんある。目の前の一試合を、というその繰り返し。本当に今日、私は何もしていませんので。九里をはじめ、野手陣も点を取って、非常に素晴らしい試合だった」

## ヤクルト 広島 3－2 7/1(土)

### 大瀬良 献身的な姿

◆1点届かず、連勝が6で止まり

「（大瀬良）大地は（一回の）サンタナのところだけ。コースは甘く入っているけれど、あの高さを持っていかれたというのは、相手が良いスイングだったということ。ブルペンも、みんな耐えてくれた」

◆三回には大瀬良が二盗を決め

「試合前から、チャンスがあったら行くよ、と言っていた。勇気を持ってスタートを切ってくれていた。投げるだけじゃない。何でもいいからチームに貢献したいという献身的な姿がエースなんだと思います」

◆ターリーがベンチを外れ

「脚の違和感。ちょっと様子を見て。日にちが欲しいということなので。（登録）抹消まではいかない」

## ヤクルト 広島 4－2 7/2(日)

### （森は） 前回より球は良かった

◆森が逆転3ランを浴びて連敗。うなずきながら

「（森は）前回の初先発より、投げている球は良かった。彼は抑えても打たれても勉強だからね。また次の登板を期待したい」

◆ヤクルト先発の高橋を打ち崩せず

「そんなに簡単に連打できるような投手ではない。それよりも、最後にあともうちょっとのところまで追い上げた。（西川）龍馬もナイスバッティングだったけれど、相手の左翼手を褒めるしかない。そんなプレーだった。最後まで諦めず、惜しかったけれど、あそこは相手のプレーが素晴らしかった」

◆4カードぶりの3連戦負け越し

「一戦、一戦ということで、連敗とかは全然関係ない。明日しっかりと休んで、また火曜日からみんな一緒に頑張りたい」

## 広島 阪神 9－1 7/4(火)

### 新しい広輔を 見せてくれている

はタイミングが合っていて、良いファウルだった」

広島　中日
3 － 2　**7/9**(日)

## (西川)素晴らしい打席だった

◆西川の本塁打を喜び
「大きかったねえ。連敗できていたので、先制できたのもすごく大きかった。技術的なものと、駆け引き、読み。素晴らしい打席だった」
◆2勝目の森を高評価
「投げるたびに力を付けている。前回も球自体は良かった。今日は制球面も前回より良かった。坂倉のリードも、違った組み立て方をしていた」
◆救援陣をたたえ
「苦しかったと思うが、本当に耐えてくれた。ニック(ターリー)が昨日球数を投げていたので、今日は六回栗林、七回ザキ(中崎)と決めていた。(中崎は失点したが)フォークをシュート回転させながら外角低めへ、意図した場所に投げている。打った打者を褒めるべきだ」
◆11日からの巨人戦へ
「順位はまだまだ気にする必要はない。カード頭をしっかり取れるように、明日しっかり休んで備える」

巨人　広島
4 － 0　**7/11**(火)

## 床田でもそういった日はある

◆床田がソロ3発で失点を重ね
「いつもより少し球が高かったなという感じはあるけれど、相手がすごく積極的にスイングしてきていた。トコ(床田)でもそういった日はある。中5日で(前半戦の)最終戦に行ってもらうので、期待したいと思います」
◆打線は1点も奪えず
「相手の投手が低めへ球を集めていた。そこを見極めないと術中にはまる。次の対戦ではどんどん仕掛けていくのか、対策を考えていきたい」
◆西川が六回でベンチに下がり
「ちょっと右の脇を、スイングした時に痛めたように感じたので、代えました。明日以降は状態を見てから」
◆菊池は右腕に死球
「ちょっと当たり方がね。(衝撃を)全部吸収していたから。明日の様子を見てからですね」

広島　巨人
2 － 0　**7/12**(水)

## 本当にみんなで勝った試合

◆森下が完封勝利
「調子がいい方ではなかったと思うが、要所を締めながら、最高の一ゴロだった。全員で勝った試合」
◆西日本豪雨から5年
「被災された方の心の傷は何年たっても変わっていないと思う。私たちはグラウンドでいいプレーをして喜んでもらうしかできない。少しでも楽しんでもらえたらうれしいです」

中日　広島
8 － 0　**7/7**(金)

## そういうときもある

◆九里が乱調
「今まではいい投球をしてくれているんでね。今日は九里の日じゃなかった。またしっかり切り替えて、次の登板に備えてもらいたい」
◆一回無死二塁で野間がバントを失敗
「それは、たらればになるからね。各自、分かっていると思う。相手もこっちもいい投手。ゲームプランはロースコア。一回からあの形にしました」
◆5日の阪神・大竹に続いて左腕に完封を許す
「そこは気にならない。今日は安打3本。捉えた当たりがたくさんあった。過剰に意識する必要はない。(3併殺は)それも野球。そういうときもある。明日の試合が大事」
◆上本を今季初めて5番に起用
「打線のつながり。いろいろ仕掛けて動いている。いろいろあるけど、言えない。チャンスに強いし、いろいろできるから崇司を5番に。ヒットはなかったけど、どの打席も内容的に良かったと思う」

中日　広島
5 － 1　**7/8**(土)

## (大瀬良)試合つくってくれた

◆大瀬良は7回3失点
「試合はつくってくれたと思いますよ」
◆2点を追う八回に勝ち継投のターリーを送り出し
「まだ何とか粘って、ゼロに抑えて攻撃につなげたかったというのはある。九回に相手は絶対的な守護神がいるので、八回に(1点でも与えたくない)という考え」
◆九回2死満塁で代打に大盛
「マルティネスの強くて速い直球に対し、大盛は直球に強いから起用した。惜しかったね。2球目

◆打線が一回に5得点。秋山の犠打も効果的
「いい攻撃だった。バントは基本的に一回からやらないと言っているが、絶対にやらないとは言ってないからね」
◆対右打者の相性が悪い西勇に、左打者を並べた
「もちろん被打率は分かっているけど、うちの左バッターはレベルが高い。一概に数字だけでは当てはまらない」
◆西川が5打点
「本当に勝負強い4番のバッティングをしてくれている。頼りになる」
◆3ランの田中には
「強く引っ張った、彼の持ち味というか、いいホームラン。復活というより、新しい広輔を見せてくれている」
◆7勝目を挙げた床田を称賛
「さすがのピッチングだった」

阪神　広島
2 － 0　**7/5**(水)

## 違ったプランを立てる

◆4度目の対戦でも大竹を打ちあぐね
「いいアプローチをした打球もあった。前回より内容的には良かった」
◆大竹に打率3割超の上本ではなく、小園を先発起用
「左打者のほうが、5分くらい被打率で分がいいというのもあった。(上本)崇司は勝負強いから代打でもいけるので」
◆今後の対策は
「それはまた映像を見直して、打撃コーチと話をする。まだ何回も対戦があると思うので、違ったプランを立ててやっていく」
◆6回2失点の森下について
「今日は調子が良くはなかったが粘って要所を抑えてゲームをつくってくれた。ナイスピッチングだった」
◆球数が100球を超えた森下を六回も続投
「水曜日というのもあるし、ブルペンのことも考えもう1回いってもらった」

広島　阪神
4 － 0　**7/6**(木)

## (首位阪神に勝ち越し)みんな自信にしていい

◆首位阪神に勝ち越し
「また一つ、みんな自信にしていい。交流戦を一丸で戦い、チーム力が上がっている」
◆野村が6回無失点
「6回で代えるのは決めていた。いい時に代えてあげたい。気持ちを切らさず、ファームでやってきてくれた。それが前回も今回もマウンドで出た」
◆小園は先制2ラン
「ポテンシャルは誰もが認めている。どう開花させるかはこっちの仕事。すぐカンカン打てるとは思っていない。甘くない。前は打てなかったら、そっちに引っ張られていた。守ることは別と考えられるようになってきた」
◆八回には追加点
「後から出ていく選手も役割を果たした。羽月もよく走ってくれた。菊池も送り、野間も追い込ま

**広島　中日**
**5 ― 3**
# 7/22(土)

## (4番上本)オンリーワンの選手

◆6勝目の森下について
「今日も大車輪の活躍だった。七回の打席も、球数的にも迷わずに」
◆上本を4番に抜てき
「左がずっと並ぶというのもあった。(上本)崇司はチャンスメークできるし、つなげることもできるし、勝負強さもある。本当にオンリーワンの選手だ」
◆小窪コーチが一塁、赤松コーチが三塁、横山コーチがブルペン、菊地原コーチがベンチとそれぞれ役割を変更した
「場所を変えることで、見える景色が違う。新しい景色の中で感じたこと、気付いたことをフィードバックしてほしいと伝えた。ネガティブではない。チームの状態はいい。その中で動かすのは勇気のいることだが、もっともっと良くなると思っている。まだまだ強くなると思っている」
◆菊池は欠場
「(左の)腹斜筋の張りが強いということで、無理はさせない。回復するまで状態を見ていく」

**広島　中日**
**3 ― 1**
# 7/23(日)

## 選手が勝負どころ分かっている

◆3季ぶりの7連勝に
「選手が勝負どころを分かっている。後から出る選手も役割を分かってくれた上で準備できている」
◆大瀬良が4勝目
「要所を締めながら、素晴らしい投球。開幕して、ずっといい投球をしてくれている」
◆矢崎の疲労を考慮し、九回に栗林を投入
「矢崎には試合前の練習で伝えた。栗林の状態が上がっているし、いろいろ加味して。(ダブルストッパー構想については)今後は状況、状態を見極めて柔軟に起用する。勝負を懸ける時は何連投も行ってもらわないといけないから」
◆1番に小園を起用
「仕掛けていきたい、動かしていきたい、と。今の彼にとって居心地がいい場所なのかな」
◆六回はデビッドソンに代打松山
「大地に勝ちを付けたいというのもあったし、次の1点がすごく大事だなと。勝負を懸けた。もう、そういう時期じゃないかな」

**広島　ヤクルト**
**6 ― 3**
# 7/25(火)

## まだまだ自分たちは強くなれる

◆打線の粘りで逆転勝ち
「追いかける展開になったが、みんな粘り強く

「(大瀬良)大地が素晴らしいピッチング。相手もエースなので、予想通りの展開。踏ん張って耐えてくれたので、サク(坂倉)の本塁打が出た」
◆復帰の菊池が4番
「左打者が続いてしまうのが、ちょっといやだった。あそこに入ると、打者の時も、走者の時も、いろいろ動きが出せるので」
◆送り出す選手が期待通りの働きをし
「栗林も矢崎も踏ん張ってくれた。あとアツ(会沢)ね。ここまでベンチを温めるのは初めての経験だと思う。ぐっとこらえて、チームのためにいつも準備してくれている。素晴らしい犠飛だった」
◆2位DeNAに肉薄
「前半戦の残り二つをみんなで頑張って戦いたい」

**広島　DeNA**
**3 ― 2**
# 7/16(日)

## 全員に意識の高さ

◆連夜の接戦を制し
「本当にみんなの力だと思う。球際が強くなっており、走塁でも隙があったら突いてやるという意識の高さが全員に見える。まずは(野村)祐輔がきょうもナイスピッチングだった」
◆早めに継投へ突入
「(81球と)球数的にはもう少しいけたかもしれないが、午後5時開始ですごく暑い。消耗度合いも考えて」
◆六回2死一、三塁から二塁打を浴びたが一塁走者の生還を阻み、八回は敵失を逃さず勝ち越し
「ここしかないという中継プレーだった。サク(坂倉)はうまくタッチした。小園も球際が強くなっている。ミスを突くのは大切。もらったチャンスで取り切った」
◆デビッドソンに待望の一発
「彼はすごく勤勉。現状を打破したいと、常に勉強し、練習している。徐々に結果に結び付いていることを自信にしてほしい」

**広島　DeNA**
**2 ― 1**
# 7/17(月)

## 小園らの守備などチームが成長

◆床田の好投、好打、好走塁に目を細め
「中5日でナイスピッチング。きょうはバッティングも素晴らしかった。(本塁への)走塁は一瞬の隙を突いて回した小窪コーチのファインプレーですね」
◆七回2死二塁で継投
「中5日、ランナーで走ってもいた。午後5時開始で暑さもある。同点ならば、白黒付けてこいの意味も込めて続投させていた」
◆栗林と矢崎が3連投
「3連戦の前に、前半戦残り三つだから3連投あるよ、と伝えていた。最後の3アウトを取るのは大変。矢崎はマウンドに上がるたびに、自信を付けてくれている。3試合連続で1点差かな。小園らの守備など、チームが成長している」
◆後半戦まで中4日
「オールスターに出る選手はけがに気を付けて楽しみ、あとの選手はしっかり休んでもらいたい。私のことは捜さないでください」

め、よく頑張って投げた。アツ(会沢)のリードも良かった。最後もそうだけど、バックもよく守ってくれた」
◆小園の2ランも効果的
「本塁打も素晴らしかったが、守る方でも球際が良かった。球際に強くなっている」
◆西川が離脱した試合での勝利は大きい
「本当にみんなで勝った試合。(故障という)起こってしまったことは仕方がない。変えられない。じゃあ、今からどうしていこうか、っていうことをね、考えるのが自分たちの仕事だと思っている」
◆4番デビッドソンは不発
「巨人はブルペンにいい左投手がたくさんいるので、あまり左打者を並べたくなかった。(今後の4番は)フレキシブルにやります」

**広島　巨人**
**6 ― 1**
# 7/13(木)

## (坂倉)想像を超えるペースで成長

◆接戦を制し、カード勝ち越し
「すごい試合だったね。九里が中5日でしっかりとゲームをつくってくれ、ブルペンも本当に耐えて耐えて、つないでつないで、最後の勝ちにつながった。今日は少々のビハインドの展開でも『ブルペン、行くぞ』と伝えていた」
◆延長十一回は併殺打で流れが止まりかけた
「サク(坂倉)がよく打ちましたね、本当に。投手を初回から引っ張ってくれて、サヨナラのピンチでもすごく引っ張ってくれた。ワンバウンドもしっかり体で止めて。彼にとってすごく大変なシーズンになると思ったが、こちらの想像をはるかに超えるペースで成長している」
◆右腕負傷の菊池も代打出場
「今日はバットは振れるけど、投げる方がきついということでね。明日また1日空く。その状態を見て、判断したい」

**広島　DeNA**
**2 ― 1**
# 7/15(土)

## 栗林も矢崎も踏ん張ってくれた

◆前カードの東京ドームに続き、打線が終盤につながる

**阪神　広島**
**4 — 2**
# 7/30（日）

## 大地が一番悔しいんじゃないかな

◆大瀬良の投球について
「粘って投げてくれたと思う。いいボールがいっていた。（六回の被弾は）大地が一番悔しいんじゃないかな」
◆伊藤将を攻略しきれなかった打線を悲観せず
「いいピッチャーなんで、そう簡単に連打はできないと思っていた。（八回に）若い選手がチャンスをつくって、ベテラン会沢がまた勝負強いところを見せてくれた。次につながる」
◆菊池が先発に復帰
「体の状態が問題ないということなんで、そこはすごく安心している」
◆阪神との首位攻防3連戦は2敗1分けに終わり
「ピッチャーも守りもいい。強いチームだなと思いましたね」
◆右脇腹を痛めて離脱中の西川の現状について
「（復帰の）時期は未定。もう少し時間がかかるという報告ですね。帰ってきたときはスタメン。見切り発車はしたくない」

**DeNA　広島**
**5 — 3**
# 8/1（火）

## こういう日もある。次回に期待したい

◆七回、96球の九里に代わって栗林を起用した采配について
「球数的には余裕があったが、ランナーを背負いながら粘って投げていたので。得点圏にランナーが行ったら、栗林に代えると決めていた。ずっといいピッチングを続けてくれているし、こういう日もある。投げているボールはいいので次回に期待したい」
◆苦手の今永に五回途中で90球を投げさせた攻撃について
「ヒットも出ているし、内容も良かった。打線も上向いてきている」
◆1番に戻った菊池が先頭打者本塁打含む2安打
「しっかりとスイングできているので安心している。ホームランもそうだし、他の打席の内容もすごく良かった」

**広島　DeNA**
**4 — 2**
# 8/2（水）

## 松山さんも足が速いですねえ

◆6回1失点と好投した先発の森を褒める
「いい投球だった。安打は打たれたけど、しっかりと腕が振れていたし、DeNAの強力打線に向かっていっていた」
◆八回に2四球と3安打で2点を奪う
「（適時内野安打した）松山さんも足が速いです

◆栗林を九回に投入し10連勝。真剣な表情で
「矢崎も連投だし、彼（栗林）も（青木に頭部死球を与えた）昨日の今日なので、すごく考えたと思うし、いろんな気持ちがあったと思うが、そこはもう、『いってもらうぞ』というふうに伝えていた。ナイスピッチングだった」
◆会沢が先制と勝ち越しの2打点
「先発マスクの機会は少なくなっているが、言われたところでいい仕事をしてくれる。リードも素晴らしかったし、勝負強い打撃を見せてくれた」
◆好調な投手陣を称賛
「床田は今日もナイスピッチングで、先発はしっかりと試合をつくってくれる。ブルペンもみんながいい働き。粘っているうちに流れがきて、数少ないチャンスで野手が点を取って、僅差の試合をこれだけ多く、勝ち切ることができているのはチーム全員の力だと思う。本当にいい戦いができている」

**阪神　広島**
**7 — 2**
# 7/28（金）

## まだ50試合以上ある。一戦一戦が大切

◆4回3失点で降板した先発野村について
「（味方の失策など）本当に不運が重なったけど、粘り強く投げてくれた。次の登板に期待したい」
◆小園と野間の失策が重なって逆転負け。2人を責めることはなく
「そこはね。どうこう言うことはない。エラーは絶対、野球にあるから。また次に期待したい」
◆後半戦初黒星。連勝が10で止まり、「明日の試合が大切になるか」と尋ねられ
「大切というか、まだ50試合以上ある。順位的なものは気にしてない。一戦一戦が大切。明日しっかり頑張りたい。全然、いい雰囲気ですよ。ケムナとか本当に久しぶりの登板。回またぎで本当に難しかったと思うし、また次に期待したい」

**阪神　広島**
**2 — 2**
# 7/29（土）

## 全員の頑張り。価値ある引き分け

◆六回に突然、降板した森下について
「まめができたみたい。次回の登板は回復具合を見てから決めていく」
◆適時打2本の小園を褒め
「本当にいいものを見せてくれた。彼は積極性が持ち味。ナイスバッティングでした」
◆終盤、菊池を起用し、総力戦で臨み
「キクは回復具合がいいので、あらかじめ、代走や守備は展開を見ていってもらうと伝えていた」
◆前日は失策で逆転負けしたが、ミスした選手にチャンスはあると言っていた言葉が現実になり
「全員の頑張りでね。価値ある引き分けだった」
◆矢崎は2イニング、いかせる予定だったのかと聞かれ
「勝ち越したらいってもらうよと言っていた。もう1回頑張ってくれと。最後まで残って応援してくれたレフトスタンドの皆さんもありがとうございます」

やってくれた。うちらしい、全員で勝ち取った勝利」
◆殊勲打のデビッドソンに
「彼が打った時はベンチ全員うれしそう。それは彼が日々、頑張っているから、あれだけ喜ぶんです」
◆六回は坂倉がバント安打で好機を演出
「彼は周りが見えているなと。三塁の守備位置をちゃんと見た上でね。素晴らしい仕掛けだった」
◆若手を先発に抜てき
「けが人がいる中で、若手はここがチャンスなんで、どんどんアピールしてもらいたい。みんながみんな、いいものを見せてくれている」
◆50勝にリーグ一番乗り
「選手が頑張ってくれているんで、一番乗りできたんじゃないですか。繰り返しになるけど、まだまだ自分たちは強くなれる」

**広島　ヤクルト**
**5 — 3**
# 7/26（水）

## 本当に選手の頑張りのおかげ

◆逆転3ランの末包に
「結果を気にせず、思い切ってやればいいから、と言っている。試合の中で成長してくれている。逆方向の一番深いところにホームランを打てる打者は少ない。どんどん積極的に振っていってもらいたい」
◆9連勝には
「本当に選手の頑張りのおかげで9連勝できた。（連夜の逆転勝利は）最後の最後まで諦めないという意思統一がなされている。何と言ってもブルペン陣。先発が最少失点、もしくは防げる失点は防いでいる。ブルペンが粘ってくれているうちに、こっちが追い付いて追い越している。打つ方がフォーカスされがちだけど、チーム全体の勝利」
◆頭部死球を受けた青木を心配し、試合後はヤクルトの関係者のところへ
「当然、栗林も心配ですし、青木選手もすごく心配です。本当に申し訳ないと思っています」

**広島　ヤクルト**
**4 — 1**
# 7/27（木）

## 勝ち切れるのは全員の力

ねえ。大きかった。安打は6本だけど、みんなで後ろの打者につないでつないで効率よく点が取れた」

◆上本の存在感と小園の走塁姿勢を称賛

「（上本は）欠かすことのできない貴重な選手。打点も挙げてくれたし、（犠打で）送ってくれた。小園は二回の走塁が素晴らしかった。彼本来の打撃になってきているけど、打球の判断と思い切りで走塁の方もいいものを見せてくれている。打つ、走る、守る全ての面で成長を感じた」

**広島 DeNA 0 － 0 8/3（木）**

## 床田に勝ちを付けたかった

◆12回を無失点に抑えた床田ら4投手をねぎらう

「床田はナイスピッチングだったし、勝ちを付けてあげたかった。本当に素晴らしい投球。ブルペンもすごく頑張ってくれた。残り試合が少なくなっていく中で価値ある引き分けだった」

◆バウアーに対し、1点が遠かった

「相手も研究してくるし、前回とは違った配球をしてきていた。そこはいたちごっこ」

◆自ら切り出し、若手のプレー姿勢を称賛

「十一回に大盛がよく走ったし、よくスタートを切った。それに守備でもたくさんいいプレーがあった。小園の攻撃的な守備も良かった。若手が守りで攻めていく中、難しい送球を経験のある（田中）広輔が（一塁で）フォローした。いい引き分けだった」

**広島 巨人 4 － 3 8/4（金）**

## よく打ってくれました

◆九回に打線が執念の逆転サヨナラ勝ち

「本当によく打ってくれましたね。小園も最後の松山さんも。先頭のキク（菊池）が出て野間、そしてアキ（秋山）もしっかり送ってくれて、みんなで勝ち取ったと思います」

◆九回無死一塁、強攻策で野間が安打

「相手が中川くんでいい投手。仮に送ったとしても選手が打つのを待つだけになるのが嫌だった。四球も選べますし、野間に懸けました」

◆デビッドソンが10号を放ち、救援陣は無失点

「よく粘ってくれましたね。（デビッドソンは）けがもだいぶ良くなってすぐ結果を出してくれるあたり頼もしい。本塁打っていいですね」

◆巨人戦16試合で13死球

「向こうも当てようと（思って）当てているわけじゃないんで、そこは分かっています。率直な意見で、少し多いかなというのは思います」

**広島 巨人 7 － 3 8/5（土）**

## 今日はもう玉村だ。力強さがあった

◆先発の玉村を絶賛

「今日はもう玉村だ。球に力強さがあった。飛ばしているなと見ていたが、最後まで球が生きていた。球数より、球が元気だったので、七回もいってもらった。ブルペンも助けてくれた」

◆日替わりヒーローが登場する展開に

「まさにその通り。そういうチームは強いし、チーム全体が盛り上がる。どんどん出てきてもらいたい」

◆デビッドソン、田中の本塁打に目を細める

「マットのはチームに元気をもたらしたし、広輔のも、すごく大きかった。マットは（脚を）痛めるまで打撃の状態は良かった。戻ってもその状態をキープしてくれている。内容もいいし、どんどんいってもらいたい」

◆原爆の日である6日の試合に向け

「野球が当たり前に毎日できることに感謝し、選手とともにやっていく」

**巨人 広島 13 － 0 8/6（日）**

## 特別な日に申し訳ない

◆投手陣が踏ん張れず

「流れがあっちに行っている展開で、ブルペンもすごく難しかった。河野は結果的にああいう形になったが、抑えても打たれても勉強。『次どうしていこう』と考え、少しずつ成長する」

◆岡本和に3本塁打

「素晴らしい打者だから、そう簡単には抑えられない。ですけど、次の対戦の時はとにかく向かっていってもらいたい」

◆巨人のメンデスについて

「クイックで投げたり、足を上げるタイミングを変えたり、工夫をしていると見受けられた」

◆監督として初の「ピースナイター」

「広島にとっては特別な日にこのような試合になって申し訳ない。私がしっかり反省して、また来週からしっかり戦っていきたい」

◆西川が2軍で実戦復帰

「まだ報告は受けていないが、順調なら呼びます」

**ヤクルト 広島 5 － 4 8/8（火）**

## 九里のリズムじゃなかった

◆先発の九里が序盤に崩れ

「彼のリズムじゃなかった。いつもいつも、いいピッチングができるわけじゃない。しっかり修正して、次の登板に備えてほしい」

◆約1カ月ぶりに西川が戦列復帰し

「問題なくプレーできていたので、そこは安心しています」

◆野間がベンチを外れ

「首の方を少しね。日曜日（6日）の試合、最後に少し出た時に痛めた。無理はさせられない。きょうは治療してくれという形。また明日の状態を見て判断したい」

◆中崎は右手に打球が直撃して降板

「状態がすごくいい。本人は行けますと言ったけれど、試合中はアドレナリンが出ている。こちらが止めました」

◆反撃は一歩届かず

「最後の最後まで、当然だけど諦めていなかった」

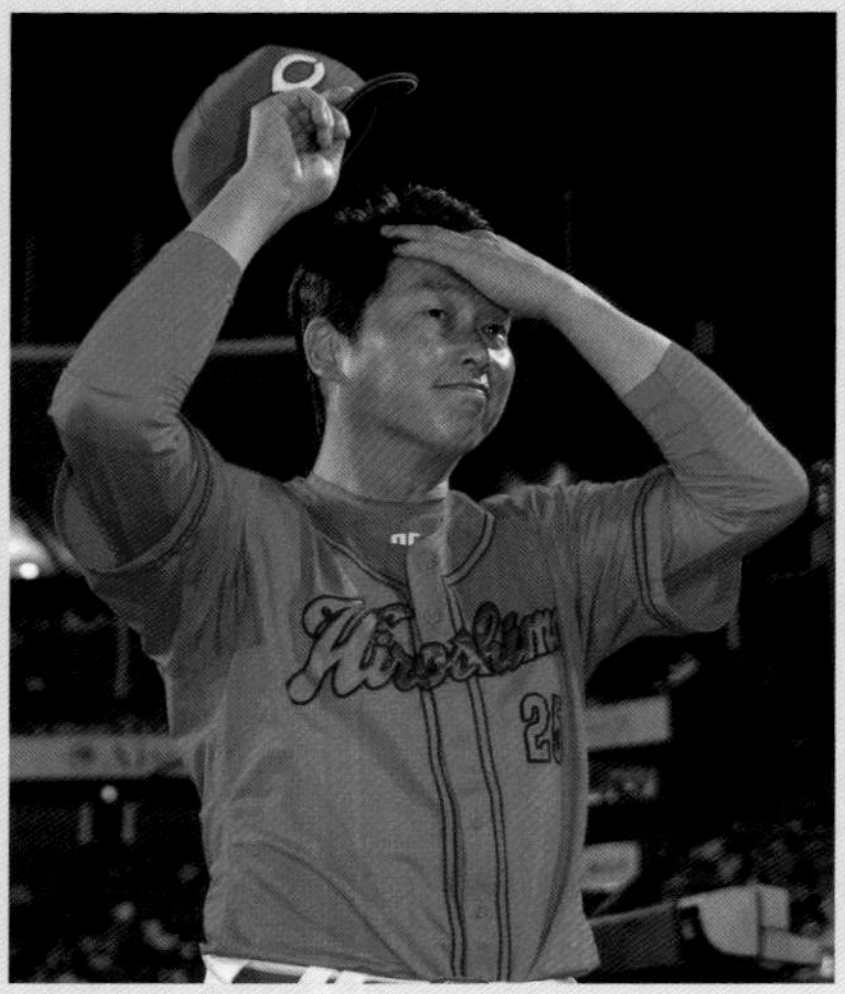

**ヤクルト 広島 11 － 5 8/9（水）**

## 良い悪いを繰り返しながら成長する

◆先発森が崩れ、3連敗

「ちょっとストライクが先行できずに、苦しい投球になっていた。前回は良かった。良かったり悪かったりを繰り返しながら、成長していくもんだと思うから」

◆中継ぎ陣も失点が止まらず

「なかなか展開的に難しかったね。それでも野手陣は最後までしっかり攻撃してくれた。守りでも矢野や小園にいいプレーがあった」

◆8失点しても、四回は森が続投

「森の経験ということもあるが、ブルペンのことを考えたらそう早くは代えられない。夏場は消耗が激しい。夏場はどうしても投手陣が苦しいから、野手陣が点を取って援護してあげたい」

**ヤクルト 広島 13 － 3 8/10（木）**

## （不振の秋山）今から上がってくると思う

いろ考えてくれて、選手も実行してくれた」

◆坂倉を一塁で起用

「彼には秋のキャンプから一塁はあると言っていた。大竹には左打者の方が打っているし、いろいろ考えた。今後もすべての可能性がある」

◆会見の最後に自ら切り出し

「大山がナイスプレーだったね。（西川）龍馬の（一直）も抜けたと思ったが、素晴らしいプレーで勢いが途切れた。ただ、うちの選手全員、気持ちが出ていた。どこが相手だろうが一戦一戦、全員野球で戦っていく」

## 広島 阪神 6－0 8/17（木）

## 上本・小園 替えの利かない選手。心配です

◆床田が完封勝利

「素晴らしい投球だった。ブルペンを助けてくれた。彼らしい投球だった。（九回の続投は）点差があるので、こちらは継投の考えもあった。床田は『そうですよね』と気を使っていたが、『この試合はお前が頑張ったので、（続投を）決める権利がある』と伝えた。それで『行かせてください』となった」

◆8番に菊池を入れるなど打順変更について

「相手投手との兼ね合いもある。うちはいろんな打順がある。全員で戦い、どれがベストかを考えていく」

◆上本、小園が途中交代

「心配です。小園は自打球がふくらはぎに当たった。（上本）崇司は走塁中にハムストリングを痛めた。心配です。替えの利かない選手。明日の状況を見てからになる。その後出た大盛、矢野も頑張ってくれた」

## 巨人 広島 5－4 8/18（金）

## 信頼 変わることはない

◆守護神矢崎が4試合連続失点

「彼も九回を頑張ってくれているので、初めての

## 中日 広島 2－1 8/13（日）

## （6連敗）全然つらくない 何でもどんとこい

◆打線が柳を全く打てず

「やっぱり良い投手に良い投球をされたら、なかなか打てるもんじゃない。今日の彼は本当に素晴らしいピッチングだった」

◆延長十回に堂林がマルティネスからソロを放ち

「防御率0・00の投手だからね。ナイスホームランでした」

◆3カ月ぶりの先発で好投した遠藤に自ら言及し

「新しく覚えたツーシームもしっかり投げていたし、久しぶりの登板だったけどナイスピッチングだった。彼は元々これくらいの力はあるので、自信にしてもらいたい」

◆今季ワーストを更新する6連敗。心境を問われ

「全然つらくない。関係ないから。何でもどんとこいという感じ。またあした休んで、あさってからに備えたい」

## 広島 阪神 7－6 8/15（火）

## 連敗 うちらしく全員で止めた

◆阪神との接戦を制し

「うちらしく、全員で戦って、全員で頑張って、全員で止めた連敗だったと思う。みんなすごく気持ちが入っていた。気持ちが伝わってきてうれしかった。皆さんも、島内のあんなガッツポーズなんて初めて見たでしょう。こっちも熱くなりましたよ」

◆小園を3番に抜てき

「走者を置いて打席に立ってほしかった。ずっといい打撃をしている」

◆先発大瀬良は誤算だった

「球自体はここ数試合で一番力があった。これまでとは違う攻め方をしていた。森下君がうまく打った」

◆最後は矢崎に託す

「彼も悔しさがあったと思う。信頼してマウンドに送り出している」

◆雨中のファンに感謝

「マツダスタジアムの応援が選手の背中を押してくれた。明日もたくさん応援してもらいたい」

## 阪神 広島 5－3 8/16（水）

## （自力V消滅） どうってことない

◆自力優勝の可能性が消滅し

「あくまで数字上のことだけ。まだ（優勝の）可能性はある。どうってことない。今日も惜しかったし、紙一重だった」

◆大竹から3得点した打線に

「対策的にはいいものが出た。打撃コーチもいろ

◆床田が3回7失点で降板

「いつも助けてもらっている。今日はトコ（床田）の日ではなかった。また次の登板で頑張ってもらいたい」

◆投手陣が乱調

「夏場ですごく疲れていると思う。チーム状態には波がある。今は底だと思う。後は上がっていくしかない」

◆初登板で好投した益田について

「いいものを見せてくれた。堂々としていた。投げっぷりもね」

◆打順の入れ替えや、選手の抜てきなど苦境での打開策は

「それはここでは言えないけど、今日もピーターズにはヒット自体は出ていた。それを得点につなげるために、後は私が考えたい」

◆3番秋山が不振

「チーム状態と一緒。個人にも波がある。今から上がってくると思う。アキについてもそこは信頼しているから」

## 中日 広島 3－3 8/11（金）

## 素晴らしいホームラン

◆堂林の同点本塁打に

「盗塁死の後、落ち着いていたね。スライダー、スライダー（の後）、真っすぐを一発、完璧な本塁打。（上本）崇司も本当に粘って、マット（デビッドソン）もつないでくれた。素晴らしいホームランだった」

◆九回無死一塁で犠打で送らなかった意図について

「防御率0・00の投手（マルティネス）だから、犠打で（続く）大盛に打ってくださいは、なかなか難しい。崇司が（内野ゴロを）打って一塁に残れば、作戦を考えられる。併殺になっても自分が出しているサインなので、気にしなくていい。リスクを覚悟しないとリターンは得られない」

◆投手陣が奮闘

「（野村）祐輔も一回、先頭を打ち取った当たりが安打になるなど不運だった。粘ってくれた。ブルペンもいい投球でつないでくれた。明日につながる」

## 中日 広島 3－2 8/12（土）

## まだまだチャンス いっぱいあるでしょ

◆森下は7回3失点

「登板間隔が空き、入りは難しかったと思うが、ナイスピッチングだった。ゲームをつくってくれた」

◆打線が高橋宏に沈黙

「結果的に彼からはヒット2本。皆さんが見ている通り、捉えた当たりがすごく多かった。そこは仕方ない。たまたまヒットにならなかっただけ」

◆試合終了時点で、ナイターの阪神とのゲーム差は6.5に

「そうなんだ。本当に知らなかった。まだまだチャンスがいっぱいあるでしょ。阪神との直接対決は10試合もある。本当に気にしていない。別に連敗だろうが、相手がどこだろうが、しっかりやるだけ。そんなの関係ない。明日勝つために、みんなと頑張っていく。その積み重ねだと思っているので」

◆10勝左腕の投げ合い。床田が先手を許し
「対戦機会も多いし、ツーシームをうまく打たれた。相手も対策を練ってくる。そこはいたちごっこ。3点差あったので、攻撃との絡みで代わったけれど、ゲームはつくってくれた。相手が良いスイングだった」
◆東からはようやく七回に1得点
「きょうも制球が良かったですね。序盤から両サイドに投げ分けてね。良い投手からは、なかなか点は取れない。そこも東投手が良かった」
◆中継ぎ陣は無失点
「収穫ありましたね。アンディ(アンダーソン)も益田も。森浦も久々の1軍マウンドで良いボールを投げていた。良いものを見せてもらった」
◆連勝が止まって広島へ戻る
「一試合一試合、全員野球で戦っていく」

## 広島 ヤクルト 4－3 8/25(金)

# サクだったら前に飛ばしてくれると

◆坂倉がサヨナラ犠飛
「追い込まれていたが、サク(坂倉)だったら、何とか当てて前に飛ばしてくれると思っていた」
◆救援陣が無失点で抑え、サヨナラ勝利を演出
「先発の森がよく試合をつくった。大道も相手に流れがいっている中で勢いを止め、その後にいってくれたブルペン陣も本当に頼りになる」
◆阪神とのゲーム差は7.5のまま
「全員でカープの野球をやるだけ。相手のことはコントロールできないが、自分たちはコントロールできる。明日も全員野球で頑張りたい」
◆球団OBの古沢憲司さんの訃報を受け
「自分もよく声をかけていただいた。厳しさの中にも優しさのある、温かい方。ドミニカ共和国のカープアカデミーで指導され、歴代の選手や通訳がお世話になっていた。すごく残念です」

## 広島 ヤクルト 7－6 8/26(土)

# (島内)頼もしい限りです

◆打線がピーターズを攻略し、序盤の劣勢をはね返す
「4点差あったが、『まだまだここからいくぞ』とい

◆僅差で島内を温存
「島内は緊急要員だと思っていた。最後の最後、イレギュラーなことが起こったときにいってもらうよ、と。これで明日も空く。そういう計算でいました」
◆守備は3併殺
「試合の流れ上、大きかった。しっかり併殺を取れる自慢の二遊間です」

## 広島 DeNA 5－0 8/22(火)

# (堂林)今の姿に驚きはない

◆一回に今永から4得点して主導権を奪い
「日本を代表する投手から、みんながよく点を取ってくれた。彼の一番いい球は真っすぐなので、それをしっかり捉えていこうという形かな」
◆堂林は2打席連発
「元々、彼が持っている能力は素晴らしい。今の姿に驚きはない。(四回の)追加点も大きかった。高く上がるホームラン打者の弾道だったね」
◆九回の前、九里に続投意欲を尋ね
「『どうせ『いきます』と言うだろうと思ったけれど、確認ね。目が血走っていたんで。週の頭に最高の投球でブルペンを助けてくれた」
◆テレビ中継で「30勝2敗でいくぞ」のかけ声が報じられ
「誰が言うたん？　俺言ったけれど。それぐらいのつもりでいくぞ、ということです」

## 広島 DeNA 5－2 8/23(水)

# (西川)本当に頼りになる4番

◆5勝目の大瀬良について
「一つ一つの球種に力があった。ナイスピッチングだった」
◆西川が3試合連続で一回に先制点を挙げる
「大きいですよね。やっぱり彼のバットは本当に頼りになるし、主導権を握れる。本当に頼りになる4番バッターだと思います」
◆自ら切り出し
「今日は(田中)広輔の押し出し四球が値千金だったと思う。あれで大地にも勝ちが付いた。素晴らしかったです」
◆救援陣も安定感を発揮
「いつもね、頑張ってくれている。こちらとしては安心して任せていました」
◆横山投手コーチがベンチ外
「ちょっと体調不良ということで、今日は静養です」

## DeNA 広島 3－1 8/24(木)

# (床田)ゲームつくってくれた

経験で肉体的にも精神的にも疲労があると思う。だからと言って、信頼が変わることはない」
◆三回に機動力を絡めて戸郷から3点を先取
「巨人のエース。走塁を絡めながら良い形で攻撃はできている」
◆森が5回2失点、76球で降板
「強力打線で振れている打者が多い中、よく頑張っていた。五回をゼロでいっていたら、次の回もいってもらおうと思っていたけど、最後もいっぱいいっぱいのところを抑えてくれたので継投した」

## 広島 巨人 6－3 8/19(土)

# (今後の抑え)また考えたい

◆九回を締めた栗林の快投に目を細め
「いいものを見せてくれていますし、大きいですね。(今後の抑えは)もともとスタートは彼が九回で始まっていますし、また考えたいと思います」
◆末包の活躍を喜び
「彼は今日絶対打ちますと言っていた。高校の後輩の浅野君に触発されたんじゃないですかね。先輩としても負けられないと思ったんじゃないですか。で、本当に打ちましたからね。私も、みんなも、早出(特打で指導)をやっている打撃コーチもうれしいんじゃないですか」
◆五回は2番で起用した矢野ら打線がつながる
「いろいろけが人も出ている中で全員でつないで点を取っていくのがカープの野球。先発で出ている選手はもちろん、先発で出ていない選手も活躍してくれて。うちらしい全員野球」

## 広島 巨人 7－5 8/20(日)

# 本当に打っちゃいましたね

◆3本塁打で勝利
「大きかったね。スエ(末包)も今日も打ちますよ、って言っていたんで。本当に打っちゃいましたね」
◆デビッドソンは巨人戦に強い
「彼の謙虚で素直な性格があって、日々、打撃コーチと練習とかいろいろ対策とかをやっていく中で、だんだんと成長している。新しいマットになってきている」
◆七回はアンダーソン
「上がってきて初めての登板で、ああいうタフな場面だったが、落ち着いてましたね」

う雰囲気がベンチにあった。各自が粘り強く後ろの打者へとつないで、しっかりと点を取ってくれた。(同点打を含む猛打賞の)野間さんは頼りになりますね」

◆デビッドソンが2本塁打で存在感を示し

「ずっと頑張っていますから。本塁打はベンチも助かるし、日頃の努力と打撃コーチのサポートのたまもの。彼の野球に対する姿勢は周りが何とかしてあげたいと思う」

◆島内が球団日本人最多の32ホールドを挙げ

「驚きはないですよ。元々彼のボールは素晴らしいものがあったし、最初から期待していた。そこを自分自身の力で殻を破ってくれたと思う。頼もしい限りです」

**広島 ヤクルト 7－7 8/27(日)**

## (全員起用)それがカープ

◆ベンチ入りメンバー全員を起用

「それがカープの野球だ。全員野球」

◆延長十二回、磯村の遊撃へのゴロで二塁走者羽月が三塁を回った後にアウト

「もう、あれは仕方ないです」

◆五回以降、無失点

「本当によく頑張ってくれた。久しぶりだったアドゥワが2回いってくれた。1軍登録しても、投げさせてあげられずに、またファームにというのがあった。本当に気持ちの入った2イニングだった」

◆守備では中継プレーで失点を防いだ

「締まったプレーだった。今日も失策はゼロ。守りでもしっかり攻めた。相手の勢いを止めるプレーを随所に見せた。全ての面で最後まで諦めない、絶対に勝つという頑張りを非常に感じた。執念も集中力もすごくある。彼らのプレーを見て、こっちもうれしい」

**広島 巨人 5－4 8/29(火)**

## (末包)技術的にも成長してきている

◆逆転3ランの末包をたたえる

「素晴らしいホームラン。あそこが切れずにホームランになるのは、技術的にも成長してきているということ」

◆八回は坂倉の代打で堂林を起用

「なかなかね、高梨君は左打者は難しい。数字として極端に出ていた」

◆この日復帰したばかりの矢崎がセーブを挙げ

「栗林はリカバリーにあてた。矢崎もリフレッシュで抹消して、実戦で投げずに1発目がこういう展開。9回で1点差。彼のタフさが出た」

◆栗林との起用法は

「基本的には栗林を九回。連投が重なると矢崎にもいってもらう。登板数とか球数とか、ベストを探していく」

◆自力優勝の可能性が復活

「(マジックは)消えたり、ついたりするもの。コントロールできない。自分たちにできるのは一戦一戦、戦い、勝ちをもぎ取ることだけ」

**広島 巨人 2－1 8/30(水)**

## 末包はね、これから楽しみ

◆大瀬良の力投をたたえ

「ナイスピッチング。ランナーを出しても粘ってくれて。菊池のプレーもすごく大きかった」

◆菊池の好守に感謝

「(四回の)満塁のもナイスプレー。(六回の)一、二塁間に飛び込んだのもナイスプレー。彼のプレーはチームをたくさん助けてくれる」

◆西川、末包の打撃を評価し

「龍馬は本当に勝負強い。先制打が多い。主導権を握れる。勝負強いし頼りになる。末包はね、今日はライトに。つかんだと言っていた。これから楽しみです」

◆ベンチ外だった栗林について

「もう少しリカバリーに時間が必要。今日も上がりにした。シリアスじゃないし、大丈夫です。(あすは)状態を見て判断したい」

**巨人 広島 2－0 8/31(木)**

## (床田)ちょっとかわいそうだった

◆一回、床田は不運な安打や味方の失策が絡んで先制を許す

「打ち取った当たりがイレギュラーして、ちょっとかわいそうだったね。でも本当にナイスピッチングだったと思います。(緩急も)良かった。しっかりとね、全ての球種を操っていた」

◆10安打を放ちながら無得点に終わった打線について

「ヒット自体は出ているので。いつもいつも点が取れるわけではないのでね。みんな、バットが振れている選手が多いので、またね、そこは明日」

◆8月30日まで5試合連続登板していた島内は、試合前練習に姿を見せなかった

「今日はちょっと、登板が多くなっていたので広島に帰って休んでおいてくれということです」

**中日 広島 5－3 9/1(金)**

## (島内)こういう日もある

◆八回に勝ち越しを許した島内をかばい

「いつも抑えてくれているので、こういう日もある」

◆粘りを見せた打線をたたえ

「いつも通り、最後まで食らい付いてひっくり返そうという気持ちを見せてくれた」

◆先発玉村について

「一つ一つのボールは良かったと思う。今まで本塁打ゼロの打者(カリステ)に打たれ、一球の怖さは分かったと思う。経験として成長してもらいたい」

◆好調を維持する小園について

「ずっと状態はいい。今日もインサイドの難しいボールだったと思うが、しっかりとバットが振れている。いい反応だった。持っているものは素晴らしいし、まだまだ成長途中。もっとできると思います」

**広島 中日 3－1 9/2(土)**

## (西川)けがになる前に止めた

◆森下は1失点完投

「いけるところまで投げてほしかった。本当に助かる。連日暑いし、ブルペンも助けてくれた」

◆西川が途中交代

「以前やった右脇腹が厳しくなってきた。けがになる前に止めるということで交代させた。まずいという感じではない。本人から『嫌な感じがある』と。よく言ってきてくれた。残り試合も少ない。彼がいなくなったら困る」

◆代わった松山が奮起

「松山さん、さすがですね。頼りになりますね」

◆デビッドソン、末包も好調を維持

「マットの守備は三塁、一塁でもすごくいい。末包も一生懸命やっていると思うよ。ははは」

◆3日は中4日で九里が先発

「先々のカードを見越した上で、中4日でいってもらうことは決めていた。本人も鼻息を荒くしていた。彼の一番いいところはタフさ。『俺に投げさせてくれ』というタイプだ」

## 中日 3－0 広島　9/3（日）

# （九里）粘って よく頑張ってくれた

◆打線は柳を打てず

「やっぱり良い投手だから、良い投球をされるとそう簡単に点は取れない。四隅に全ての球種を投げ分けて良い投球をされた。（投球モーションの変化に）何とかアジャストしていこうと思ったが、その上をいかれた」

◆中4日の九里が5回1失点

「粘って本当によく頑張ってくれた。球数と投げている球を見ながら、状態を見て（5回降板を）判断した」

◆島内が2試合連続で失点

「ここまでずっと頑張ってきてくれて、確かに肉体的にも精神的にも疲労はあると思うが、変わらずまた頑張ってもらいます」

◆ベンチ外となった西川について

「治療しながら体の状態を見ながらになるね。明日空くので、（試合出場は）火曜日の状態を見て判断したい」

## 広島 6－5 DeNA　9/5（火）

# （堂林が）決めて くれると思っていた

◆粘りに粘って最後は堂林がサヨナラ打

「選手全員の勝つんだという気持ちが伝わってきて、すごくうれしい。（堂林が）決めてくれました。決めてくれると思っていた。（曽根）海成も素晴らしいスライディング。（走塁に）気迫を感じたし、アカ（赤松コーチ）もよく回してくれた」

◆栗林を起用せず、島内は3試合連続複数失点

「栗林？　今日に関しては投げられる状態じゃなかった。けがとかじゃないので、明日は投げられます。島内は投げている球は良かったと思う。彼への信頼が変わることはありません」

◆マクブルームが九回に捕球ミス

「信じられないことが起こるのが野球。彼自身が一番分かっていると思うし、私自身も信じられないようなミスをしてきた。明日に期待したい」

## 広島 4－3 DeNA　9/6（水）

# 全員の頑張りには 頭が下がります

◆2試合連続のサヨナラ勝ち

「2日連続すごい試合で、選手全員の頑張りには頭が下がります」

◆試合を決めたのはデビッドソンの一発

「ベンチでホームランを打ってくれと思って見ていて、本当に打ってくれてナイスバッティングだった」

◆救援陣が無失点でつなぎ

「（大瀬良）大地も粘って投げてくれたし、その後の投手陣も逃げずに攻めていってくれた」

◆新人益田が初勝利

「彼の一番良いのは物おじせず、しっかり打者に向かっていけるところ。良い投球でした」

◆六回に会沢、小園の適時打で追い付く

「小園はずっと振れている。なんと言っても会沢さん。格好良かったですね。代打で追い込まれて、まさに執念の適時打。頼りになりますね」

## DeNA 3－1 広島　9/7（木）

# （秋山）問題なければ 8日から合流

◆遠藤の投球に

「登板が空く中、前回同様ナイスピッチングだった。ツーシームも効果的だった」

◆二回の本塁クロスプレーではリクエストのタイミングを逃し

「ちょっとアツ（会沢の状態）が気になって。出るのが遅れた」

◆末包について

「良い本塁打だった。まだまだ今から成長する打者。結果を恐れずスイングしてもらいたい」

◆試合前に西川が室内で打撃練習を再開

「強度を上げて打撃をして何も問題がなかったということだった。明日の状態を見て、判断したい。（左手親指を負傷した）キク（菊池）は腫れが残っているので、日々判断していく」

◆2軍戦で2安打した秋山について

「問題がなければ明日（8日）から合流してもらう。こっちはその（スタメン）つもりでいる」

## 阪神 4－1 広島　9/8（金）

# （秋山）状態上げて いってもらいたい

◆打線は村上を攻略できず

「防御率1点台の投手だし、今日も制球が良かったですよね。各打者のアプローチの仕方は良かったと思いますよ。なかなか連打で点を取れる投手ではない。相手にいいピッチングをされた」

◆復帰した秋山を1番で起用したのは打線のつながりを考慮してか、と尋ねられ

「それもあるし、久しぶりの1軍なんで、余計なことを考えずにどんどん打席に立ってもらいたいと思った。微調整して状態を上げていってもらいたい」

◆床田について

「粘って投げてくれたと思いますよ」

◆栗林がベンチを外れ

「ちょっと疲れがあるということなので。明日は大丈夫だと思います」

◆首位阪神との3連戦初戦を落とす

「今日は終わったんでまた明日の試合に備えていきたいと思います」

## 阪神 5－1 広島　9/9（土）

# 重苦しい雰囲気はない

◆大竹対策として左打者を7人先発で起用

「前回のマツダでの対戦時、左打者の方が反応が良かった。大竹君も右の方が抑えるイメージをしやすいのだと思う」

◆豊富な球種に苦戦

「球種もだし、モーションが一つずつ違う」

◆森下の投球は

「差し込んだのが間に落ちた。こういう日はある。次、頑張ってもらう」

◆秋山を六回で交代

「アクシデントではない。次の投手には、回またぎをしてほしかったから、代わってもらった」

◆西川の守備、打撃は

「ちょっと以前やった脇がね。龍馬も秋山も遠ざかっていた実戦で、パンパン打てるほど甘くない。試合に出る中で調整して上げてもらえれば」

◆相手の大声援の甲子園で連敗し、ゲーム差が10に開く

「重苦しい雰囲気はない。また明日の試合にしっかり備えたい。その繰り返し」

## 阪神 5－1 広島　9/10（日）

# ちょっとの差、 でもその差が大きい

◆先発の森下が五回途中7失点で5敗目

「いつもは修正が利くが、軸になるボールが見つからなかった」

◆大竹対策として田中を2番で起用したが、無安打に終わり

「前回の対戦で、いいアプローチをしていたので。また対戦があると思うので考えて臨む」

◆床田の出場選手登録抹消について

「どこかを痛めたとかではない。コンディションを考えて抹消した」

◆前日左太もも裏を痛め、途中交代した野間が代打で出場

「まだちょっと違和感がある。打撃は大丈夫ということだったので、いってもらった」

◆秋山が久々に安打

「本人もホッとしていると思う。明日以降の試合につなげてもらいたい」

◆会沢が通算千試合出場

「捕手は重労働なポジション。そこで千試合出るのは素晴らしい。まだまだ頑張ってチームを支えてほしい」

広島 中日
3 — 0
9/17(日)

## (羽月・小園)5年目コンビ ナイス

◆柳から久々に得点を奪って完勝し

「本当、(5年目の羽月と小園の)若い同級生コンビが粘り強く、ナイスバッティングだった」

◆九里が7回無失点

「何も言うことない。アツ(会沢)もナイスリード。亜蓮もブルペンの投手もよく引っ張ってくれた」

◆負傷した田村の代打末包が適時打を放つ

「自信にしてほしい。追い込まれた状況でね。いつも2ストライクから出した方がいいのかな。でも、よく打った。(田村は)ちょっと心配」

◆先発投手に、13試合ぶりに勝ち星がつき

「シーズンは長いし、波は絶対にある。これまではしっかり先発が試合をつくってくれていた」

◆島内がホールド数で球団記録に並び

「飛躍のシーズンになっている。タイトルを狙える位置にいる選手のことも頭に入れながら残り試合を戦っていきたい」

◆6試合続けて1得点止まり

「最後のアキ(秋山)もいい当たりだった。安打は出ているので、何とか得点に結び付けられるように。明日は神宮での最終戦。まだ1勝しかできていないので、ファンに勝ち試合をお見せできるように頑張りたい」

◆八回は野間が本塁でタッチアウト

「選手だけじゃなく、コーチ陣も何とかしたいという気持ちがある。スタッフからも勝ちたい気持ちは伝わってくる。勝ちに結び付けられるようにしたい」

広島 ヤクルト
6 — 5
9/14(木)

## ポストシーズンにつながる

◆連敗を脱出し、ファンに笑顔であいさつ。八回の代打攻勢を振り返り

「もう、勝負だというところでしたね。イソ(磯村)が久しぶりに出て、よく打ってくれた。前の打者も球を選んだ。中継ぎが踏ん張ってくれていたので逆転につながった」

◆1得点続きも、神宮での連敗も抜け出し

「安打も出て、粘り強く四球を取って、粘り強く後ろの打者につないだ。(神宮では)1勝しかしていなかったのかな。最後に勝てて、皆さんに喜んでもらえてほっとしている」

◆優勝が消え、残り11試合

「残り試合は全てポストシーズンにつながる。いろいろなことを考え、試しながら勝ちにいきたい」

広島 阪神
6 — 5
9/15(金)

## ここと決めたら、がんがんいく

◆終盤の粘りで、連夜の競り勝ち

「ここと決めたら、がんがんいく。選手もそのつもりで準備している。だから各自の持ち場でいい仕事ができている」

◆2年目の田村が活躍

「いろんな経験が初めてで、未知のことばかり。左投手を苦にしていないし、楽しみだね」

◆優勝決定後の試合については

「試合を見てもらっても分かると思うが、選手にがくっときたところはみじんも感じない。僕も何も変わらない。自分たちのチームは振り返っている暇はない。落胆していたら、こういう試合はものにできなかった」

◆メンバー交換時の岡田監督との会話内容を問われ

「それは2人だけの秘密だよ」

阪神 広島
9 — 3
9/16(土)

## (森下)軸のボール見つからず

◆九里は粘りの投球も7敗目

「味方の失策がある中でカバーする素晴らしい投球だった。(八回続投は)球数も多くなっていたけど、あそこまで味方を助けて頑張ってくれていたので点を取られるまでは亜蓮と決めていた」

◆阪神の先発3投手を攻略できず

「良い投手に連打連打では点が取れないのでなかなか難しい。他のチームも点が取れていないわけだから。どうしていくか考えないといけない」

◆阪神戦の負け越しが決まり

「ちょっとの差だと思うし、でもその差が大きい。タイガースは成熟されているなと思う。いつも言っているように、自分たちは試合を重ねていって、戦っていく中でうまくなる、強くなる。これからのチームだと思っている」

ヤクルト 広島
2 — 1
9/12(火)

## いい雰囲気があった

◆2点目が遠く5連敗。堂林の4番起用も実らず

「各打者がしっかり捉えた打球も多かった。もう一押し。選手の状態、相手投手との兼ね合い、打順のつながりを考え、きょうは彼の4番がベストと考えた」

◆玉村が逆転を許し

「三回までに8安打、2四死球。考え方によっては、それでよく2点に抑えている。自分で考え、反省もして、次に生かしてほしい」

◆田村のプロ初安打に目を細め

「(一ゴロ併殺打の)1打席目から見送り方、投球への反応がよかった。いい雰囲気があった。結果だけではなく、内容を見ている。残り試合を大切に戦いたい。若い選手もチャンスがあると思うので、どんどん経験して成長してもらいたい」

ヤクルト 広島
5 — 1
9/13(水)

## 勝ち 見せられるように

◆大瀬良が一回に手痛い2アーチを浴び

「立ち上がりだけだったよね。村上に打たれた内角カットボールは、相手が素晴らしかった。120球を超えている。よく粘って投げてくれたと思います」

ンを守ってきて、少し疲れが見えたので間を空けたけど、彼本来の真っすぐの切れが素晴らしかった。ナイスピッチングでした」

◆八回２死から島内が抑えて、リーグ最多の41ホールドポイント

「初めてのタイトルが見えている。こちらとしてはできる限りのことをしてあげたい。床田にも事前に代わるからと話していた」

◆左足首に不安のある小園が2安打

「万全ではないけど、そういった中で、いいパフォーマンスを見せてくれている。彼は今からの選手。万全ではない状態で自分のパフォーマンスを出していくために、どうしたらいいか。いい経験をしている」

中日　広島
4 ― 1
**9/29（金）**

## （森下）CSへ調整して

◆森下が6敗目で10勝に届かず

「ボール自体の切れは、ここ数試合で一番良かった。あとはしっかりCSに向けて調整してほしい」

◆五回の攻撃で森下に代打

「ここだと思って勝負に出たけどね」

◆九回の森の起用について

「今日はビハインドの展開だったが、先のことも考えて準備をしたいというのがあった」

◆復帰した秋山を、今季初めて6番で起用

「今日の相手のピッチャーを見て、打線のつながりを考えた」

◆坂倉が規定打席に到達

「捕手に戻って最初のシーズンで本当によく頑張ってくれた。もっともっと苦労するのかなと思っていたが、本当によくやってくれている」

広島　阪神
2 ― 1
**9/30（土）**

## 末包さん 素晴らしい

◆九里と会沢のバッテリーを評価

「（2位争いには）相手がいることなので、余計なことは考えない。今もベイスターズのことは気にならない。気にしても自分たちではどうすることもできない。今は九回裏、4―3だよね。ははは。それは知っているよ」

ヤクルト　広島
3 ― 1
**9/24（日）**

## （九里）ゲームつくってくれた

◆九里が7回3失点で8敗目

「しっかりゲームをつくってくれた」

◆打線が1点止まり

「相手のピッチャーもしっかりコースを切って、低め低めに丁寧に投げてきていた。いつも打てるわけではないので」

◆小園は足の状態を考慮し、三塁で出場

「動けていたので良かった。明日また空くので状態を確認して、火曜日の試合で（遊撃に）戻れるのか判断していきたい」

◆島内が60試合登板

「成長してブルペンを支えている。頼りになる存在。いてもらわないと困る」

◆CSに王手をかけて迎えた一戦で敗戦

「それはもう一戦一戦、最後まで同じことの繰り返し。またあさっての試合に備えたい」

◆2軍で実戦復帰した西川について

「明日の状態を見て、問題がなければ考えていきたい。久しぶりの実戦だったので」

広島　中日
2 ― 0
**9/26（火）**

## （床田）直球が素晴らしかった

◆中10日で先発した床田が投打で活躍

「大活躍でしたね。ずっと頑張ってローテーショ

中日　広島
8 ― 7
**9/18（月）**

## 後も考え最後まで大道

◆最後は大道に託す

「あの場面でいく投手もしんどいでしょ。後はアドゥワと益田か。後のことも考え、あそこは大道に最後まで任せた」

◆打線が粘りを見せ、七回に6点差を追い付く

「みんながよく粘って追い付いたと思う。最後（九回）2死からの（同点）ホームランは打ったビシエドが上だった」

◆秋山が復帰後初となる適時打

「今日は四球も取ったし、すごく状態が上がっているように見える」

◆中村貴が適時打を放ち、期待に応える

「貴浩（中村）もそうだし、代打でいったスエ（末包）もそうだし、みんなが結果を出してくれているので、うれしい」

◆七回途中まで打ちあぐねた根尾について

「なかなか対戦する機会が少ない。彼にいい投球をされたということ」

DeNA　広島
3 ― 1
**9/20（水）**

## （大瀬良）あの1球だけだったね

◆大瀬良が一回に浴びた2ランを振り返り

「あの1球だけだったね。フルカウントからの。あとはボールも良かったし、テンポも良かったし、あの1球だけだったかなと思う。本人も次に次にという気持ちに持っていってくれているし、試行錯誤しながらマウンドに上がってくれている」

◆DeNAの東に7回を1点に封じられ、今季対戦6試合で4敗目

「もともとコントロールが良い投手だけど、今日はより良かった。セ・リーグで一番勝っている投手なので、そう簡単にこっちも打てない。まだ対戦があると思うので、そこは考えていきたい」

◆秋山の離脱で若手主体のメンバー編成に

「代わりに出ている若い選手は緊張感のある試合の中で、すごくいい経験をしていると思う」

広島　巨人
7 ― 3
**9/23（土）**

## （堂林）彼にとっては飛躍の一年

◆末包の2本塁打を褒め

「本人もちょっと前に『つかんだ』って言っていたしね。技術もそうだけど、相手の配球の読みも成長してくれている」

◆堂林の活躍に目を細め

「4番にいて据わりがいい。素晴らしいものを持っている。あの（山本）浩二さんでも30歳ぐらいからばっといった。彼にとっては飛躍の一年」

◆秋山の久々の本塁打に

「追い込まれて力のある球を力で持っていきましたね。あれがアキ本来のスイング。素晴らしい」

◆取材対応時は、3位DeNAが試合中

甲子園では今年のスローガンでもあります「がむしゃら」に、そしてカープの全員野球で、高校球児のように戦ってきたいと思います。

また、この超満員のマツダスタジアムで野球ができるように、そして皆さまにたくさん喜んでもらえるように頑張ってきます。行ってきます。昨日、今日とありがとうございました。

（試合後、ファンに向けた新井監督のスピーチ全文）

## CSファイナルステージ

阪神 4－1 広島　10/18(水)

### しっかり切り替え 明日に入る

◆CSファーストステージの登板から中3日で先発した九里が5回4失点

「（五回1死で）坂本を追い込んでから死球を与えたところは、もったいなかったと本人も思っていると思う。それも含めて中3日でよく頑張ってくれた。また次の登板に備えてもらいたい」

◆2軍のフェニックスリーグから呼び戻した韮沢を先発に抜てき

「村上はスピンの利いた真っすぐが強い。ニラは強い真っすぐに対して良いアプローチができる選手。ファームで結果をしっかり残していたので、そこはもう（先発に）決めていた」

◆村上に対して左打者7人を並べた打線が不発

「しっかり切り替えて明日に入っていきたい」

◆2戦目以降も思い切った采配をするかと問われ

「いろいろと考えています」

阪神 2－1 広島　10/19(木)

### 負けたら終わり 逆に楽しみだ

◆サヨナラ負けにも表情を変えず

「しょうがない。うちの最後の九回は栗林。そういうときもある。もう納得です」

◆先発した大瀬良の投球に目を細める

「これが大瀬良大地だというピッチングを見せてくれた。味方のミスもカバーした。本当に素晴らしい投球だった」

◆同点に追い付かれた末包の守備について

「何とか走者を三塁に行かせたくないというスエの気持ちは買う。（七回無死一塁の打席では代打もバントも）考えなかった。スエに行ってこいと。それだけだ」

◆日本シリーズ進出へ阪神に王手をかけられ

「残り全勝というより、まずは明日。もう後がない。楽しみじゃないですか。逆にどういう姿でプレーをしてくれるのか。負けたら終わりなので逆に楽しみだ」

## CSファーストステージ

広島 3－2 DeNA　10/14(土)

### 大声援 選手の背中押してくれた

◆秋山のサヨナラ打に弾んだ口調

「さすがです。本当に頼りになる。技術と経験の詰まった一打だった」

◆第1戦を先取

「（同点とした）八回の攻撃もそうだけど、すごく成長を感じたゲームだった。こういう舞台でみんな緊張したと思う。いつも戦いながら強くなっていくんだって言っているけど、本当にいい経験になっている」

◆十回に九里を投入するなど7投手を起用

「床田も緊張したと思うけど、しっかりゲームをつくってくれた。後からいった投手も役割を果たしてくれた。野手も投手も、みんなが思い切ってやってくれたんでこういうゲームになった」

◆3万人を超えた大声援に

「最高でした。ファンの熱気も伝わって、選手の背中を押してくれた」

広島 4－2 DeNA　10/15(日)

### また超満員のマツスタで野球を

昨日、そして、今日と超満員のマツダスタジアムで選手の背中を押していただき、ありがとうございます。おかげさまで強いベイスターズを倒して、ファイナル（ステージ）の切符をつかみ取ることができました。これも本当によく頑張ってくれた選手のおかげだと思っています。

「素晴らしい投球。何も言うことはない。アツ（会沢）もしっかり引っ張っていた。真っすぐを要所、要所で多めに使った素晴らしいリードだった」

◆決勝弾の末包に

「末包さん、素晴らしい本塁打だった。少し体勢は崩され気味だったが、すごいパワーだ。もう少し早めにベースを回ってほしいですけどね。ははは」

◆2位を目指す選手の気迫を感じ

「最後は栗林が後ろに飛び込んで、矢野も素晴らしいプレーだった。みんなの何とかここでCSをやるんだという気持ちが凝縮された、そんなプレーだったと思う」

◆現役を引退する一岡の1日の登板を明言

「イッチーを投げさせる。それくらい3連覇に貢献し、カープのために頑張ってくれた」

阪神 6－5 広島　10/1(日)

### みんな悔しいと思うし、自分も悔しい

◆自力で2位を決められず

「最後まで諦めずに頑張ってくれて、もう少しのところだった。（3失策に）ミスは付きもの。それが野球。みんな悔しいと思うし、自分も悔しい」

◆先発大瀬良を三回途中で交代

「試合前からいろんなことを想定した。守る方だけではなく、攻撃する方もある。床田も中4日でしんどかったと思うが、やれることはやりたかった」

◆引退試合の一岡に

「まだまだ元気なボールを投げていた。普段は控えめだが、マウンドに上がると芯の強さを感じさせる。本当に素晴らしい投手だった」

◆最終順位はDeNA次第

「そこはどうしようもない。前評判がすごく低かったが、選手が悔しい気持ちを持って戦った。CSに行けるのも全員が頑張ってくれたおかげ。（CSへ）選手に求めるものはない。まずはゆっくり休んでほしい」

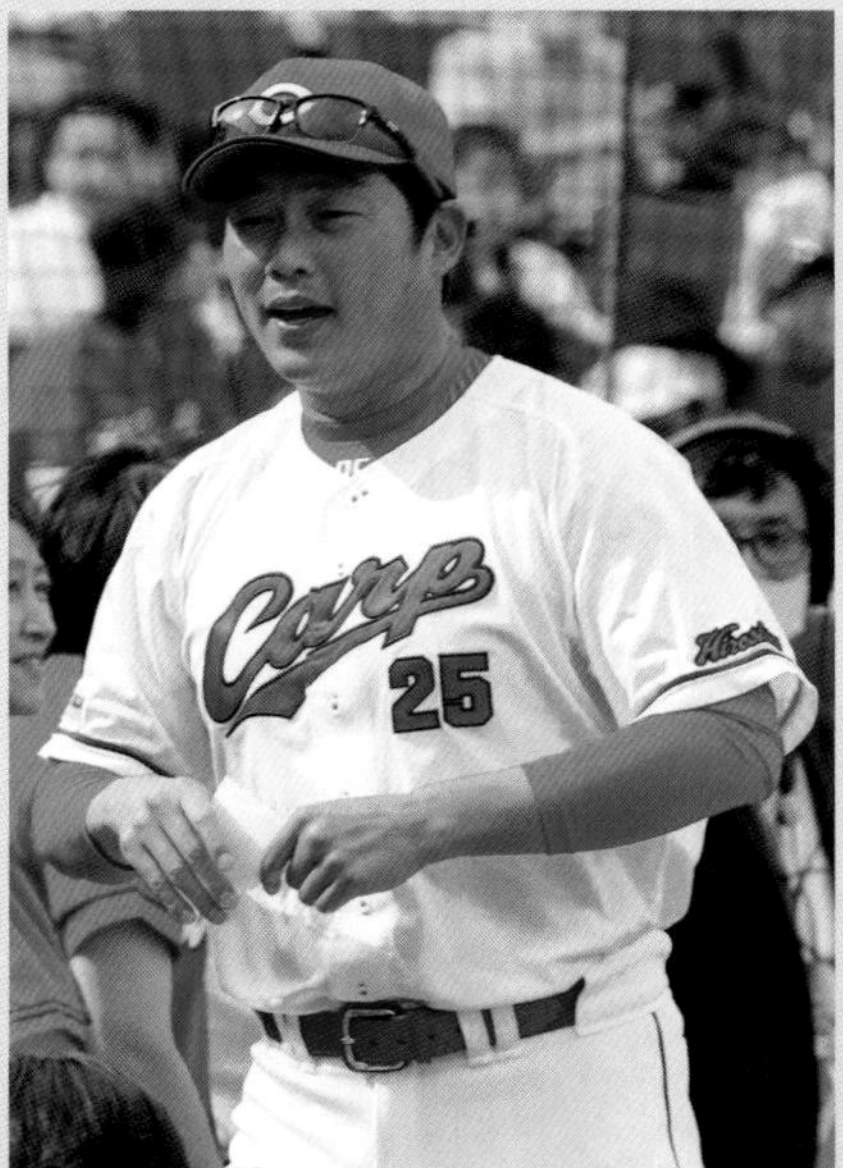

※2023年10月23〜25日の中国新聞朝刊に掲載したものを再録しています

# 新井カープが見せたもの

広島の新井監督が、その人となりでチームを変えた。周りを信じ、褒めて、託すスタイル。5年ぶりのAクラスとなる2位になり、最後は阪神に及ばなかった悔しさが残った。新井流チームづくりでは首脳陣と選手が心を通じ合い、日々、成長していた。その舞台裏を振り返る。

## 柱の選手への信頼

### 不調でも登板 栗林の涙

#### 心の強さ求め続ける

最終戦となった20日のクライマックスシリーズ（CS）ファイナルステージ阪神戦。負けた直後、一堂に会したミーティングで目を赤くする選手がいた。新井監督には忘れられない、もう一つの涙もあった。「あいつに大きなものを背負わせた」。それは栗林の春の涙だった。

開幕から苦しんだ守護神。4月30日、東京ドームでの巨人戦前、ベンチ裏にアスレチックトレーナーと栗林を呼ぶ。トレーナーは右内転筋の状態を鑑み、3軍調整という苦渋の選択を進言。栗林はそれでも投げたい思いがあった。しばらくして、新井監督が決めた。「治してこい。戻る場所はある」。栗林とトレーナーは声を上げて泣いた。

栗林は4月だけで4敗。だが、新井監督は抑え役を外そうとしない。4月20日の阪神戦では自らマウンドに行き、「お前で打たれたら本望」と伝えた。はい上がることを疑わなかった。東京ドームでの栗林の涙にはっとする。「逃げ場をつくってあげられていなかったんだ…」。追い込んでいた自分に気付いた。

新井監督にはこだわりがある。現役時代はチームの中心。だからこそ力と心の強さを備え、大黒柱となる選手の存在の大きさが分かる。その思いで、野手では西川を先発で起用し続け、途中で故障離脱となった。

大瀬良への期待もそうだ。CSを控えた10月初旬、大瀬良は監督に先発を外してほしいとの思いも伝えている。今季の成績なら若手が投げるべきだと考えたからだった。

「監督は『何、言っているんだ』という感じでした。ずっと信頼してくれた」と大瀬良。予定通り19日の阪神戦で先発し、7回1失点の快投。最後の最後、監督への恩を結果で示した。

優勝した阪神との差は、中心選手のたくましさにあった。1年間、活躍し続ける地力。新井監督は強さを求め、まだナインはそれに応えることができなかった。「自分に足りない部分がたくさんあった。悔しい」と新井監督。来季の雪辱へ、何が必要か。それをずっと考えている。

（五反田康彦）

九回のピンチでマウンドへ行き、栗林（右端）らに声をかける新井監督㉕（4月20日の阪神戦）

# 「脚上げる」短所突かれ

## ＣＳでは攻略の兆し

### 天敵つくり続けて

グラブから上を映した三つの画面。朝山打撃コーチは今月上旬からクライマックスシリーズ（ＣＳ）開幕までの約2週間、昼夜を問わずにらめっこしていた。映っていたのはＤｅＮＡの東、阪神の大竹らの映像。再生、停止、巻き戻し、また再生。一連の投球動作に球種で違いはないか。「何かはある。付け焼き刃だが…」と目を充血させて探していた。

正攻法では勝てない。それほど苦手にしていた。東にはレギュラーシーズンは6試合で4敗を喫し、対戦防御率は1・84。大竹には7試合で6敗、同0・57、伊藤将（阪神）には2試合で2敗、同1・17とやられた。時間がない中でやれることの最大限が癖の研究だった。

苦手がたくさん出た一年だった。巨人なら横川、中日なら柳、ヤクルトなら小川…。直球は球速よりも切れや伸びなどの質で勝負し、走者がいなくてもクイックを交え、投げるまでの間合いも変えてくる投手。はっきりと傾向は出た。

朝山コーチは「脚を上げてタイミングを取る打者が多いから」と理由の一つを挙げる。菊池、秋山、坂倉、小園、デビッドソン。主力の多くが脚を上げ、その短所を突かれた。3連戦で本格派とセットで並べられると、対応するまでに試合が進んでいくケースばかりだった。

現役通算2203安打の新井監督にも助言を求めた。「球を巻き込めばいい」「立ち位置で外角のコースを消すのはどうか」。話し合いが数時間に及ぶこともあった。東には今季、走者一塁だと対戦打率4分7厘だが、得点圏では2割5分に上がるなど、スコアラーからも情報が寄せられた。

短期決戦で扉は少しだけ開いた。確実に送る戦法を採用し、東が先発した14日はＣＳ最多タイの5犠打。大竹が先発した20日の阪神戦では、菊池がすり足打法で2安打を放った。チームはファイナルステージまでの5試合で計37安打。シーズン中の苦戦とは内容が異なった。

とはいえ、その場しのぎの対策はもろく、ホームは変わらず遠かった。新井監督は「勝負どころに強いチームをつくる」と言った。球団は映像解析のためのホークアイやピッチベースなどを相次いで導入し、正攻法で打つ方法をアシストする。同じ失敗は繰り返せない。

（池本泰尚）

ベンチで戦況を見つめる朝山コーチ㊥と新井監督㊨（10月20日の阪神戦）

## 来季を担う若手

新井監督㊧の下、チャンスをつかみ、65試合で11本塁打を放った末包㊾

# 長所伸ばす指導で成長

## 主力依存 底上げ課題

春先の由宇球場で末包は焦燥感に襲われていた。「どう打てばいいのか」。オフに憧れの米大リーグ、カブスの鈴木と自主トレを行い、学んだはずの下半身主導の打撃。しかし、キャンプ、オープン戦を終えてもものにはできず、開幕を2軍で迎えた。自分の打撃を見失っていた。

浮上のきっかけは新井2軍打撃コーチの言葉にあった。「力を抜いていこう。パワーは十分あるんだから」。打撃フォームを固めることに固執し、知らぬ間に力んでいた。現役時代、右の長距離砲として同じ悩みを経験した新井コーチならではの指摘で調子を上げ、6月に昇格した。

1軍では新井監督からの「打席では、すっと立て」という助言が生きる。目線を下げ過ぎず、低めの球の見切りが良くなり、変化球への対応力が上がった。主力の離脱でチャンスをつかみ、65試合で11本塁打。クライマックスシリーズ（CS）ファーストステージでは貴重な代打本塁打を放った。「新井兄弟、お二人との出会いが大きかった」と感謝する。

選手に寄り添い、長所を伸ばす指導。新井監督は「怒ることは一回もなかった」と振り返る。時に見守り、必要ならば手を差し伸べる。コーチ経験のない指揮官が取った選手の力を最大限に引き出すアプローチ。3年目の大道も、そうした新井流チームづくりで成長した。

5月18日のDeNA戦（横浜）では回をまたいだ六回に2死球を与えるなど途中降板し、1回0/3で6失点。2軍降格も頭をよぎる中、藤井ヘッドコーチからかけられたのは褒め言葉だった。「死球後も四球で逃げずに投げ切れていた。その気持ちを俺は買う。何も変えなくていい。そのままでいいぞ」

この言葉に勇気付けられ、翌登板となった同21日の阪神戦（甲子園）で五回のイニング途中から登板し、回またぎに成功。これを機に今季は自己最多の48試合で防御率2・72と飛躍した。「あのとき、ああ言ってもらって落ち込まずにやっていけた。藤井さんに勉強させてもらい、支えてもらった」

失敗をとがめない空気の中、若い力が芽吹き始めた。ただ、主力への依存度は依然として高く、シーズン終盤は離脱者が相次いで失速。来季の課題は若手の底上げとなる。新井監督は「休んでいては上達しない。選手の背中をもっともっと押してあげたい」。2年目の始まりとなる秋季練習は30日にスタートする。

（千葉教生）

写真

開幕戦の試合開始前、グラウンドに整列し、国歌を聴く新井監督（左端）たちナイン（3月31日）

# 石の上にも三年

## 開幕ヤクルト3連戦

七回、ヤクルト無死、ワンポイントリリーフで村上を二ゴロに仕留め、横山投手コーチ㊨とグータッチする戸根　（1日）

上・二回、広島2死一塁、マクブルーム㊧が今季チーム初となる二盗を決める　（1日）

下・二回、広島無死、デビッドソンが今季チーム第1号の左越え本塁打を放つ　（2日）

五回、広島1死、坂倉のファウルフライがベンチ前へ。ヤクルトの捕手中村㊧が捕れず、驚く新井監督＝奥　（1日）

一回、広島1死一塁、秋山（奥）の右への三塁打で三塁を回る菊池　（2日）

ワールド・ベースボール・クラシックに出場した選手への花束贈呈の際、村上（手前左）とグータッチを交わす栗林　（3月31日）

撮影・山本誉、浜岡学、山崎亮

中國新聞 SELECT

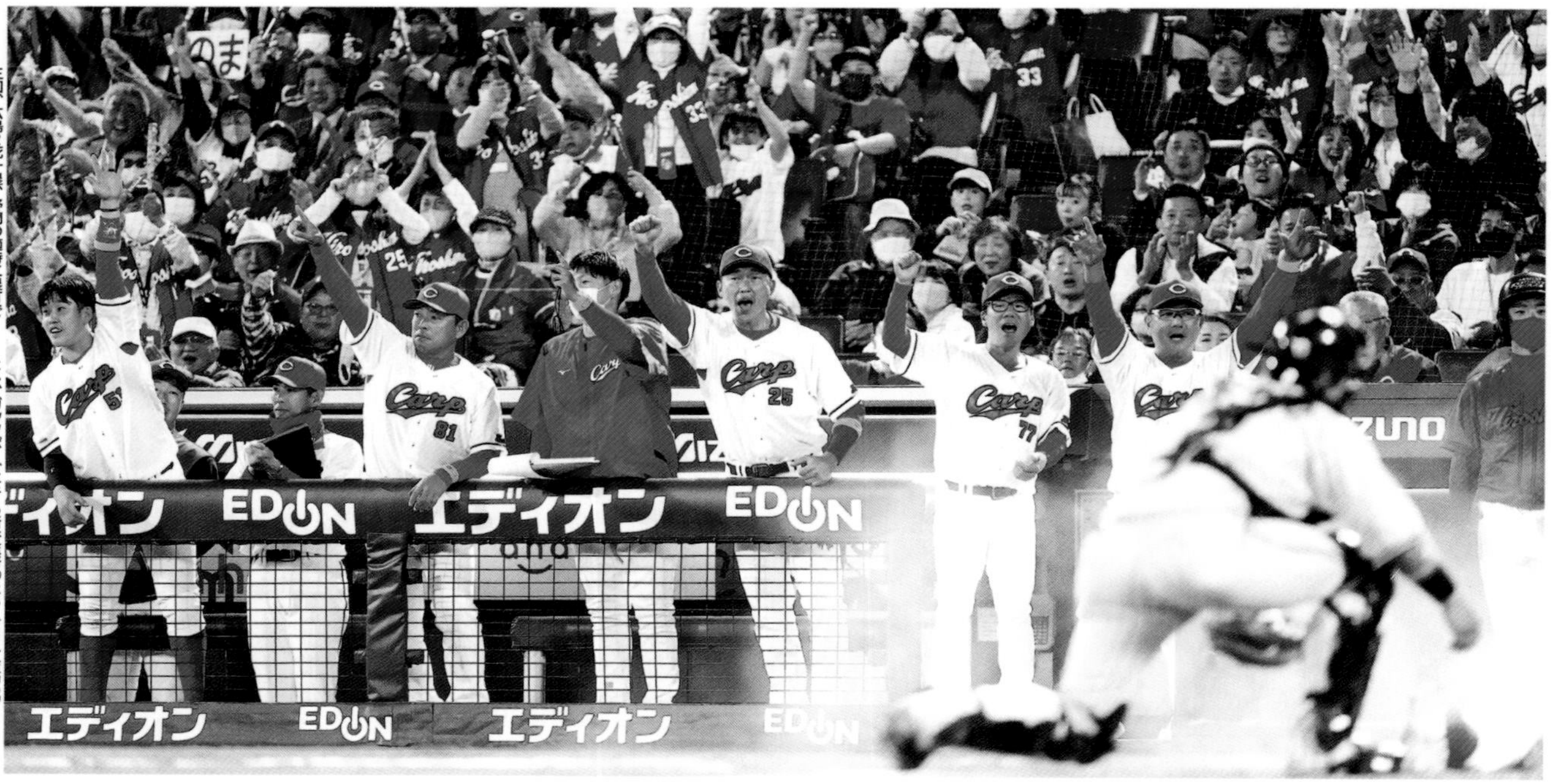

三回、広島2死一塁、野間の適時二塁打で1－1とし、ガッツポーズをする新井監督㉕たち（4日、阪神戦）

# 息吹き返すコイ

## 阪神・巨人戦

4日の阪神戦でヘッドスライディングを連発した菊池。上から一回の遊ゴロ、三回の遊撃への内野安打、三回のホームイン、七回の三塁へのバント安打

降雨コールドゲームで今季初勝利を挙げ、マツダスタジアム通算500勝を達成。ファンの声援に応える新井監督（右端）らナイン（6日、阪神戦）

八回、巨人2死一、三塁、代打梶谷を二ゴロに仕留めほえる戸根（8日、巨人戦）

四回、広島無死一塁、デビッドソン（手前右）が左中間に2ランを放ち、ナインとハイタッチを交わす（6日、阪神戦）

ヒーローインタビューを終え、ファンの声援に手を挙げて応えるデビッドソン㊧、大瀬良㊥、堂林（7日、巨人戦）

四回、広島1死、田中が右越え本塁打を放ち、ベンチ前で笑顔を見せる（9日、巨人戦）

撮影・山本誉、浜岡学、井上貴博

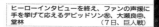

写真

# 春うらら跳ねるコイ

## 中日・ヤクルト戦

六回、ヤクルト無死一、三塁、赤羽のスクイズで本塁へ滑り込む三塁走者の村上㊨をアウトにする坂倉　(15日、ヤクルト戦)

九回、広島2死一、二塁、秋山が右中間に2点三塁打を放ち、三塁に滑り込む（11日、中日戦）

九回、広島２死一塁、秋山⑨が左越えに逆転サヨナラ２ランを放ち、ナインの出迎えを受ける（15日、ヤクルト戦）

六回、ヤクルト１死一、二塁、浜田の二飛を好捕する菊池㊧。右は大盛　(16日、ヤクルト戦)

昨年５月４日以来の１軍マウンドに立ち、三者凡退の好投を見せた黒原　(12日、中日戦)

六回、広島２死満塁、右越えに同点の満塁本塁打を放ち喜ぶ田中㊧　(16日、ヤクルト戦)

六回、広島1死一、三塁、野間が決勝の右前適時打を放つ。投手小川、捕手中村　(14日、ヤクルト戦)

今季初のサヨナラ勝ちに、拳を突き上げて喜ぶ新井監督　(15日、ヤクルト戦)

撮影・山本誉、浜岡学、井上貴博

中國新聞 SELECT

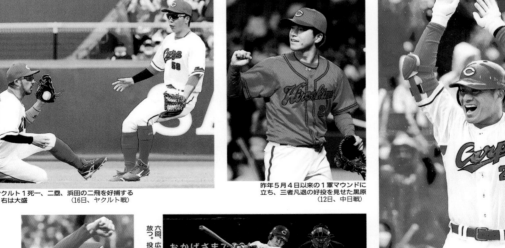

写真

# 待ち遠しいコイのぼり

## 阪神・DeNA戦

九回、阪神1死一、二塁、代打原口を遊直併殺に打ち取り、ガッツポーズをする栗林　(20日、阪神戦)

初先発で八回途中1失点と好投したコルニエル　(21日、DeNA戦)

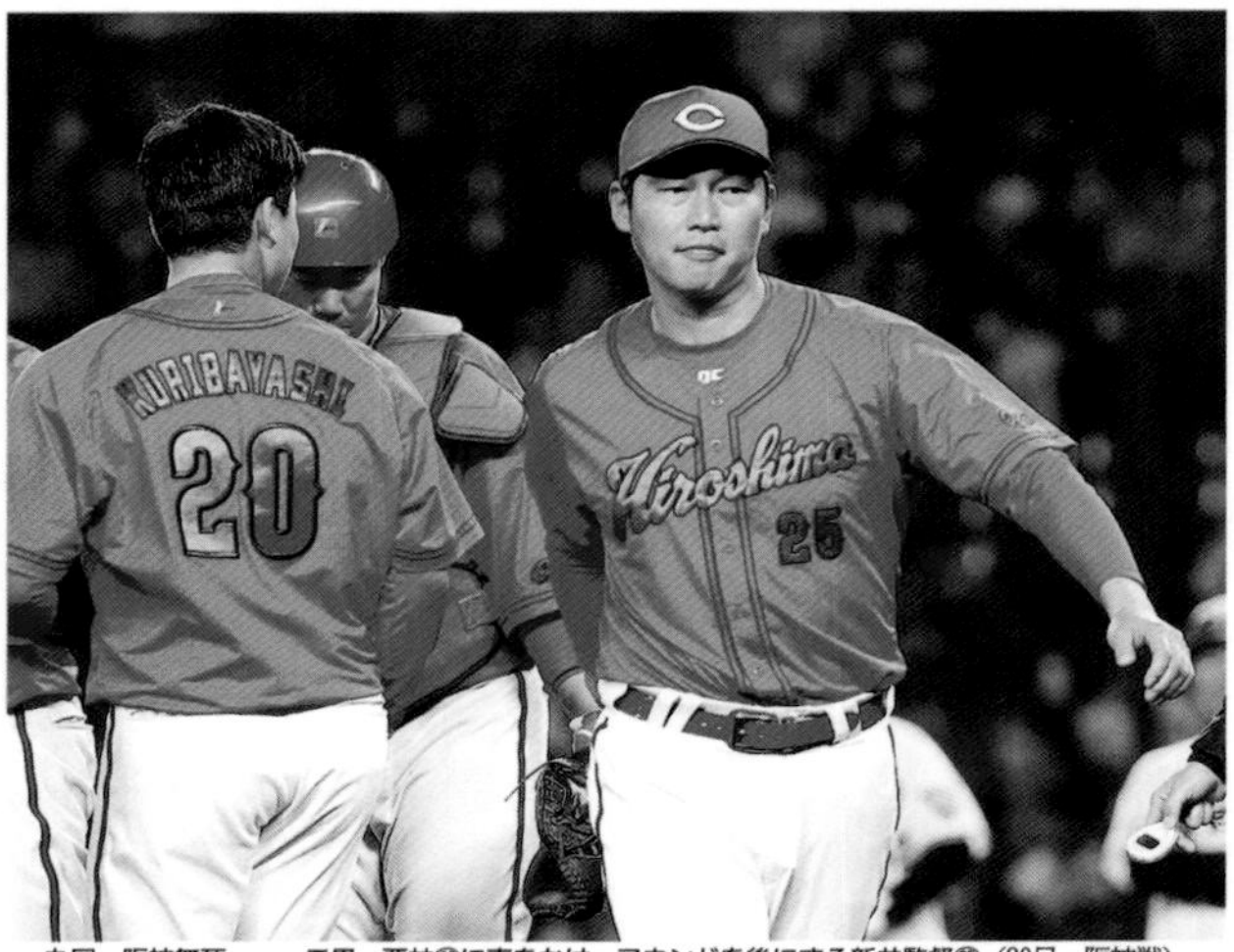


九回、阪神無死、一、二塁、栗林⑳に声をかけ、マウンドを後にする新井監督㉕(20日、阪神戦)

七回、広島無死、マクブルームが左越えに1号ソロを放ち、ナインと喜び合う　(23日、DeNA戦)

### 今季初アーチ

7回無失点と好投した九里(18日、阪神戦)

九回、広島無死、野間が内野安打を放つ(21日、DeNA戦)

四回、広島1死満塁、代打松山が左中間に3点二塁打を放つ(20日、阪神戦)

三回、広島2死、菊池が左越えに1号ソロを放つ(23日、DeNA戦)

撮影・山本誉、浜岡学、山田太一

写真

# 粘るコイ 乗ってコイ

## 中日・巨人戦

延長十二回、広島2死満塁、代打韮沢(手前)がサヨナラの押し出し四球を選び、盛り上がる新井監督㉕たち(27日、中日戦)

六回、巨人2死一、三塁、二塁手菊池がオコエの打球を好捕㊧。倒れたまま二塁へ送球し、一塁走者を封殺する㊨(28日、巨人戦)

## 攻守に菊池鮮烈

一回、通算1500安打を達成し、記念のボードを手にする菊池(27日、中日戦)

二回、広島1死、上本が勝ち越しの左越えソロを放つ(30日、巨人戦)

九回、広島無死、代打韮沢㊧が今季初安打となる右前打を放ち、笑顔を見せる(28日、巨人戦)

九回、中日1死、溝脇を三振に仕留めてほえる大道(26日、中日戦)

六回、広島2死一、二塁、マクブルーム㊧が右越え3ランを放ち、小窪コーチとタッチを交わす。今季初の猛打賞を達成した(30日、巨人戦)

八回、中日無死一塁、龍空のバントの際、マスクを取り指示を出す坂倉(26日、中日戦)

撮影・浜岡学、山崎亮、井上貴博、榎戸直紀

Carp

中國新聞SELECT

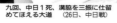

写真

# DeNA・阪神戦

九回、広島1死満塁、坂倉㉛が右中間に満塁本塁打を放ち、ナインの出迎えを受ける（2日、DeNA戦）

## コイの心意気 見せるぞ

塹江が八回に今季初登板。9球で三者凡退に抑えた（3日、DeNA戦）

四回、広島2死、マクブルーム⑩が遊撃へのゴロで一塁に駆け込み、内野安打とする（5日、阪神戦）

八回、DeNA2死一、三塁、佐野から空振り三振を奪い、ほえるターリー（2日、DeNA戦）

今季初登板の先発森下は6回2失点と粘投。六回は三者凡退に抑えて笑顔を見せた（4日、DeNA戦）

二回、広島2死、デビッドソンが先制の6号ソロを放ち、ごますりポーズをする（3日、DeNA戦）

零封負けで3連敗。ファンにあいさつするため並んだ新井監督㉕は口元を引き締めた（5日、阪神戦）

撮影・山本誉、山崎亮、井上貴博

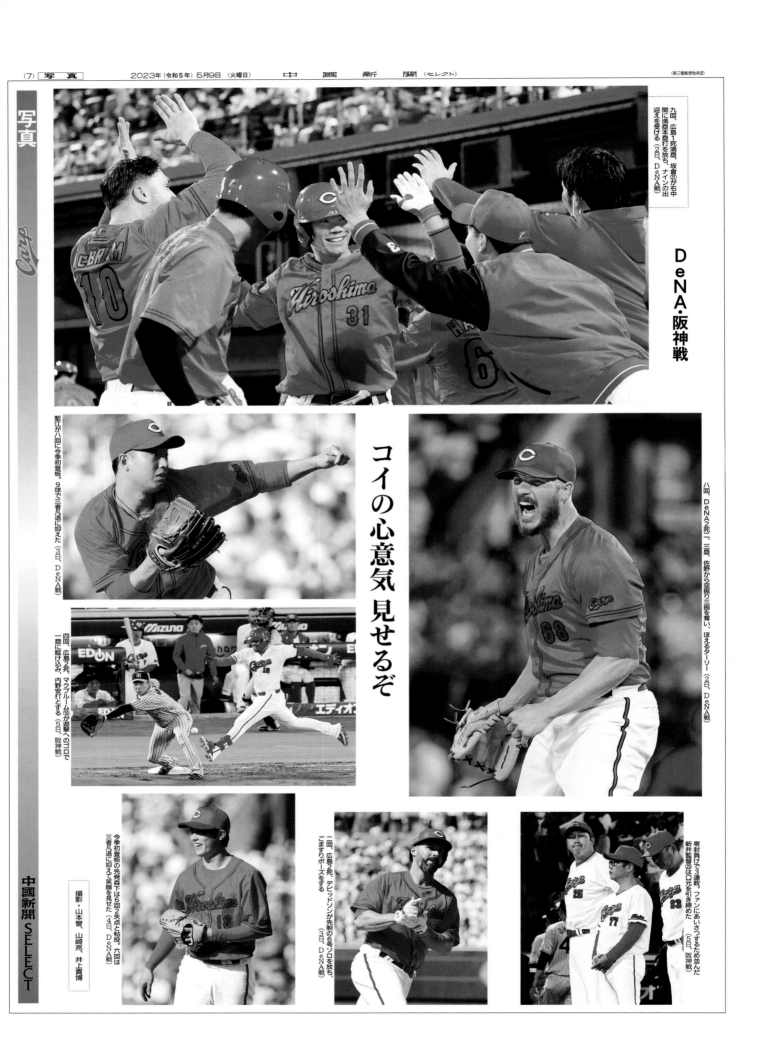

# ロード5勝1敗 コイ弾む

## 中日・巨人戦

3季ぶりとなる完封勝利を収めた九里（手前右）は、新井監督（同左）と笑顔でタッチする（10日、中日戦）

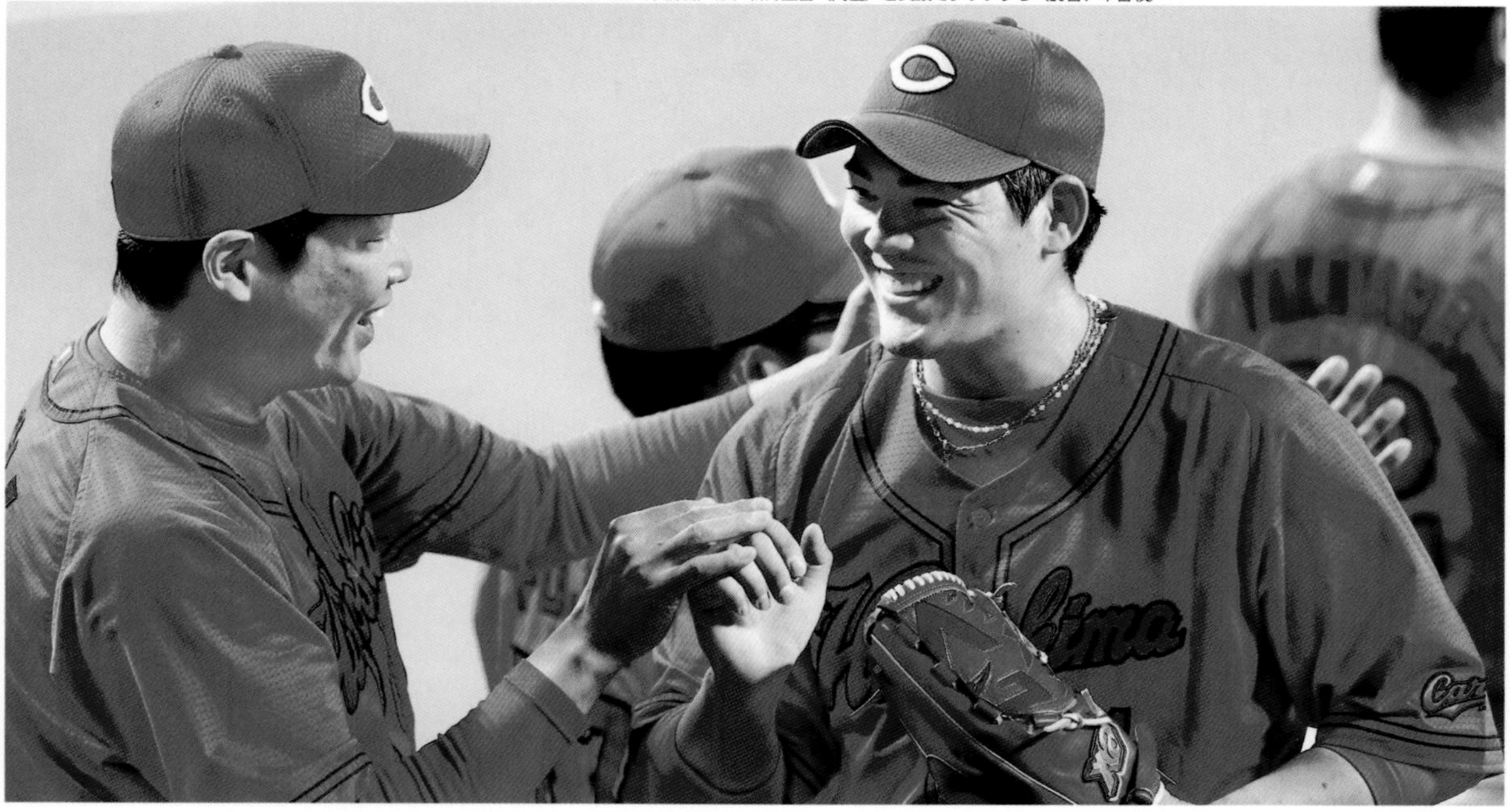

八回、巨人2死一、二塁、門脇を空振り三振に抑えてほえるケムナ（13日、巨人戦）

八回、1死一、二塁、菊池㊧が岡本和の難しいニゴロを好捕。併殺として島内と笑顔でタッチを交わす（14日、巨人戦）

「母の日」に2勝目を挙げ、カーネーションを手にガッツポーズするアンダーソン（14日、巨人戦）

延長十一回、広島1死三塁、代打松山が中越えに決勝の二塁打を放つ（11日、中日戦）

九回、広島2死一塁、代走羽月が二盗を決める（11日、中日戦）

二回、中日1死三塁、鵜飼の遊ゴロで本塁を狙った三塁走者の福永㊧を挟殺する坂倉（11日、中日戦）

撮影・浜岡学、山崎亮

写真

九回に矢崎（左から４人目）が走者を出しながらも無失点でしのぎ、マウンドで喜ぶナイン（19日、阪神戦）

# また上位に戻ってコイ
## DeNA・阪神戦

ヒーローインタビューを終え、スラィリー㊨と国内通算1500安打の記念ボードを掲げる秋山（16日、ＤｅＮＡ戦）

大敗し、ベンチで選手に声を掛ける新井監督＝奥右（18日、ＤｅＮＡ戦）

九回、広島無死、中越え本塁打を放ちベンチ前で喜ぶ堂林⑦（19日、阪神戦）

一回、広島無死、あと少しで本塁打の左飛を放つ中村貴。急きょ支配下登録し先発出場したため、ユニホームが間に合わず背番号123でデビューした（19日、阪神戦）

五回、ＤｅＮＡ１死一、二塁、東を投ゴロ併殺に仕留め、喜ぶ大道㊧と磯村（18日、ＤｅＮＡ戦）

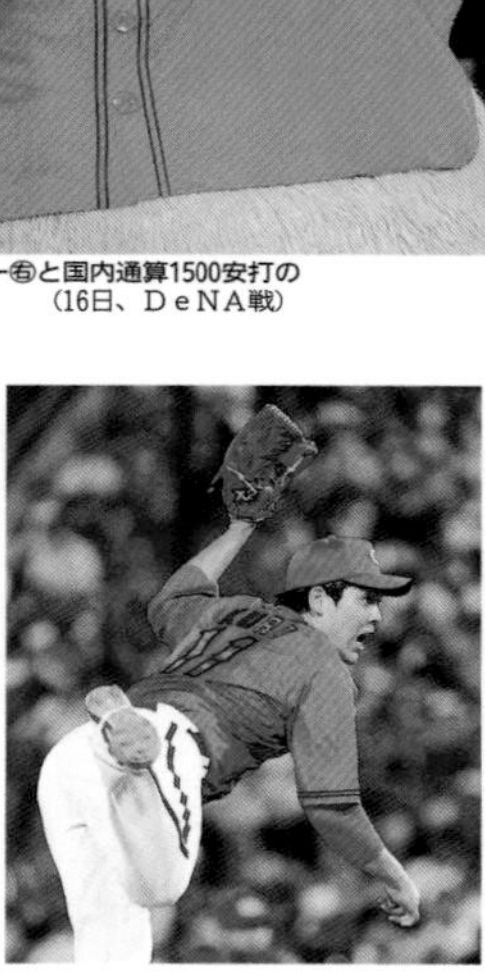
先発し力投する九里。この日通算千投球回を達成した（17日、ＤｅＮＡ戦）

三回、広島2死二塁、中村貴の打席で才木がけん制悪送球。三塁に進む矢野（21日、阪神戦）

撮影・山本誉、山崎亮

中國新聞 SELECT

三回、広島1死一、三塁、田中（右から3人目）が右越えに3ランを放ち、ベンチ前でハイタッチする（26日、ヤクルト戦）

# 久々の地元 燃えた

## 中日・ヤクルト戦

四回、ヤクルト2死一、二塁、村上を空振り三振に仕留め、ほえる大道（26日、ヤクルト戦）

五回、広島無死、中村貴がプロ初安打となる左前打を放つ。投手福谷、捕手木下（23日、中日戦）

六回、2番手で登板し好投する森浦（25日、中日戦）

ヒーローインタビュー後、プロ初打点を決めた中村貴㊥の手を掲げる九里㊧と西川（24日、中日戦）

一回、ヤクルト2死満塁のピンチをしのぎ、笑顔でベンチに戻る森下（27日、ヤクルト戦）

七回、広島2死一、三塁、秋山（右端）が捕手前に適時内野安打を放つ（25日、中日戦）

ファンの声援に手を振って応えるアンダーソン㊧と菊池（28日、ヤクルト戦）

撮影・山本誉、浜岡学、井上貴博

写真

七回に右前適時打を放った西川㊧を迎える森下㊥。右は秋山（3日、ソフトバンク戦）

# ひたむきに 貪欲に

## オリックス・ソフトバンク戦

五回、ソフトバンク無死、投ゴロの川瀬とベース上で衝突し、転倒した一塁手マクブルーム　（4日、ソフトバンク戦）

五回、ソフトバンク無死一塁、川瀬（左端）のバントを捕手坂倉（右端）がダッシュ、二塁へ送球してアウトにする。投手床田（2日、ソフトバンク戦）

六回、オリックス1死、頓宮の打球に飛びついて好捕する右翼手・堂林（5月31日、オリックス戦）

五回、ソフトバンク無死一塁、川瀬のバントで捕手坂倉からの送球を倒れ込みながら捕球して一塁走者甲斐㊨を封殺した遊撃手矢野　（2日、ソフトバンク戦）

7回1失点の好投でオリックス戦の連敗を止めた先発の九里㊧は、笑顔でカメラマンにポーズをとる（5月31日、オリックス戦）

八回、オリックス1死一塁、代打安達の中前打で三塁を狙った紅林㊨をタッチアウトにする韮沢　（1日、オリックス戦）

撮影・山本誉、山田太一、井上貴博

# 今年の交流戦 ひと味違う

## 日本ハム・ロッテ戦

九回、日本ハム2死一、三塁、遊撃手矢野が上川畑のゴロを一塁手韮沢に送球し、判定はアウト。日本ハム・新庄監督のリクエストによるリプレー検証の結果、判定は変わらずゲームセットとなる(7日)

七回、広島2死二塁、西川の左前適時打を喜ぶ新井監督(左から2人目)ら広島ベンチ。3—2で競り勝ち、交流戦で6年ぶりの4連勝(9日、ロッテ戦)

五回、ロッテ無死二塁、中村奨の左前打で本塁を狙った二塁走者藤岡㊧をタッチアウトにする捕手坂倉(11日)

七回、日本ハム1死二塁、アルカンタラを空振り三振に仕留めた九里。7回無失点で5勝目を挙げた(7日)

五回、日本ハム1死二、三塁、ハンソンの打球を中堅手秋山が好捕する(8日)

四回2死一、三塁で適時二塁打を放ち、ナインに迎えられる堂林⑦(6日、日本ハム戦)

プロ初勝利を挙げ、新井監督㊨と握手する栗林(6日、日本ハム戦)

撮影・山崎亮、北田美和子

九回、広島1死二塁、右前へサヨナラ打を放ち、祝福を受ける野間＝左から2人目（14日、楽天戦）

# 踏みとどまったコイ

## 楽天・西武戦

四回、広島1死三塁、スリーバントスクイズを試みた矢野㊳はワンバウンドの投球を空振り。捕手がそらす間に、三塁走者田中②が8年ぶりの本盗を決める（17日、西武戦）

六回、広島無死二塁、緩い一ゴロを放った野間（手前左）が楽天の一塁手鈴木大のタッチをかわして㊤、一塁に滑り込む㊦。判定は「3フィートオーバー」でアウト（13日）

四回、広島１死満塁、代打松山が右翼線に２点二塁打を放ち、拳を突き上げる（15日、楽天戦）

今季初完封勝利を挙げ、新井監督㉕からねぎらわれる床田（16日、西武戦）

今季３勝目の森下⑱は、お立ち台で田中とポーズを決める（17日、西武戦）

撮影・山本誉、浜岡学、山田太一、井上貴博

写真

Carp

2カ月半ぶりの白星を挙げた大瀬良（24日）

# リーグ戦 上々の再発進

（23〜25日、巨人戦）

巨人に連勝し3位に浮上。タッチして喜ぶ広島ナイン（25日）

四回、広島1死二塁、上本が三盗を決める（24日）

今季初勝利を挙げた森⑯に声援を送るファン（25日）

六回、巨人2死一、三塁、中山の飛球をつかんだ野間（奥）。手前は秋山（25日）

三回、広島1死、先制本塁打を放ち祝福される堂林⑦（24日）

九回、広島無死、坂倉が右越え本塁打を放つ（23日）

二回、広島2死二塁、適時二塁打を放ち、ごますりポーズをするデビッドソン（23日）

撮影・浜岡学、井上貴博

中國新聞SELECT

# 初物尽くし さあ攻勢

## DeNA・ヤクルト戦

今季初先発の野村。雨の中、6回を無失点に抑える力投を見せた（6月29日、DeNA戦）

三回、広島無死一塁、打者菊池の時、大瀬良⑭がプロ初盗塁となる二盗を決める（1日、ヤクルト戦）

五回、広島1死一、二塁、森下⑱が左越えにプロ初本塁打となる勝ち越し3ランを放ち、新井監督（左から2人目）の祝福を受ける（6月28日、DeNA戦）

四回、DeNA1死一、三塁、戸柱の一ゴロで飛び出した三塁走者ソト㉒を挟殺する坂倉（6月27日）

5連勝して喜ぶナイン（6月29日、DeNA戦）

七回、ヤクルト無死、村上を投ゴロに仕留めた九里（6月30日）

六回を三者凡退に抑え、野手を迎える中崎（1日、ヤクルト戦）

撮影・山本誉、山崎亮、山田太一

写真

# 攻防 一進一退 粘り強く

## 阪神・中日戦

二回、広島2死一塁、右中間に先制の2ランを放ちベンチ前で喜ぶ小園（中央）＝6日、阪神戦

7回1失点と好投し、7勝目を挙げた床田（4日、阪神戦）

一回、阪神1死一塁、大山のファウルフライを追いかけ、フェンスにぶつかる右翼手野間（5日）

一回、広島2死一、二塁、右越えに3ランを放ちベンチ前で新井監督㉕から祝福を受ける田中（4日、阪神戦）

八回に登板し、1回を無失点に抑えた大道（7日、中日戦）

2勝目を挙げた森がファンの声援に応える（9日、中日戦）

七回、中日2死二塁、岡林の中前打で本塁に滑り込む二塁走者村松⑤をアウトにする坂倉（8日）

撮影・山本誉、浜岡学、井上貴博

中國新聞SELECT

写真

Carp

5連勝を喜ぶナイン。前半戦を2位で終えた（17日、DeNA戦）

# うれC　5連勝　首位目前

## 巨人・DeNA戦

七回、広島2死一塁、床田が秋山の右前打で三塁を回って生還。2―1と勝ち越す（17日、DeNA戦）

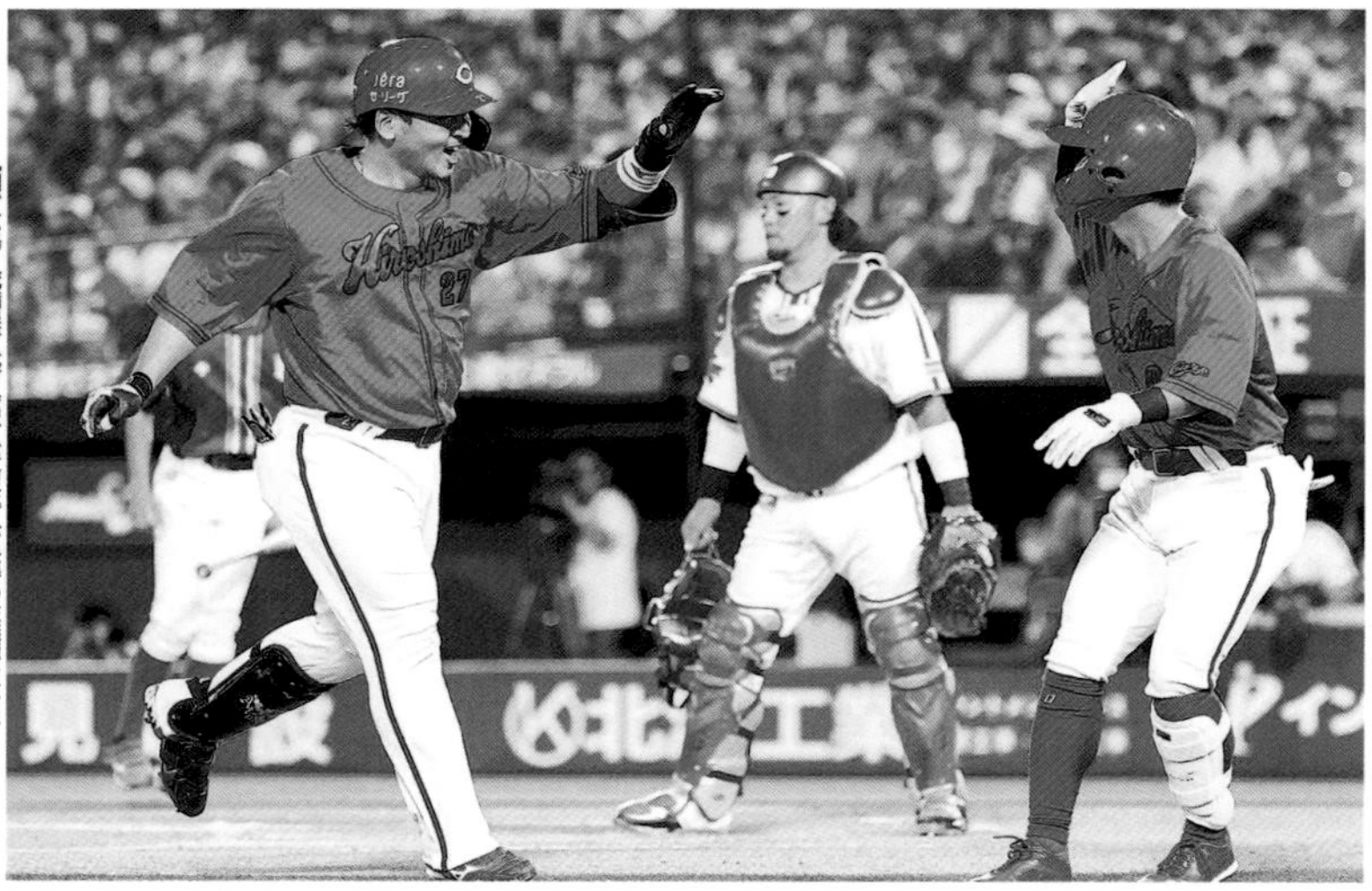
九回、広島1死満塁、代打会沢（手前左）が決勝の左犠飛を放ち、次打者上本（同右）に迎えられる（15日、DeNA戦）

延長十一回、広島2死二、三塁、坂倉の中前2点打で生還し、ナインに迎えられる三塁走者野間（手前）と二塁走者秋山（奥）（13日、巨人戦）

一回、巨人無死、ブリンソンのゴロをさばく三塁手上本（13日）

今季初完封で5勝目を挙げ、ファンの声援に応える森下（12日、巨人戦）

八回、DeNA1死一塁、代打楠本のゴロを好捕する遊撃手小園（17日）

撮影・山崎亮

中國新聞SELECT

# 後半戦もコイ上昇気流

## 中日戦

中日に3−1で勝利して7連勝。ナインはベンチ前で喜ぶ（23日）

七回、広島無死、左翼線に二塁打を放ち、一塁を回る森下㊧。右は一塁コーチの小窪コーチ（22日、中日戦）

七回、広島２死満塁、中前に２点適時打を放ちポーズをとるデビッドソン（22日、中日戦）

一回、広島１死一塁、中日・柳の暴投で二塁に滑り込む小園㊧（23日、中日戦）

## オールスター

一回、全パ無死、先発九里㊨が初球を大暴投。打者杉本（オリックス）がマウンドに詰め寄り、あわや乱闘かと思いきや、抱き合う寸劇に観客は大爆笑だった（20日、第２戦）

六回、全セ無死一塁、秋山㊧が左前打を放ち、一塁コーチのターリーと笑顔で話す（19日、第１戦）

子供たちの歓迎を受けて入場するターリー（20日、第２戦）

撮影・山本誉、浜岡学、井上貴博、河合佑樹

写真

# 一丸の快進撃
## ヤクルト・阪神戦

四回、広島1死一、二塁、右中間に逆転の3ランを放ちベンチ前で喜ぶ末包㉜（26日、ヤクルト戦）

八回、広島１死満塁、堂林が中前に２点打を放ち、雄たけびを上げながら一塁へ走る　（27日、ヤクルト戦）

三回、広島２死三塁、勝ち越しの左前打を放ち、ベンチに手を上げる野間　（28日、阪神戦）

七回、広島2死一、二塁、デビッドソンが勝ち越しの中越え2点二塁打を放ち、喜ぶ新井監督＝手前中央（25日、ヤクルト戦）

四回、阪神１死、佐藤輝を中飛に打ち取り、両手を上げて喜ぶ大瀬良　（30日）

八回、広島１死一塁、小園が左中間へ同点の二塁打を放ち、ガッツポーズ　（29日、阪神戦）

九回、阪神2死一、二塁、大山を空振り三振に仕留めてほえる栗林（29日）

撮影・山本誉、浜岡学、井上貴博

中國新聞SELECT

# 勢いは止まらない

## DeNA・巨人戦

九回、広島1死満塁、代打松山がサヨナラ打を放ち、雄たけびを上げながら一塁へ走る（4日、巨人戦）

ヒーローインタビューでポーズをとる4勝目を挙げた森㊧と先制打の上本（2日、DeNA戦）

七回、広島2死一塁、右越えに2ランを放ちベンチ前で喜ぶ田中②（5日、巨人戦）

一回、DeNA2死、宮崎の緩い三ゴロを一塁に送球する上本（2日）

五回、DeNA無死一塁、今永がバントした打球を捕りに行く坂倉（1日）

九回、広島1死満塁、同点の右前打を放ち一塁でガッツポーズの小園（4日、巨人戦）

「原爆の日」にマツダスタジアムであった「ピースナイター」で、試合前に黙とうするファンやナイン（6日、巨人戦）

先発玉村が7回2失点と好投し、2勝目を挙げる（5日、巨人戦）

撮影・山本誉、浜岡学、山田太一

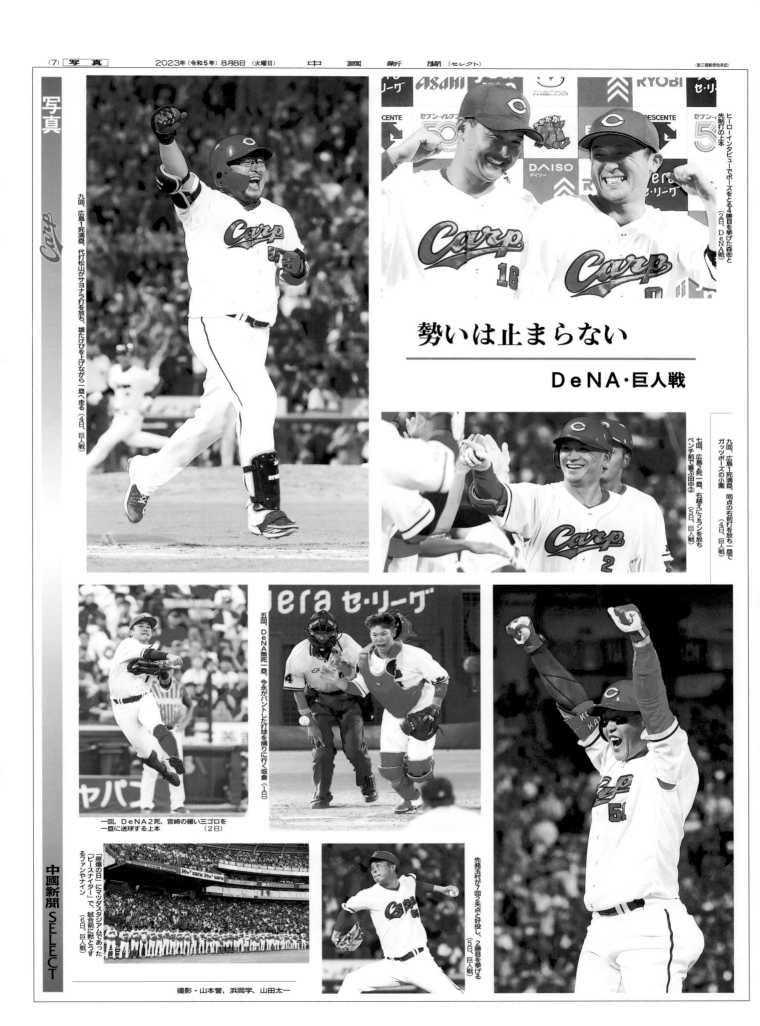

# 勝てぬ日々 力に変える

## ヤクルト・中日戦

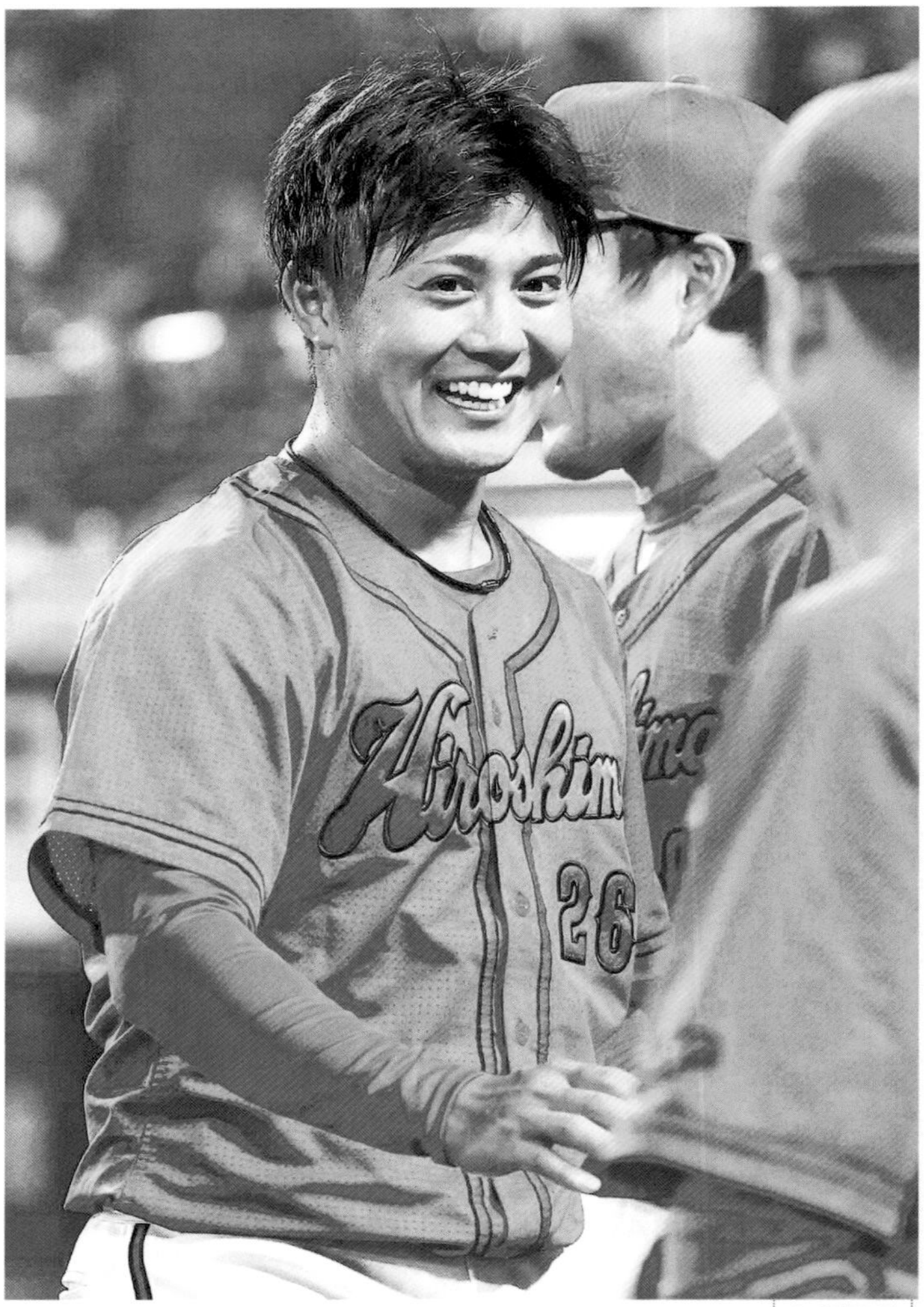

延長十回、広島2死、左中間へ本塁打を放ち、三塁を回る堂林（13日、中日戦）

新人の益田がヤクルト18回戦の四回にプロ初登板。3者連続三振に仕留め、笑顔でベンチに戻る。五回も3人で抑えた（10日）

逆転サヨナラ負けで引き分けを挟んで6連敗。引き揚げてくる選手をベンチ前で待つ新井監督㊧たち首脳陣（13日、中日戦）

五回、中日1死一塁、高橋周の飛球を好捕する中堅手の上本（12日）

延長十二回、中日1死二塁、投ゴロで飛び出した二塁走者川越㊧を二、三塁間で挟殺する遊撃手矢野㊥（11日）

七回、広島1死、坂倉（中央）が2者連続となる左越えソロを放ち、ナインに迎えられる（9日、ヤクルト戦）

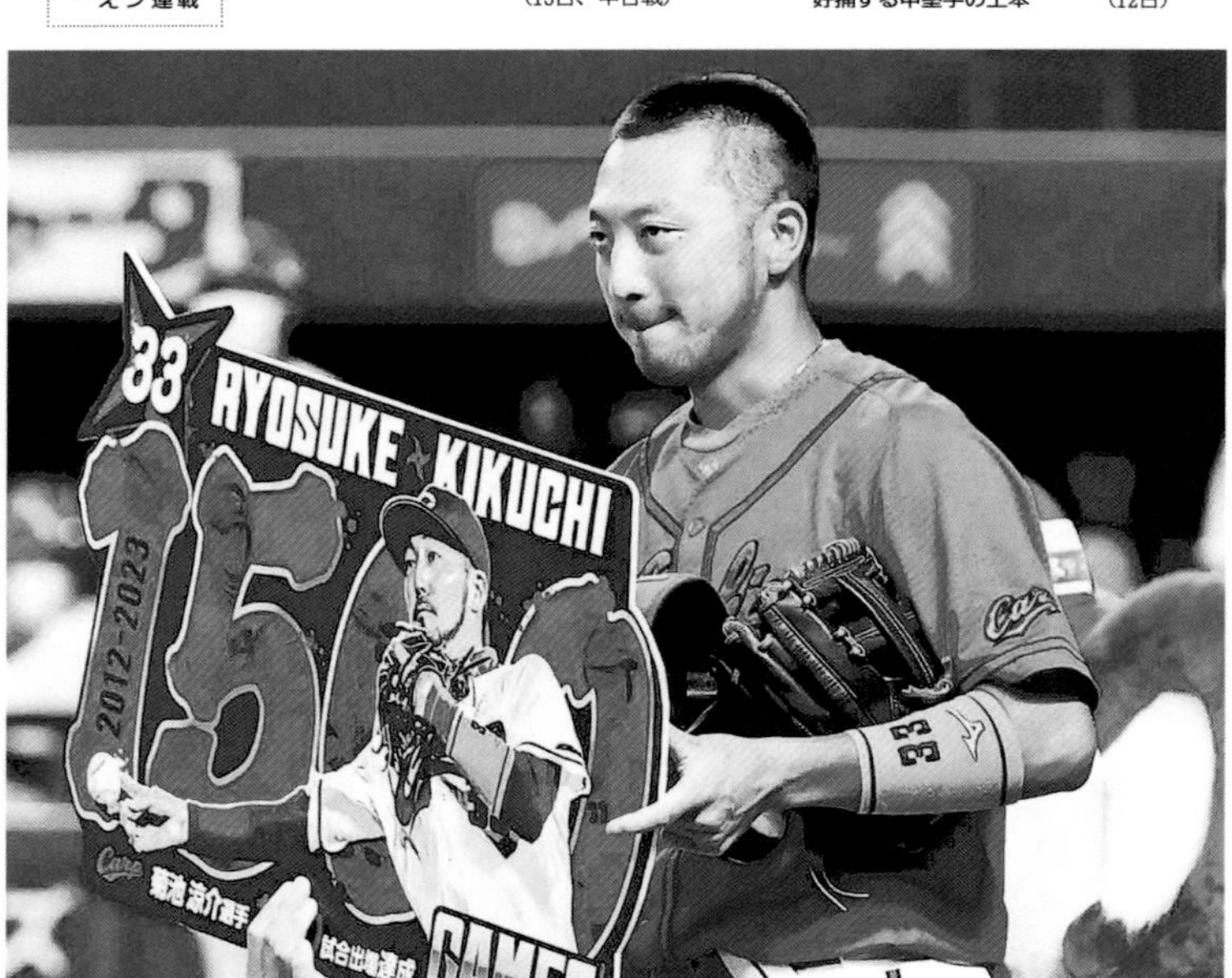


通算1500試合出場を達成し、記念ボードを手にする菊池（12日、中日戦）

撮影・山崎亮、井上貴博、高岡辰伍

# 諦めない 最後まで

## 阪神・巨人戦

一回、広島1死一塁、小園が右越えに4号2ランを放つ　（15日、阪神戦）

今季2度目の完封で、初の10勝を挙げた床田（17日、阪神戦）

六回、広島無死、右中間に同点のソロを放つデビッドソン（15日、阪神戦）

### 攻めの守備

❶ 八回、巨人1死一、二塁、岸田のゴロをさばいた遊撃手矢野が二塁手菊池にトス

❷ 矢野からのトスを受けた菊池㊧は一塁走者の梶谷㊨を二封し、一塁へ送球

❸ 菊池からの送球を一塁手堂林㊧が受け、併殺を完成させる。右は岸田（いずれも20日、巨人戦）

一回、巨人1死、先発の森が吉川の高いバウンドのゴロに飛び付くが打球は中前へ抜ける　（18日、巨人戦）

六回、広島1死、末包㊨が左越えに本塁打を放ち、ベンチ前で笑顔を見せる　（19日、巨人戦）

撮影・山本誉、浜岡学、山田太一、井上貴博

写真

# 「全員野球」本領ここから

## ＤｅＮＡ・ヤクルト戦

九回、広島無死満塁、坂倉（手前左）が右犠飛を放ちサヨナラ勝ちを収め、喜びを爆発させる（25日、ヤクルト戦）

四回、広島無死、堂林が２打席連発となる左越えソロを放つ（22日、ＤｅＮＡ戦）

左・五回、ヤクルト２死一、二塁、村上㊧の遊飛に指を突き上げる森（25日、ヤクルト戦）
右・五回、広島１死一塁、左中間へ逆転の２ランを放ちベンチに向かいごますりポーズをするデビッドソン（26日、ヤクルト戦）

リーグ最多３度目の完封勝利を収め、会沢㊨と握手する九里（22日、ＤｅＮＡ戦）

延長十一、十二回を無失点に抑え、引き分けに持ち込んだアドゥワ（27日、ヤクルト戦）

四回、広島１死満塁、末包が右翼線に２点二塁打を放つ（26日、ヤクルト戦）

八回、広島２死一塁、打者小園のとき、二盗を決める代走矢野㊨（23日、ＤｅＮＡ戦）

撮影・山本誉、浜岡学、山崎亮

写真

# 虎の尻尾 離さない

## 巨人・中日戦

6回を無失点と好投し6勝目を挙げた大瀬良（8月30日、巨人戦）

九回、巨人2死、長野の打球に飛び付く遊撃手矢野（30日）

八回、広島2死一、二塁、代打末包が逆転の左越え3ランを放つ　（29日、巨人戦）

五回、広島2死一塁、小園の右中間二塁打に敵失が絡み、一塁走者田中（手前）が三塁を蹴りホームへ向かう（29日、巨人戦）

1失点で今季3度目となる完投をした森下（2日、中日戦）

五回、広島2死一塁、先制点につながる二塁打を放ち、ガッツポーズをする小園　（29日、巨人戦）

撮影・浜岡学、山田太一、井上貴博

四回、中日2死二塁、柳の左前打で本塁を狙った二塁走者石川昂㉕をタッチアウトにする捕手会沢　（3日）

四回、広島2死、中越え二塁打を放ち、一塁を回る堂林　（1日、中日戦）

中國新聞 SELECT

写真

# がむしゃらに戦い抜く

## DeNA・阪神戦

延長十回、広島2死一、二塁、サヨナラの中前打を放った堂林⑦を祝福するナイン（5日、DeNA戦）

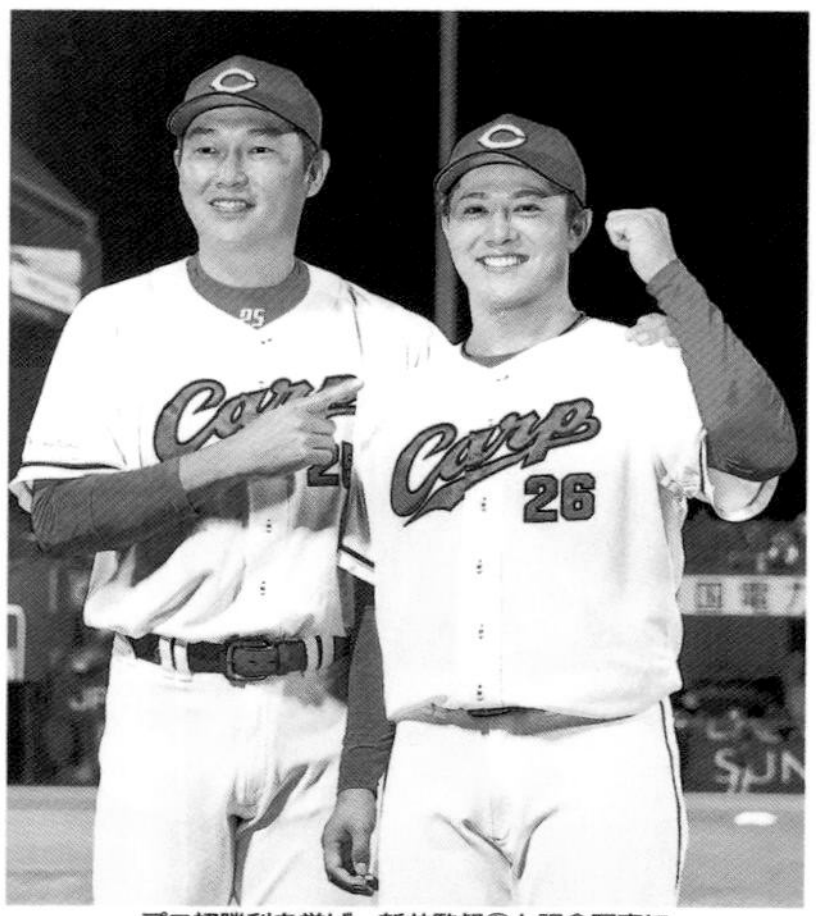

プロ初勝利を挙げ、新井監督㉕と記念写真に納まる益田　（6日、DeNA戦）

延長十一回、広島2死、サヨナラの右越えソロを放ったデビッドソン㊥が新井監督㊧と抱き合う。右は朝山打撃コーチ（6日、DeNA戦）

二回、DeNA1死三塁、ソトの左犠飛で生還した三塁走者牧（手前右）と捕手会沢（同左）が接触、左手を痛める　（7日）

八回、広島1死、右越え打を放ったデビッドソン㊧が二塁を回り、三塁打にする　（8日、阪神戦）

八回、阪神2死一、二塁、代打原口の中前打を野間が本塁へ送球。二塁走者坂本をアウトにする　（10日）

七回、阪神無死、近本の飛球を背走して捕る二塁手小園（9日）

撮影・山本誉、浜岡学、山田太一、井上貴博

中國新聞SELECT

Carp

# 2位死守へ踏ん張りどころ

## ヤクルト・阪神・中日戦

六回、広島1死満塁、代打松山が右翼線へ2点二塁打を放ち、雄たけびを上げながら一塁に走る（16日、阪神戦）

五回、ヤクルト2死満塁、内山を空振り三振に仕留め、ほえる大瀬良（13日）

九回、広島1死一、三塁、代打末包㊧が左前適時打を放ち、一塁でガッツポーズ（17日、中日戦）

七回、力投する大道（14日、ヤクルト戦）

五回を三者凡退に抑え、笑顔でベンチに戻る益田（12日、ヤクルト戦）

七回、広島2死満塁、中村貴が中前適時打を放つ（18日、中日戦）

1000試合出場を果たした会沢がボードを掲げる（16日、阪神戦）

プロ初安打の球を手に笑顔を見せる田村（12日、ヤクルト戦）

撮影・山本誉、浜岡学、山崎亮、井上貴博

写真

# 正念場 踏ん張るコイ

## DeNA・巨人・ヤクルト戦

八回、広島2死、末包㊧が2打席連続となる左越えソロを放ち、ポーズを取る
(23日、巨人戦)

七回、広島無死、中前に二塁打を放ち、ほえる矢野
(20日、DeNA戦)

六回、巨人無死、ブリンソンのゴロを捕った遊撃手小園が左足首をひねりながらも一塁へ送球してアウトにする　(23日)

三回、DeNA1死、大田の飛球を好捕する左翼手堂林
(20日)

二回、広島無死一塁、坂倉が二盗を決める
(24日、ヤクルト戦)

九回、ヤクルト2死一、二塁、山崎㊧の打球を一塁手堂林がつかみ損ねるが、矢崎が一塁ベースカバーに入ってアウトにする　(24日)

ジェット風船を飛ばす右翼席のファン。今季最多の3万1269人が入場した
(24日、ヤクルト戦)

撮影・山本誉、山崎亮、山田太一、井上貴博、武藤健一

中國新聞 SELECT

写真

# 一岡 有終 感謝のマウンド

## 引退試合・セレモニー

（1日、レギュラーシーズン最終戦）

【広島－阪神】六回に登板し、島田に投げ込む一岡

六回、阪神無死、一岡が島田を見逃し三振に仕留め、会沢㊨と握手する

六回、最後の登板を終え、マウンドで新井監督㉕とタッチする一岡㉚

六回、新井監督㊨に促されてマウンドに上がる一岡

引退セレモニーで胴上げされる一岡

引退セレモニーで一岡と記念写真に納まるナイン

花束を手にファンの声援に応える一岡

一岡へ感謝のメッセージを掲げるスタンドの観客

撮影・山本誉、浜岡学、山田太一

# 広島東洋カープ 2023成績表

| 月・日 | 球場 | 順位 | 勝敗 | スコア | 相手 | 責任投手 |
|---|---|---|---|---|---|---|
| 3/31 | 神宮 | ― | ● | 0−4 | ヤクルト | 大瀬良 |
| 4/1 | 神宮 | 5 | ● | 0−1 | 〃 | 島内 |
| 2 | 神宮 | 5 | ● | 2−3 | 〃 | 松本 |
| 4 | マツダ | 5 | ● | 4−5 | 阪神 | 栗林 |
| 6 | マツダ | 6 | ○ | 3−0 | 〃 | 遠藤 |
| 7 | マツダ | 4 | ○ | 4−2 | 巨人 | 大瀬良 |
| 8 | マツダ | 3 | ○ | 6−3 | 〃 | 床田 |
| 9 | マツダ | 3 | ○ | 4−2 | 〃 | 玉村 |
| 11 | バンテリンド | 3 | ○ | 4−1 | 中日 | 九里 |
| 12 | バンテリンド | 3 | ● | 2−5 | 〃 | 遠藤 |
| 14 | マツダ | 3 | ○ | 1−0 | ヤクルト | 大瀬良 |
| 15 | マツダ | 2 | ○ | 5−4 | 〃 | 戸根 |
| 16 | マツダ | 1 | ○ | 7−5 | 〃 | ターリー |
| 18 | 甲子園 | 3 | ● | 1−2 | 阪神 | 栗林 |
| 19 | 甲子園 | 4 | ● | 1−6 | 〃 | 遠藤 |
| 20 | 甲子園 | 4 | ○ | 7−5 | 〃 | ケムナ |
| 21 | マツダ | 4 | ● | 0−1 | DeNA | コルニエル |
| 22 | マツダ | 4 | ○ | 3−0 | 〃 | 床田 |
| 23 | マツダ | 4 | ● | 3−4 | 〃 | 栗林 |
| 26 | マツダ | 3 | ● | 3−6 | 中日 | 大瀬良 |
| 27 | マツダ | 3 | ○ | 3−2 | 〃 | 矢崎 |
| 28 | 東京ド | 3 | ● | 4−5 | 巨人 | 遠藤 |
| 29 | 東京ド | 3 | ● | 3−4 | 〃 | 栗林 |
| 30 | 東京ド | 3 | ○ | 11−4 | 〃 | アンダーソン |
| 5/2 | 横浜 | 3 | ○ | 6−1 | DeNA | ターリー |
| 3 | 横浜 | 3 | ● | 1−4 | 〃 | 九里 |
| 4 | 横浜 | 3 | ● | 2−3 | 〃 | 松本 |
| 5 | マツダ | 3 | ● | 0−5 | 阪神 | 遠藤 |
| 9 | 岐阜 | 3 | ○ | 1−0 | 中日 | 床田 |
| 10 | バンテリンド | 3 | ○ | 4−0 | 〃 | 九里 |
| 11 | バンテリンド | 3 | ○ | 3−2 | 〃 | 矢崎 |
| 12 | 東京ド | 3 | ○ | 9−4 | 巨人 | 矢崎 |
| 13 | 東京ド | 3 | ● | 4−5 | 〃 | 松本 |
| 14 | 東京ド | 3 | ○ | 7−2 | 〃 | アンダーソン |
| 16 | 横浜 | 3 | ○ | 7−5 | DeNA | 床田 |
| 17 | 横浜 | 3 | ● | 4−7 | 〃 | 九里 |
| 18 | 横浜 | 3 | ● | 3−13 | 〃 | コルニエル |
| 19 | 甲子園 | 3 | ○ | 10−7 | 阪神 | ケムナ |
| 20 | 甲子園 | 3 | ● | 0−1 | 〃 | 森下 |
| 21 | 甲子園 | 4 | ● | 1−4 | 〃 | アンダーソン |
| 23 | マツダ | 4 | ● | 1−3 | 中日 | 大瀬良 |
| 24 | マツダ | 4 | ○ | 6−2 | 〃 | 九里 |
| 25 | マツダ | 4 | ● | 2−8 | 〃 | コルニエル |
| 26 | マツダ | 4 | ○ | 6−4 | ヤクルト | 島内 |
| 27 | マツダ | 3 | ○ | 4−1 | 〃 | 森下 |
| 28 | マツダ | 3 | ○ | 3−1 | 〃 | アンダーソン |
| 30 | 京セラ | 3 | ● | 0−4 | オリックス | 大瀬良 |
| 31 | 京セラ | 3 | ○ | 3−1 | 〃 | 九里 |
| 6/1 | 京セラ | 3 | ● | 2−9 | 〃 | コルニエル |
| 2 | マツダ | 3 | ● | 1−5 | ソフトバンク | 床田 |
| 3 | マツダ | 3 | ○ | 4−2 | 〃 | 森下 |
| 6/4 | マツダ | 3 | ● | 2−3 | ソフトバンク | 栗林 |
| 6 | エスコ | 3 | ○ | 3−2 | 日本ハム | 栗林 |
| 7 | エスコ | 3 | ○ | 1−0 | 〃 | 九里 |
| 8 | エスコ | 3 | ○ | 7−2 | 〃 | コルニエル |
| 9 | ゾゾ | 3 | ○ | 3−2 | ロッテ | 床田 |
| 10 | ゾゾ | 3 | ● | 4−5 | 〃 | 栗林 |
| 11 | ゾゾ | 3 | ● | 5−6 | 〃 | 黒原 |
| 13 | マツダ | 4 | ● | 3−6 | 楽天 | 大瀬良 |
| 14 | マツダ | 4 | ○ | 4−3 | 〃 | 矢崎 |
| 15 | マツダ | 4 | ● | 7−11 | 〃 | 島内 |
| 16 | マツダ | 4 | ○ | 2−0 | 西武 | 床田 |
| 17 | マツダ | 4 | ○ | 6−4 | 〃 | 森下 |
| 18 | マツダ | 4 | ● | 4−11 | 〃 | 河野 |
| 23 | マツダ | 4 | ● | 3−5 | 巨人 | 九里 |
| 24 | マツダ | 4 | ○ | 3−1 | 〃 | 大瀬良 |
| 25 | マツダ | 3 | ○ | 3−2 | 〃 | 森 |
| 27 | マツダ | 3 | ○ | 3−2 | DeNA | ターリー |
| 28 | マツダ | 3 | ○ | 6−2 | 〃 | 森下 |
| 29 | マツダ | 3 | ○ | 5−3 | 〃 | ターリー |
| 30 | 神宮 | 3 | ○ | 8−0 | ヤクルト | 九里 |
| 7/1 | 神宮 | 3 | ● | 2−3 | 〃 | 大瀬良 |
| 2 | 神宮 | 3 | ● | 2−4 | 〃 | 森 |
| 4 | マツダ | 3 | ○ | 9−1 | 阪神 | 床田 |
| 5 | マツダ | 3 | ● | 0−2 | 〃 | 森下 |
| 6 | マツダ | 3 | ○ | 4−0 | 〃 | 野村 |
| 7 | バンテリンド | 3 | ● | 0−8 | 中日 | 九里 |
| 8 | バンテリンド | 3 | ● | 1−5 | 〃 | 大瀬良 |
| 9 | バンテリンド | 3 | ○ | 3−2 | 〃 | 森 |
| 11 | 東京ド | 3 | ● | 0−4 | 巨人 | 床田 |
| 12 | 東京ド | 3 | ○ | 2−0 | 〃 | 森下 |
| 13 | 東京ド | 3 | ○ | 6−1 | 〃 | 大道 |
| 15 | 横浜 | 3 | ○ | 2−1 | DeNA | 栗林 |
| 16 | 横浜 | 2 | ○ | 3−2 | 〃 | ターリー |
| 17 | 横浜 | 2 | ○ | 2−1 | 〃 | 床田 |
| 22 | マツダ | 2 | ○ | 5−3 | 中日 | 森下 |
| 23 | マツダ | 2 | ○ | 3−1 | 〃 | 大瀬良 |
| 25 | マツダ | 2 | ○ | 6−3 | ヤクルト | ターリー |
| 26 | マツダ | 2 | ○ | 5−3 | 〃 | 森 |
| 27 | マツダ | 1 | ○ | 4−1 | 〃 | 床田 |
| 28 | 甲子園 | 2 | ● | 2−7 | 阪神 | 野村 |
| 29 | 甲子園 | 2 | △ | 2−2 | 〃 | ― |
| 30 | 甲子園 | 2 | ● | 2−4 | 〃 | 大瀬良 |
| 8/1 | マツダ | 2 | ● | 3−5 | DeNA | 栗林 |
| 2 | マツダ | 2 | ○ | 4−2 | 〃 | 森 |
| 3 | マツダ | 2 | △ | 0−0 | 〃 | ― |
| 4 | マツダ | 2 | ○ | 4−3 | 巨人 | 大道 |
| 5 | マツダ | 2 | ○ | 7−3 | 〃 | 玉村 |
| 6 | マツダ | 2 | ● | 0−13 | 〃 | 大瀬良 |
| 8 | 神宮 | 2 | ● | 4−5 | ヤクルト | ターリー |
| 9 | 神宮 | 2 | ● | 5−11 | 〃 | 森 |
| 10 | 神宮 | 2 | ● | 3−13 | 〃 | 床田 |
| 8/11 | バンテリンド | 2 | △ | 3−3 | 中日 | ― |
| 12 | バンテリンド | 2 | ● | 2−3 | 〃 | 森下 |
| 13 | バンテリンド | 2 | ● | 1−2 | 〃 | 矢崎 |
| 15 | マツダ | 2 | ○ | 7−6 | 阪神 | ターリー |
| 16 | マツダ | 2 | ● | 3−5 | 〃 | 九里 |
| 17 | マツダ | 2 | ○ | 6−0 | 〃 | 床田 |
| 18 | マツダ | 2 | ● | 4−5 | 巨人 | 矢崎 |
| 19 | マツダ | 2 | ○ | 6−3 | 〃 | 森下 |
| 20 | マツダ | 2 | ○ | 7−5 | 〃 | 玉村 |
| 22 | 横浜 | 2 | ○ | 5−0 | DeNA | 九里 |
| 23 | 横浜 | 2 | ○ | 5−2 | 〃 | 大瀬良 |
| 24 | 横浜 | 2 | ● | 1−3 | 〃 | 床田 |
| 25 | マツダ | 2 | ○ | 4−3 | ヤクルト | 栗林 |
| 26 | マツダ | 2 | ○ | 7−6 | 〃 | アンダーソン |
| 27 | マツダ | 2 | △ | 7−7 | 〃 | ― |
| 29 | 京セラ | 2 | ○ | 5−4 | 巨人 | アドゥワ |
| 30 | 京セラ | 2 | ○ | 2−1 | 〃 | 大瀬良 |
| 31 | 岐阜 | 2 | ● | 0−2 | 〃 | 床田 |
| 9/1 | マツダ | 2 | ● | 3−5 | 中日 | 島内 |
| 2 | マツダ | 2 | ○ | 3−1 | 〃 | 森下 |
| 3 | マツダ | 2 | ● | 0−3 | 〃 | 九里 |
| 5 | マツダ | 2 | ○ | 6−5 | DeNA | 中崎 |
| 6 | マツダ | 2 | ○ | 4−3 | 〃 | 益田 |
| 7 | マツダ | 2 | ● | 1−3 | 〃 | 遠藤 |
| 8 | 甲子園 | 2 | ● | 1−4 | 阪神 | 床田 |
| 9 | 甲子園 | 2 | ● | 1−5 | 〃 | 森下 |
| 10 | 甲子園 | 2 | ● | 1−5 | 〃 | 九里 |
| 12 | 神宮 | 2 | ● | 1−2 | ヤクルト | 玉村 |
| 13 | 神宮 | 2 | ● | 1−5 | 〃 | 大瀬良 |
| 14 | 神宮 | 2 | ○ | 6−5 | 〃 | 大道 |
| 15 | マツダ | 2 | ○ | 6−5 | 阪神 | 島内 |
| 16 | マツダ | 2 | ● | 3−9 | 〃 | 森下 |
| 17 | バンテリンド | 2 | ○ | 3−0 | 中日 | 九里 |
| 18 | バンテリンド | 2 | ● | 7−8 | 〃 | 大道 |
| 20 | マツダ | 2 | ● | 1−3 | DeNA | 大瀬良 |
| 23 | 東京ド | 2 | ○ | 7−3 | 巨人 | 森下 |
| 24 | マツダ | 2 | ● | 1−3 | ヤクルト | 九里 |
| 26 | マツダ | 2 | ○ | 2−0 | 中日 | 床田 |
| 29 | マツダ | 2 | ● | 1−4 | 〃 | 森下 |
| 30 | マツダ | 2 | ○ | 2−1 | 阪神 | 島内 |
| 10/1 | マツダ | 2 | ● | 5−6 | 〃 | 床田 |
| 計 | 143試合 74勝65敗4分け | | | | | |

## 2023 セントラル・リーグ クライマックスシリーズ

| | 月・日 | 球場 | 勝敗 | スコア | 相手 | 責任投手 |
|---|---|---|---|---|---|---|
| ファーストステージ | 10/14 | マツダ | ○ | 3−2 | DeNA | ターリー |
| | 15 | マツダ | ○ | 4−2 | 〃 | 島内 |
| ファイナルステージ | 18 | 甲子園 | ● | 1−4 | 阪神 | 九里 |
| | 19 | 甲子園 | ● | 1−2 | 〃 | 栗林 |
| | 20 | 甲子園 | ● | 2−4 | 〃 | 床田 |

## カープ投手成績

| | 試合 | 防御率 | 勝数 | 敗数 | セーブ | 投球回 | 被安打 | 奪三振 | 四球 | 死球 | 自責点 |
|---|---|---|---|---|---|---|---|---|---|---|---|
| 床　田 | 24 | 2.19 | 11 | 7 | 0 | 156 | 144 | 86 | 28 | 5 | 38 |
| 九　里 | 26 | 2.53 | 8 | 8 | 0 | 174⅓ | 142 | 129 | 49 | 10 | 49 |
| 規定投球回(143)未満 | | | | | | | | | | | |
| 一　岡 | 1 | 0.00 | 0 | 0 | 0 | ⅓ | 0 | 1 | 0 | 0 | 0 |
| 野　村 | 6 | 1.16 | 1 | 1 | 0 | 31 | 30 | 14 | 4 | 1 | 4 |
| 中村祐 | 5 | 1.29 | 0 | 0 | 0 | 7 | 9 | 3 | 1 | 0 | 1 |
| 益　田 | 8 | 1.64 | 1 | 0 | 0 | 11 | 8 | 12 | 3 | 0 | 2 |
| ターリー | 44 | 1.74 | 7 | 1 | 1 | 41⅓ | 39 | 42 | 15 | 2 | 8 |
| アンダーソン | 21 | 2.20 | 4 | 1 | 0 | 45 | 30 | 39 | 17 | 2 | 11 |
| 島　内 | 62 | 2.31 | 3 | 3 | 2 | 58⅓ | 50 | 64 | 17 | 0 | 15 |
| 大　道 | 48 | 2.72 | 3 | 1 | 0 | 49⅔ | 44 | 49 | 23 | 3 | 15 |
| 中　崎 | 35 | 2.73 | 1 | 0 | 0 | 33 | 25 | 24 | 6 | 2 | 10 |
| 矢　崎 | 54 | 2.81 | 4 | 2 | 24 | 51⅓ | 48 | 38 | 24 | 0 | 16 |
| 栗　林 | 55 | 2.92 | 3 | 7 | 18 | 52⅓ | 42 | 51 | 19 | 1 | 17 |
| 森　下 | 20 | 3.01 | 9 | 6 | 0 | 131⅔ | 127 | 94 | 36 | 2 | 44 |
| アドゥワ | 14 | 3.24 | 1 | 0 | 0 | 16⅔ | 15 | 13 | 2 | 1 | 6 |
| 大瀬良 | 23 | 3.61 | 6 | 11 | 0 | 129⅔ | 117 | 103 | 33 | 4 | 52 |
| ケムナ | 24 | 3.71 | 2 | 0 | 0 | 26⅔ | 24 | 25 | 13 | 0 | 11 |
| 松　本 | 13 | 4.35 | 0 | 3 | 1 | 10⅓ | 13 | 6 | 7 | 0 | 5 |
| 遠　藤 | 8 | 4.39 | 1 | 5 | 0 | 41 | 36 | 22 | 15 | 2 | 20 |
| 森 | 12 | 4.53 | 4 | 2 | 0 | 51⅔ | 58 | 38 | 10 | 1 | 26 |
| 戸　根 | 24 | 4.64 | 1 | 0 | 0 | 21⅓ | 22 | 11 | 16 | 0 | 11 |
| 玉　村 | 9 | 4.96 | 3 | 1 | 0 | 45⅓ | 52 | 44 | 11 | 2 | 25 |
| コルニエル | 8 | 5.10 | 1 | 4 | 0 | 42⅓ | 46 | 23 | 18 | 2 | 24 |
| 塹　江 | 8 | 5.14 | 0 | 0 | 0 | 7 | 10 | 10 | 3 | 0 | 4 |
| 森　浦 | 13 | 6.17 | 0 | 0 | 0 | 11⅔ | 11 | 8 | 12 | 0 | 8 |
| 薮　田 | 3 | 9.00 | 0 | 0 | 0 | 4 | 5 | 2 | 3 | 2 | 4 |
| 河　野 | 8 | 9.49 | 0 | 1 | 0 | 12⅓ | 19 | 11 | 5 | 1 | 13 |
| 黒　原 | 5 | 10.66 | 0 | 1 | 0 | 12⅔ | 21 | 13 | 10 | 0 | 15 |
| | 143 | 3.20 | 74 | 65 | 46 | 1275 | 1187 | 975 | 400 | 43 | 454 |

## カープ打撃成績

| | 試合 | 打率 | 打数 | 安打 | 本塁打 | 打点 | 三振 | 四球 | 死球 | 盗塁 | 失策 |
|---|---|---|---|---|---|---|---|---|---|---|---|
| 西　川 | 109 | .305 | 416 | 127 | 9 | 56 | 52 | 21 | 1 | 7 | 2 |
| 秋　山 | 115 | .274 | 434 | 119 | 4 | 38 | 81 | 35 | 4 | 8 | 4 |
| 坂　倉 | 120 | .266 | 395 | 105 | 12 | 44 | 67 | 47 | 3 | 3 | 3 |
| 菊　池 | 120 | .258 | 442 | 114 | 5 | 27 | 68 | 32 | 2 | 7 | 3 |
| 規定打席(443)未満 | | | | | | | | | | | |
| 田　村 | 10 | .364 | 22 | 8 | 0 | 0 | 6 | 0 | 0 | 0 | 0 |
| 小　園 | 80 | .286 | 290 | 83 | 6 | 31 | 38 | 10 | 2 | 8 | 9 |
| 野　間 | 108 | .286 | 371 | 106 | 0 | 26 | 51 | 33 | 5 | 5 | 5 |
| 末　包 | 65 | .273 | 139 | 38 | 11 | 27 | 40 | 6 | 1 | 0 | 1 |
| 堂　林 | 100 | .273 | 260 | 71 | 12 | 35 | 72 | 19 | 0 | 1 | 3 |
| 上　本 | 84 | .259 | 247 | 64 | 1 | 17 | 46 | 12 | 9 | 8 | 8 |
| 松　山 | 79 | .252 | 143 | 36 | 0 | 27 | 27 | 10 | 1 | 0 | 1 |
| 田　中 | 111 | .228 | 224 | 51 | 6 | 28 | 48 | 25 | 1 | 2 | 7 |
| マクブルーム | 70 | .221 | 226 | 50 | 6 | 31 | 56 | 28 | 1 | 1 | 5 |
| デビッドソン | 112 | .210 | 348 | 73 | 19 | 44 | 120 | 22 | 9 | 0 | 11 |
| 林 | 20 | .207 | 58 | 12 | 1 | 5 | 20 | 3 | 1 | 0 | 5 |
| 磯　村 | 25 | .207 | 29 | 6 | 1 | 4 | 10 | 1 | 1 | 0 | 0 |
| 矢　野 | 93 | .185 | 119 | 22 | 0 | 3 | 35 | 14 | 0 | 7 | 6 |
| 中村貴 | 15 | .176 | 34 | 6 | 0 | 3 | 10 | 1 | 1 | 1 | 0 |
| 会　沢 | 54 | .172 | 116 | 20 | 1 | 10 | 26 | 10 | 4 | 0 | 0 |
| 大　盛 | 59 | .152 | 66 | 10 | 1 | 5 | 22 | 2 | 2 | 4 | 1 |
| 中村奨 | 18 | .150 | 20 | 3 | 0 | 0 | 7 | 0 | 0 | 0 | 0 |
| 羽　月 | 50 | .149 | 47 | 7 | 0 | 4 | 12 | 4 | 0 | 14 | 0 |
| 曽　根 | 39 | .143 | 14 | 2 | 0 | 0 | 3 | 1 | 0 | 1 | 1 |
| 韮　沢 | 45 | .140 | 50 | 7 | 0 | 3 | 13 | 5 | 0 | 0 | 1 |
| 投手陣 | 143 | .115 | 218 | 25 | 1 | 8 | 102 | 8 | 0 | 1 | 6 |
| | 143 | .246 | 4728 | 1165 | 96 | 476 | 1032 | 349 | 48 | 78 | 82 |

## セ・リーグ勝敗表 (対戦成績中の○数字は引き分け)

| | 試合 | 勝数 | 敗数 | 引分 | 勝率 | 差 | 阪神 | 広島 | DeNA | 巨人 | ヤクルト | 中日 | 交流戦 | 打率 | 本塁 | 得点 | 失点 | 防御 |
|---|---|---|---|---|---|---|---|---|---|---|---|---|---|---|---|---|---|---|
| ①阪神 | 143 | 85 | 53 | 5 | .616 | | | 15①9 | 13−12 | 18①6 | 17①7 | 15①9 | 7①10 | .247 | 84 | 555 | 424 | 2.66 |
| ②広島 | 143 | 74 | 65 | 4 | .532 | 11.5 | 9①15 | | 14①10 | 17−8 | 13①11 | 12①12 | 9−9 | .246 | 96 | 493 | 508 | 3.20 |
| ③DeNA | 143 | 74 | 66 | 3 | .529 | 0.5 | 12−13 | 10①14 | | 11−14 | 14①10 | 16①8 | 11−7 | .247 | 105 | 520 | 496 | 3.16 |
| ④巨人 | 143 | 71 | 70 | 2 | .504 | 3.5 | 6①18 | 8−17 | 14−11 | | 17−8 | 15①9 | 11−7 | .252 | 164 | 523 | 507 | 3.39 |
| ⑤ヤクルト | 143 | 57 | 83 | 3 | .407 | 13.5 | 7①17 | 11①13 | 10①14 | 8−17 | | 14−11 | 7−11 | .239 | 123 | 534 | 567 | 3.66 |
| ⑥中日 | 143 | 56 | 82 | 5 | .406 | 0.0 | 9①15 | 12①12 | 8①16 | 9①15 | 11−14 | | 7①10 | .234 | 71 | 390 | 498 | 3.08 |

## セ・リーグ投手成績

| | 防御率 | 完投 | 完封 | 勝数 | 敗数 | セーブ |
|---|---|---|---|---|---|---|
| ①村上(神) | 1.75 | 2 | 1 | 10 | 6 | 0 |
| ②東(D) | 1.98 | 4 | 2 | 16 | 3 | 0 |
| ③床田(広) | 2.19 | 2 | 2 | 11 | 7 | 0 |
| ④戸郷(巨) | 2.38 | 4 | 2 | 12 | 5 | 0 |
| ⑤伊藤将(神) | 2.39 | 3 | 2 | 10 | 5 | 0 |
| ⑥柳(中) | 2.44 | 2 | 0 | 4 | 11 | 0 |
| ⑦高橋宏(中) | 2.527 | 1 | 1 | 7 | 11 | 0 |
| ⑧九里(広) | 2.529 | 3 | 3 | 8 | 8 | 0 |
| ⑨山崎伊(巨) | 2.72 | 3 | 1 | 10 | 5 | 0 |
| ⑩今永(D) | 2.80 | 2 | 0 | 7 | 4 | 0 |

## セ・リーグ打撃成績

| | 打率 | 打数 | 安打 | 本塁打 | 打点 |
|---|---|---|---|---|---|
| ①宮崎(D) | .326 | 408 | 133 | 20 | 71 |
| ②西川(広) | .305 | 416 | 127 | 9 | 56 |
| ③サンタナ(ヤ) | .300 | 467 | 140 | 18 | 66 |
| ④牧(D) | .293 | 559 | 164 | 29 | 103 |
| ⑤大島(中) | .289 | 470 | 136 | 0 | 23 |
| ⑥大山(神) | .2884 | 513 | 148 | 19 | 78 |
| ⑦坂本(巨) | .2878 | 403 | 116 | 22 | 60 |
| ⑧近本(神) | .2854 | 501 | 143 | 8 | 54 |
| ⑨中野(神) | .2852 | 575 | 164 | 2 | 40 |
| ⑩大城卓(巨) | .281 | 424 | 119 | 16 | 55 |

## セ・リーグ個人タイトル一覧

| | | | | |
|---|---|---|---|---|
| ▽首位打者 | 宮崎敏郎 | (D) | .326 | ② |
| ▽最多安打 | 牧　秀悟 | (D) | 164 | ① |
| | 中野拓夢 | (神) | 164 | ① |
| ▽最多本塁打 | 岡本和真 | (巨) | 41 | ③ |
| ▽最多打点 | 牧　秀悟 | (D) | 103 | ① |
| ▽最多盗塁 | 近本光司 | (神) | 28 | ④ |
| ▽最高出塁率 | 大山悠輔 | (神) | .403 | ① |
| ▽最多勝利 | 東　克樹 | (D) | 16 | ① |
| ▽最優秀防御率 | 村上頌樹 | (神) | 1.75 | ① |
| ▽最多奪三振 | 今永昇太 | (D) | 174 | ① |
| ▽勝率第1位 | 東　克樹 | (D) | .842 | ① |
| ▽最多セーブ | 岩崎　優 | (神) | 35 | ① |
| ▽最優秀中継ぎ | 島内颯太郎 | (広) | 42 | ① |

【注】丸数字は獲得回数。勝率第1位は13勝以上が対象。
最優秀中継ぎはホールドポイント(ホールド+救援勝利)数

# PLAYERS FILE
# 広島東洋カープ 2023選手名鑑

①生年月日 ④出身校
②身長・体重 ⑤出身地
③投打 2023年9月30日現在

## 監督・コーチ
MANAGER COACH

**25** 監督
**新井《あらい》　貴浩《たかひろ》**
①1977年1月30日
②189cm·102kg
③右投右打
④駒沢大
⑤広島県

**77** 一軍ヘッドコーチ
**藤井《ふじい》　彰人《あきひと》**
①1976年6月18日
②170cm·75kg
③右投右打
④近畿大
⑤大阪府

**80** 一軍外野守備・走塁コーチ
**赤松《あかまつ》　真人《まさと》**
①1982年9月6日
②182cm·70kg
③右投右打
④立命館大
⑤京都府

**89** 一軍内野守備・走塁コーチ
**小窪《こくぼ》　哲也《てつや》**
①1985年4月12日
②175cm·85kg
③右投右打
④青山学院大
⑤奈良県

**83** 一軍打撃コーチ
**朝山《あさやま》　東洋《とうよう》**
①1976年7月29日
②183cm·82kg
③右投右打
④久留米商高
⑤福岡県

**91** 一軍打撃コーチ
**迎《むかえ》　祐一郎《ゆういちろう》**
①1981年12月22日
②180cm·81kg
③右投右打
④伊万里商高
⑤佐賀県

**86** 一軍投手コーチ
**菊地原《きくちはら》　毅《つよし》**
①1975年3月7日
②185cm·90kg
③左投左打
④相武台高
⑤神奈川県

**82** 一軍投手コーチ
**横山《よこやま》　竜士《りゅうじ》**
①1976年6月11日
②178cm·85kg
③右投右打
④福井商高
⑤福井県

**81** 一軍バッテリーコーチ
**石原《いしはら》　慶幸《よしゆき》**
①1979年9月7日
②177cm·90kg
③右投右打
④東北福祉大
⑤岐阜県

**71** 二軍監督
**高《こう》　信二《しんじ》**
①1967年4月16日
②176cm·72kg
③右投左打
④東筑高
⑤福岡県

**75** 二軍外野守備・走塁コーチ
**広瀬《ひろせ》　純《じゅん》**
①1979年3月29日
②181cm·90kg
③右投右打
④法政大
⑤大分県

**72** 二軍内野守備・走塁コーチ
**東出《ひがしで》　輝裕《あきひろ》**
①1980年8月21日
②171cm·75kg
③右投左打
④敦賀気比高
⑤福井県

**85** 二軍打撃・走塁コーチ
**福地《ふくち》　寿樹《かずき》**
①1975年12月17日
②184cm·82kg
③右投両打
④杵島商高
⑤佐賀県

**84** 二軍打撃コーチ
**新井《あらい》　良太《りょうた》**
①1983年8月16日
②188cm·97kg
③右投右打
④駒沢大
⑤広島県

**87** 二軍投手コーチ
**高橋《たかはし》　建《けん》**
①1969年4月16日
②185cm·93kg
③左投左打
④拓殖大
⑤神奈川県

**74** 二軍投手コーチ
**永川《ながかわ》　勝浩《かつひろ》**
①1980年12月14日
②188cm·98kg
③右投右打
④亜細亜大
⑤広島県

**76** 二軍バッテリーコーチ
**倉《くら》　義和《よしかず》**
①1975年7月27日
②179cm·90kg
③右投右打
④京都産大
⑤京都府

**78** 三軍統括コーチ・矯正担当
**畝《うね》　龍実《たつみ》**
①1964年6月21日
②183cm·92kg
③左投左打
④専修大
⑤広島県

**73** 三軍投手コーチ・強化担当
**小林《こばやし》　幹英《かんえい》**
①1974年1月29日
②181cm·90kg
③右投右打
④専修大
⑤新潟県

## 投手
PITCHER

**11**
**九里《くり》　亜蓮《あれん》**
①1991年9月1日
②187cm·97kg
③右投右打
④亜細亜大
⑤鳥取県

**12**
**大道《おおみち》　温貴《はるき》**
①1999年1月20日
②178cm·80kg
③右投右打
④八戸学院大
⑤埼玉県

**13**
**森浦《もりうら》　大輔《だいすけ》**
①1998年6月15日
②175cm·72kg
③左投左打
④天理大
⑤和歌山県

**14**
**大瀬良《おおせら》　大地《だいち》**
①1991年6月17日
②187cm·92kg
③右投右打
④九州共立大
⑤長崎県

**16**
**森《もり》　翔平《しょうへい》**
①1998年1月1日
②177cm·81kg
③左投左打
④関西大
⑤鳥取県

**17**
**岡田《おかだ》　明丈《あきたけ》**
①1993年10月18日
②185cm·97kg
③右投左打
④大阪商大
⑤東京都

**18**
**森下《もりした》　暢仁《まさと》**
①1997年8月25日
②180cm·78kg
③右投右打
④明治大
⑤大分県

**19**
**野村《のむら》　祐輔《ゆうすけ》**
①1989年6月24日
②177cm·85kg
③右投右打
④明治大
⑤岡山県

**20**
**栗林《くりばやし》　良吏《りょうじ》**
①1996年7月9日
②178cm·85kg
③右投右打
④名城大
⑤愛知県

**21**
**中崎《なかざき》　翔太《しょうた》**
①1992年8月10日
②186cm·100kg
③右投右打
④日南学園高
⑤鹿児島県

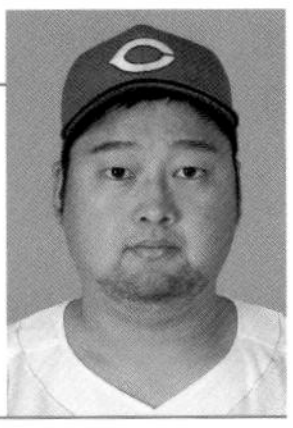

**23**
**薮田《やぶた》　和樹《かずき》**
①1992年8月7日
②188cm·84kg
③右投右打
④亜細亜大
⑤広島県

**128** 育成選手

**中村《なかむら》 来生《らいせい》**
①2003年5月6日
②190cm･71kg
③右投左打
④高岡第一高
⑤富山県

## 捕手
CATCHER

**22**

**中村《なかむら》 奨成《しょうせい》**
①1999年6月6日
②181cm･81kg
③右投右打
④広陵高
⑤広島県

**27**

**会沢《あいざわ》 翼《つばさ》**
①1988年4月13日
②175cm･90kg
③右投右打
④水戸短大付高
⑤茨城県

**31**

**坂倉《さかくら》 将吾《しょうご》**
①1998年5月29日
②176cm･89kg
③右投左打
④日大三高
⑤千葉県

**32**

**石原《いしはら》 貴規《ともき》**
①1998年2月3日
②173cm･85kg
③右投右打
④天理大
⑤兵庫県

**40**

**磯村《いそむら》 嘉孝《よしたか》**
①1992年11月1日
②178cm･91kg
③右投右打
④中京大中京高
⑤愛知県

**57**

**持丸《もちまる》 泰輝《たいき》**
①2001年10月26日
②177cm･88kg
③右投左打
④旭川大高
⑤北海道

**62** 新入団

**清水《しみず》 叶人《かなと》**
①2004年7月6日
②176cm･86kg
③右投左打
④健大高崎高
⑤群馬県

**65**

**玉村《たまむら》 昇悟《しょうご》**
①2001年4月16日
②179cm･84kg
③左投左打
④丹生高
⑤福井県

**66**

**遠藤《えんどう》 淳志《あつし》**
①1999年4月8日
②186cm･87kg
③右投右打
④霞ケ浦高
⑤茨城県

**67**

**中村《なかむら》 祐太《ゆうた》**
①1995年8月31日
②184cm･90kg
③右投右打
④関東第一高
⑤東京都

**68**

**N.ターリー**
Nik Turley
①1989年9月11日
②193cm･104kg
③左投左打
④ハーバード・ウェストレイク高
⑤アメリカ

**98**

**R.コルニエル**
Robert Corniel
①1995年6月23日
②194cm･101kg
③右投右打
④ファウスト・ヒメネス・サンティアゴ高
⑤ドミニカ共和国

**120** 育成選手

**行木《なみき》 俊《しゅん》**
①2001年1月8日
②184cm･79kg
③右投右打
④横芝敬愛高
⑤千葉県

**122** 育成選手

**坂田《さかた》 怜《れい》**
①1999年9月13日
②188cm･90kg
③右投右打
④中部学院大
⑤埼玉県

**125** 新入団･育成選手
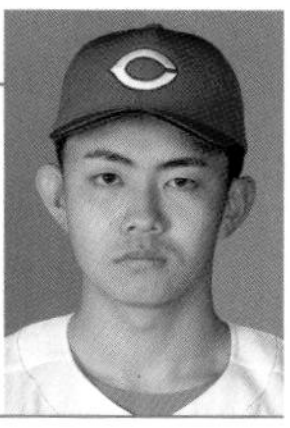
**辻《つじ》 大雅《たいが》**
①2004年8月29日
②182cm･80kg
③左投左打
④二松学舎大付高
⑤神奈川県

**126** 育成選手
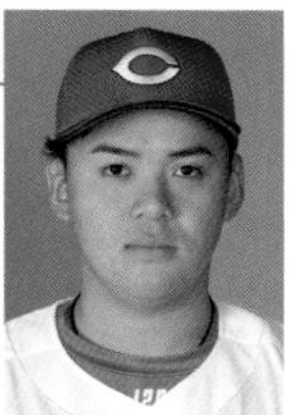
**新家《しんや》 颯《そう》**
①2003年8月14日
②182cm･83kg
③左投左打
④田辺高
⑤和歌山県

**42**

**D.アンダーソン**
Drew Anderson
①1994年3月22日
②190cm･93kg
③右投右打
④ガレナ高
⑤アメリカ

**43**

**島内《しまうち》 颯太郎《そうたろう》**
①1996年10月14日
②180cm･81kg
③右投右打
④九州共立大
⑤福岡県

**45**

**松本《まつもと》 竜也《りゅうや》**
①1999年9月18日
②178cm･98kg
③右投右打
④智弁学園高
⑤奈良県

**46** 新入団

**河野《かわの》 佳《けい》**
①2001年8月23日
②175cm･82kg
③右投右打
④広陵高
⑤兵庫県

**47** 新入団

**斉藤《さいとう》 優汰《ゆうた》**
①2004年5月27日
②189cm･91kg
③右投左打
④苫小牧中央高
⑤北海道

**48**

**アドゥワ《あどぅわ》 誠《まこと》**
①1998年10月2日
②196cm･84kg
③右投右打
④松山聖陵高
⑤熊本県

**49** 移籍

**戸根《とね》 千明《ちあき》**
①1992年10月17日
②174cm･100kg
③左投左打
④日本大
⑤京都府

**53**

**小林《こばやし》 樹斗《たつと》**
①2003年1月16日
②182cm･85kg
③右投右打
④智辯和歌山高
⑤和歌山県

**58**

**藤井《ふじい》 黎来《れいら》**
①1999年9月17日
②182cm･90kg
③右投右打
④大曲工高
⑤秋田県

**24**

**黒原《くろはら》 拓未《たくみ》**
①1999年11月29日
②173cm･73kg
③左投左打
④関西学院大
⑤和歌山県

**26** 新入団

**益田《ますだ》 武尚《たけひさ》**
①1998年10月6日
②175cm･83kg
③右投右打
④北九州市立大
⑤福岡県

**28**

**床田《とこだ》 寛樹《ひろき》**
①1995年3月1日
②181cm･92kg
③左投左打
④中部学院大
⑤兵庫県

**29**

**ケムナ《けむな》 誠《まこと》**
①1995年6月5日
②190cm･97kg
③右投右打
④日本文理大
⑤アメリカ

**30**

**一岡《いちおか》 竜司《りゅうじ》**
①1991年1月11日
②179cm･87kg
③右投右打
④コンピュータ教育学院
⑤福岡県

**34**

**高橋《たかはし》 昂也《こうや》**
①1998年9月27日
②181cm･92kg
③左投左打
④花咲徳栄高
⑤埼玉県

**36**

**塹江《ほりえ》 敦哉《あつや》**
①1997年2月21日
②178cm･88kg
③左投左打
④高松北高
⑤香川県

**39** 新入団

**長谷部《はせべ》 銀次《ぎんじ》**
①1998年7月29日
②184cm･85kg
③左投左打
④慶応大
⑤愛知県

**41**

**矢崎《やさき》 拓也《たくや》**
①1994年12月31日
②176cm･95kg
③右投右打
④慶応大
⑤東京都

**59**
**大盛《おおもり》　穂《みのる》**
①1996年8月31日
②180cm·80kg
③右投左打
④静岡産大
⑤大阪府

**60**
**田村《たむら》　俊介《しゅんすけ》**
①2003年8月25日
②178cm·93kg
③左投左打
④愛知工大名電高
⑤京都府

**97** 新入団
**中村《なかむら》　貴浩《たかひろ》**
①2000年4月9日
②177cm·85kg
③右投左打
④九州産大
⑤福岡県

**121** 新入団·育成選手
**名原《なばら》　典彦《のりひこ》**
①2000年6月24日
②182cm·82kg
③右投右打
④青森大
⑤広島県

**124** 育成選手
**木下《きのした》　元秀《もとひで》**
①2001年7月25日
②183cm·96kg
③左投左打
④敦賀気比高
⑤大阪府

## 外野手
OUTFIELDER

**5**
**西川《にしかわ》　龍馬《りょうま》**
①1994年12月10日
②176cm·83kg
③右投左打
④敦賀気比高
⑤大阪府

**9**
**秋山《あきやま》　翔吾《しょうご》**
①1988年4月16日
②184cm·86kg
③右投左打
④八戸大
⑤神奈川県

**37**
**野間《のま》　峻祥《たかよし》**
①1993年1月28日
②180cm·85kg
③右投左打
④中部学院大
⑤兵庫県

**38**
**宇草《うぐさ》　孔基《こうき》**
①1997年4月17日
②185cm·82kg
③右投左打
④法政大
⑤東京都

**50**
**中村《なかむら》　健人《けんと》**
①1997年5月21日
②183cm·93kg
③右投右打
④慶応大
⑤愛知県

**52**
**末包《すえかね》　昇大《しょうた》**
①1996年5月27日
②188cm·112kg
③右投右打
④東洋大
⑤香川県

**55**
**松山《まつやま》　竜平《りゅうへい》**
①1985年9月18日
②176cm·96kg
③右投左打
④九州国際大
⑤鹿児島県

**56** 新入団
**久保《くぼ》　修《しゅう》**
①2000年9月29日
②181cm·82kg
③右投右打
④大阪観光大
⑤大阪府

**44**
**林《はやし》　晃汰《こうた》**
①2000年11月16日
②182cm·100kg
③右投左打
④智辯和歌山高
⑤和歌山県

**51**
**小園《こぞの》　海斗《かいと》**
①2000年6月7日
②178cm·85kg
③右投左打
④報徳学園高
⑤兵庫県

**54**
**韮沢《にらさわ》　雄也《ゆうや》**
①2001年5月20日
②177cm·83kg
③右投左打
④花咲徳栄高
⑤新潟県

**61**
**矢野《やの》　雅哉《まさや》**
①1998年12月16日
②171cm·69kg
③右投左打
④亜細亜大
⑤大阪府

**63** 新入団
**内田《うちだ》　湘大《しょうだい》**
①2004年9月22日
②183cm·88kg
③右投右打
④利根商高
⑤長野県

**69**
**羽月《はつき》　隆太郎《りゅうたろう》**
①2000年4月19日
②167cm·72kg
③右投左打
④神村学園高
⑤宮崎県

**95** 新入団
**M.デビッドソン**
Matt Davidson
①1991年3月26日
②190cm·104kg
③右投右打
④ユカイパ高
⑤アメリカ

**99**
**二俣《ふたまた》　翔一《しょういち》**
①2002年10月21日
②180cm·75kg
③右投右打
④磐田東高
⑤静岡県

**127** 育成選手
**前川《まえかわ》　誠太《せいた》**
①2003年4月4日
②176cm·70kg
③右投右打
④敦賀気比高
⑤京都府

**64**
**高木《たかぎ》　翔斗《しょうと》**
①2003年8月12日
②188cm·87kg
③右投右打
④県立岐阜商高
⑤岐阜県

## 内野手
INFIELDER

**00**
**曽根《そね》　海成《かいせい》**
①1995年4月24日
②175cm·72kg
③右投左打
④京都国際高
⑤大阪府

**0**
**上本《うえもと》　崇司《たかし》**
①1990年8月22日
②170cm·73kg
③右投右打
④明治大
⑤広島県

**2**
**田中《たなか》　広輔《こうすけ》**
①1989年7月3日
②171cm·86kg
③右投左打
④東海大
⑤神奈川県

**7**
**堂林《どうばやし》　翔太《しょうた》**
①1991年8月17日
②183cm·96kg
③右投右打
④中京大中京高
⑤愛知県

**10**
**R.マクブルーム**
Ryan McBroom
①1992年4月9日
②190cm·99kg
③左投右打
④ウェストバージニア大
⑤アメリカ

**33**
**菊池《きくち》　涼介《りょうすけ》**
①1990年3月11日
②171cm·71kg
③右投右打
④中京学院大
⑤東京都

**35**
**三好《みよし》　匠《たくみ》**
①1993年6月7日
②174cm·84kg
③右投右打
④九州国際大付高
⑤福岡県

# 太田川

## 恵みと営み



中國新聞社

# 発刊にあたって

「海と川を行き来するアユは、太田川と広島湾再生のシンボルよ」。太田川漁協（広島市安佐北区）の組合長の言葉が企画をスタートさせるヒントになった。広島県西部を流れ、明治末期から電源開発が進んだ太田川水系。減少の一途をたどったアユだが、漁協や広島市が産卵場を造った効果もあり、近年は回復傾向にある。

相次ぐ災害や新型コロナウイルス禍で閉塞感が漂う時代。写真連載「太田川　恵みと営み」は、そんな今だからこそ身近な自然や環境の変化、人々の営みにカメラを向けようと始めた。浅瀬に集まるアユや堰《せき》を越える稚ガニの懸命な姿、サツキマスの産卵の瞬間。多様な生物に加え、樹氷群や棚田、隠れ滝といった自然美に息をのむ。一方で、流域にある廃線駅舎を守る住民や板敷きのつり橋を渡る児童の様子、原爆の日の灯籠流しなど、太田川が生活とつながっていることを感じさせる。

連載は、本社報道センター映像担当の安部慶彦が担当。2020年12月から翌年12月末まで朝刊に月2回、プロローグ、総集編を含め計25回掲載した。デスクは映像担当の広田恭祥、高橋洋史が担った。雪山や氷瀑《ひょうばく》など危険を伴う現場もあり、両デスクはしばしば取材に同行。一眼レフに加え、ドローンや水中カメラ、アクションカメラなどを組み合わせ、躍動感やスケール感を引き出す手法を試みた。万全の態勢で臨んだつもりだが、渓谷では電波を失ったドローンが墜

落し、急流を渡る途中では機材が流されるなど、ヒヤリとする場面もあった。

連載は紙面と並行して、デジタルデスクの鴻池尚を中心にデジタル展開を進めたことも特徴である。素材は動画チームが各回２～４分にまとめ、水流や風の音、生き物の声にこだわった。ウェブサイト「中国新聞デジタル」の特集ページに紙面未掲載の写真ギャラリーを開設。25回の連載で約３４０枚の写真も公開し、多くの反響をいただいた。そうした結果、中国新聞創刊１３０周年に当たる22年度の新聞協会賞を受賞することができた。

取材はもとより新聞社だけでなしえたものではない。川の専門家や水生生物、鳥類の研究者、地域づくりのメンバー、国や自治体、漁協の関係者たちの協力なしには完走できなかった。あらためてお礼を申し上げたい。

豊かな「恵み」をもたらす太田川だが、中国新聞社として忘れてはならない痛恨事も記しておきたい。06年９月、同僚の松田高志記者が豪雨の取材に向かい、太田川支流沿いで消息が途絶えた。中流域の支局に勤務し、当時27歳だった。今も流域でその人柄と記事が語り継がれていることを誇りに思う。

時として川の流れは牙をむく。連載のタイトルでもある「太田川 恵みと営み」を将来に引き継ぐことは、奪われた多くの尊い命を忘れないための私たちの責務でもある。

中国新聞社 編集局長 **高本 孝**

ウェブサイト
「中国新聞デジタル」
特設ページ

**動画や連載では**
**掲載しなかった写真も**
**紹介しています。**

# 太田川 恵みと営み

# 目次

## 太田川水系

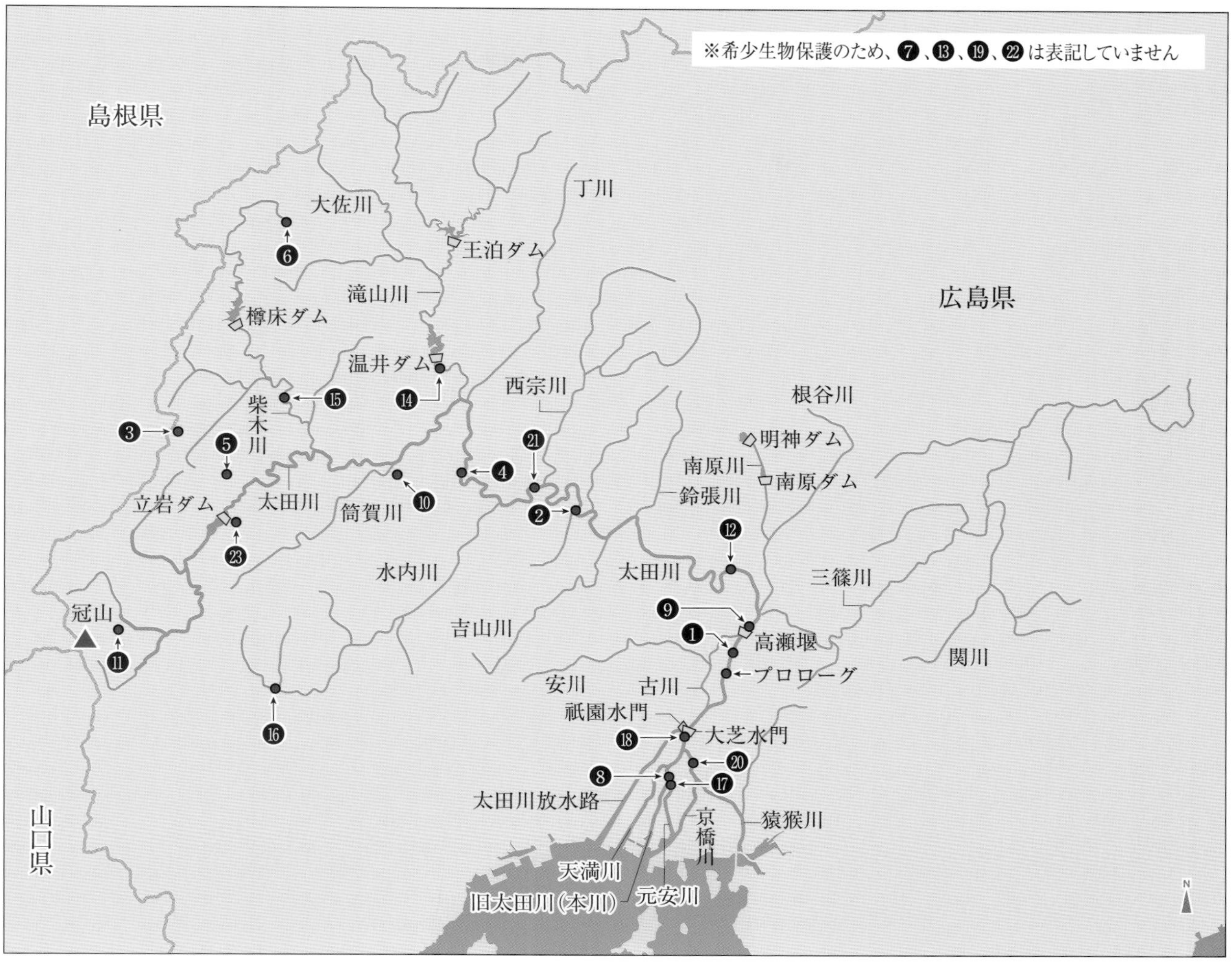

⑳都市の干潟
P46

⑲オオサンショウウオの古里
P44

⑱放水路の本分
P42

⑰祈りの川
P40

㉓水源の森
P52

㉒サツキマス産卵
P50

㉑川漁と沈下橋
P48

年齢・肩書きは原則として新聞掲載時のものです。一部表現を本書発行日に合わせて修正しています。

# プロローグ

# 再生のシンボル

## 都市の浅瀬　命つなぐアユ

オレンジ色に体を染めた無数のアユが浅瀬を群れ泳ぐ。産卵を控えて警戒心は薄まるようで、レンズの前を平気で行き交う。11月上旬、広島市安佐南、安佐北両区にまたがる太田川下流域。両岸に住宅やマンションが並ぶ都市の川にアユ再生の兆しは確かにあった。

川と海をほぼ1年で行き来するアユ。太田川では9月下旬～11月上旬に下流で産卵して数日でふ化し、流れに任せて河口へ下る。海で育ち、翌春に川を上って力を蓄え、命をつなぐ。

「40年ほど前は産卵期にひと晩の漁で船が沈みそうになる日もあった」。近くの川漁師谷口正博さん（80）は懐かしむ。ここ数年、産卵のため川を下る落ちアユの魚影が濃くなり、さおを振る姿も増えたという。

アユ漁の浮沈は太田川の歩みと重なる。水系一帯には明治末期からの電源開発によるダムや堰《せき》が多く、戦後は広島湾の埋め立ても続いた。災害を防ぐ護岸のコンクリート化も進み、アユは減少の一途をたどった。

市は2014年、太田川漁協（安佐北区）や国、広島県とアユ再生に乗り出した。産卵場を整え、禁漁区域も広げた。同漁協の漁獲量は15年度、ピークの50分の1の6万7千匹にまで落ち込んだが、近年は回復。今季は下流に設けた産卵場周辺で推定約30万匹の親魚の大群を確認した。

「アユは太田川と広島湾の再生のシンボルだ」と同漁協の山中幸男組合長（74）。「ここ数年、春に堰の魚道をさかのぼる天然アユが増え、秋に産卵するサイクルができた。川と人が関わることで、アユ復活へ向かいつつある」

◇

デルタに発展した広島にとって「母なる川」である太田川。標高1339メートルの冠山（廿日市市吉和）一帯の森を源流に、中国山地を南東方向へ曲流を重ね、広島湾に注ぐ。相次ぐ災害や新型コロナウイルス禍で自然の豊かさや脅威が再認識されるいま、全長103キロの太田川と流域を訪ねて、その恵みと営みを見詰める。

瀬のそばに産卵場を整備する太田川漁協の組合員たち（小型無人機から）

産卵場の浅瀬に集まって群れ泳ぐアユの親魚。体長は20～25センチ程度。堤防越しに、立ち並ぶ住宅やマンションが見える(広島市安佐南区)

# 太田川　産卵アユの大群
## 広島市調査　30万匹

広島市の太田川下流域で2020年秋のアユの産卵期に、ここ10年では最多となる約30万匹(推定値)の親魚の大群が集まったことが、市の調査で分かった。太田川漁協(安佐北区)などと環境整備を進める市は「来春の遡上《そじょう》が期待できる。太田川を象徴するアユが復活しつつある」と話す。

産卵期は高瀬堰《ぜき》(安佐南、安佐北区)下流約7キロが禁漁になる。このうち約3キロの区間で10月下旬、市水産課や同漁協の職員たち4人が潜水して調べた。1平方メートル当たりの数を川面の面積に照らして換算し、約30万匹と推定した。

市によると、高瀬堰下流(範囲は異なる)での11、18、19年の調査では約3千～約7万匹だった。20年時のアユは、漁協や市が造った産卵場付近などに9月下旬～11月上旬に集まって産卵。数日でふ化して川を下り、海で育った若魚が来春、川へ戻るという。

産卵場周辺に集まったアユの大群。婚姻色のオレンジ色が目立つ(11月10日)

同漁協のアユ漁獲量は1991年度の320万匹をピークに2015年度は6万7千匹に激減。19年度は 21万2千匹と回復傾向にある。

(2020年12月13日付)

# デルタの輝き（広島市）

## 水も電気も　暮らしに潤い

島々があかね色に包まれると、広島市街地は輝き始める。このデルタを生んだ太田川は6本に分かれて街中を縫い、瀬戸内海へ流れ込む。師走の夕刻、ヘリコプターから見渡すと、放射状に伸びる川筋が残照に浮かび上がった。暮らしと命を支える動脈に思えた。

恵みの最たるは水だ。田畑や集落を潤し、上水道は1899（明治32）年の給水開始以来、都市の生活と産業の基盤となった。現在は広島市をはじめ呉市や江田島市など島しょ部の計約155万人が享受する。

広島県西部の冠山（廿日市市吉和）一帯を源流とする1級河川。豊かな水量は中国地方で指折りの多雨に由来する。断層沿いから谷間を東へ曲流し、広島市北部で南へカーブ。延長は103キロに及ぶ。73もの支流を足すと流域面積は約1710平方キロと、県全体の2割を占めている。古くから農林業や船運、漁などの恩恵をもたらしてきた。

明治・大正期からは殖産や軍需を背景に電源開発が推し進められ、今も中国5県の水系で最多の15の水力発電所が稼働する。最大出力は計約83万キロワット。鳥取県の旭川と日野川水系の計約123万キロワットに次ぎ、5県全体の3割に当たる。戦後は大規模ダムも建設され、広島市や沿岸諸都市に電気を送る役割も持つ。

光輝く「水の都」は、400年前の毛利氏による築城から歴史を刻む。今は川沿いにカフェも並び、原爆ドーム前を遊覧船が行き交う。新型コロナウイルス禍で時は止まったようだが、川辺を散策する人の姿は増え、身近な川との距離が近づいて見える。河岸緑地で夏に初めて音楽の催しを企画した同市安佐南区の高田敬子さん（31）は「川の魅力で人がつながる。それが広島の良さです」と話す。

（2020年12月27日付）

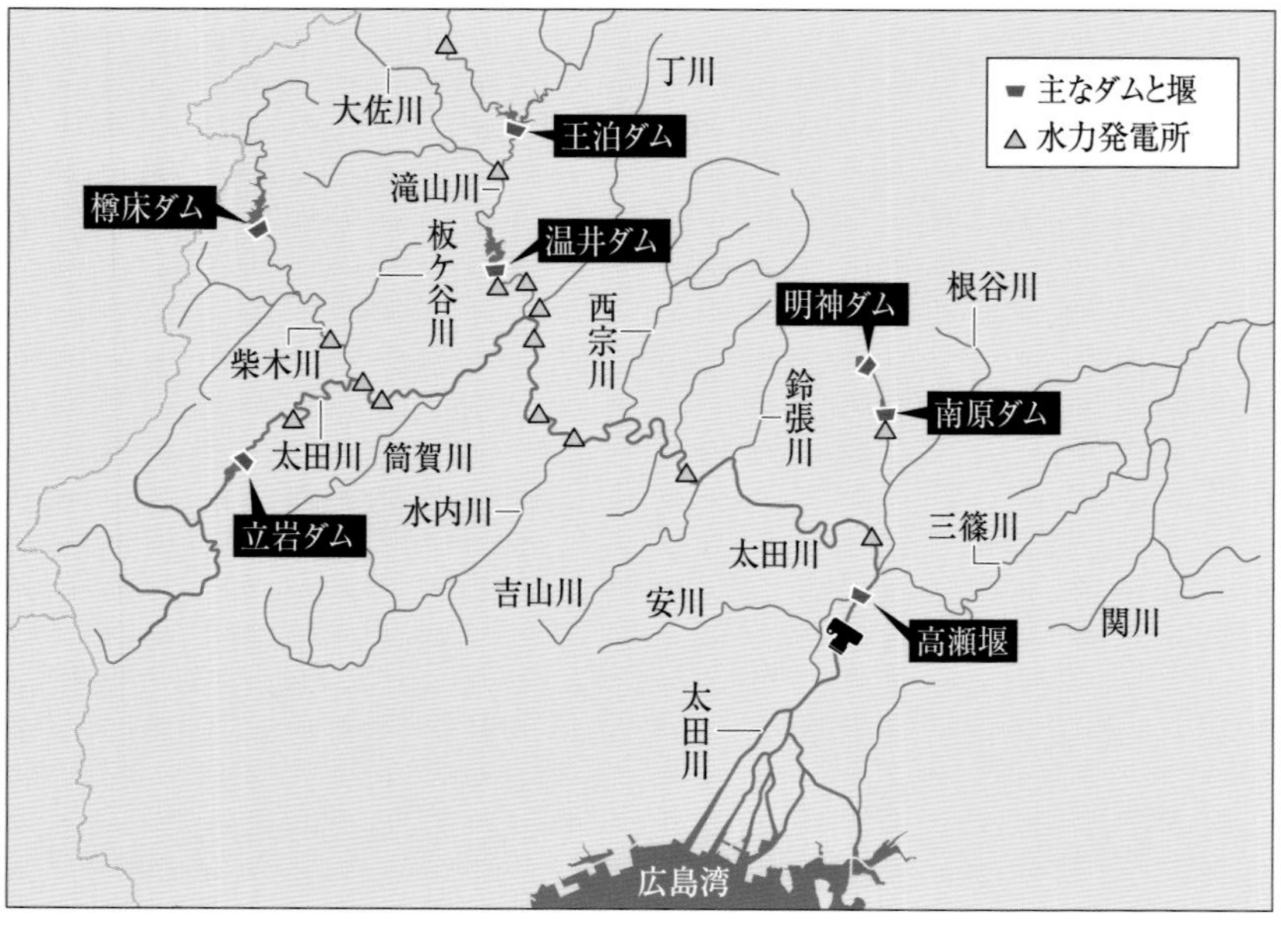


夕刻、三角州に広がる広島市街地を高度1800メートルから見渡す。手指を広げたような川筋が都市の光景に浮かび上がった

# 宇賀大橋（広島市安佐北区）

## 長さ140メートル　床板の通学路

「お帰り。さあ渡ろうね」。黄色い帽子の児童と愛犬連れの母親たちが、枕木のような木材を敷き詰めてある床板を踏みしめる。赤茶けた鉄製の手すりを冷たい風が吹き抜けていく。皆で歩を早めると、大きなつり橋が小刻みに揺れた。

山あいの広島市安佐北区安佐町久地。蛇行する太田川沿いに20世帯ほどが暮らす集落の名を冠した「宇賀大橋」が２０２０年春から、約10年ぶりに通学路となった。地元の久地小が5キロ離れた飯室小に統合して児童はバス通学となり、朝夕、4人が対岸の国道まで行き来する。5年生の斉藤乙葉さん（11）は「冬の川は透き通っていてきれい」と笑顔を見せた。

宇賀地区は古くは林業で栄え、材木などを運ぶ拠点だった。川舟も行き交い、船宿が並んだという。市道である宇賀大橋は太田川に現在残る主な四つのつり橋のうち最も長い約１４０メートル。１９５３年に完成した。近くで育った福本五雄さん（78）は「昔は両岸をつなぐワイヤをたぐって舟で渡った」と懐かしむ。

戦後、太田川流域は人口が増え、地元の寄付もあって多くのつり橋が架けられた。車社会になると、鉄骨製に代わっていく。宇賀大橋は補修を重ねて元の姿を保ったが、JR可部線廃線で近くの小河内駅が閉鎖されるなどして役割は小さくなった。歩いて渡るのは主に子どもとお年寄りだ。

コンクリート製の主塔がそびえ、木床でも1トンまでの車は渡っていく独特の風景。大橋への愛着と地域の歴史を伝えようと、自治会と公民館が企画した町歩きは新型コロナウイルスによって取りやめた。橋の点検もする宇賀自治会の大田法隆会長（68）は「約70年、暮らしと川とともにあるつり橋。その役割を胸に刻んでほしい」と願う。

（２０２１年1月10日付）

広島市北部の谷間に架かる宇賀大橋。学校帰りに渡る子どもたちが床板を踏む音が聞こえてきた（小型無人機から）

正月3日、宇賀大橋に積もった雪をシャベルで取り除く大田会長

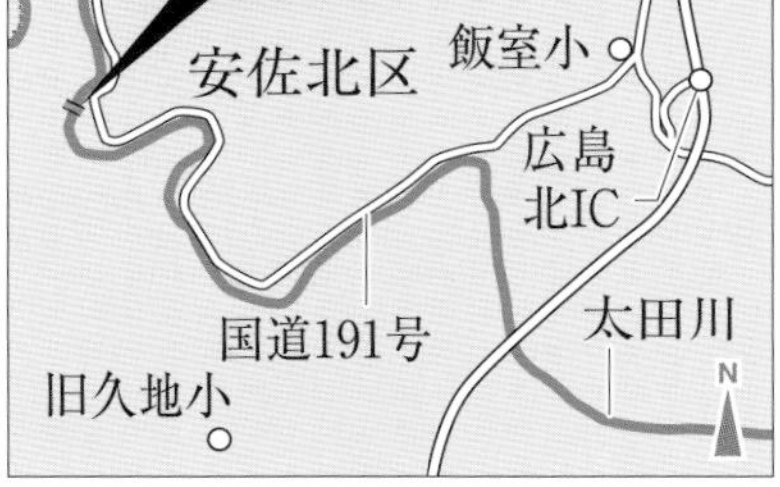

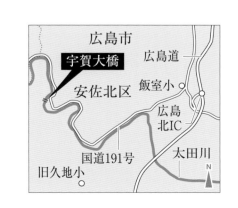

# 恐羅漢山の樹氷（広島県安芸太田町）

## 雪深い奥山　自然の造形美

強い寒波がヤマを越えた年初の連休明け。太田川源流域にある広島県最高峰の恐羅漢山（安芸太田町、1346メートル）を目指した。

霧の中、新雪に沈むかんじきを一歩一歩進める。北側の尾根で視界が少し開けた。杉やヒノキの三角帽が厚い氷をまとい、ブナ林も凍り付いた枝が天を仰ぐ。山頂の標柱の目盛りは積雪2メートル近い。雲間から一瞬、陽光が差し込む。雪と氷の造形美に引き込まれた。

数日後、好天を念じて再登頂した。「これだけ大きな樹氷は久しぶり」。万全の冬山装備で訪れた、広島市安佐北区の荒木静江さん（71）はぐるりと見渡した。

冬に日本海からの烈風を浴びるこの奥山一帯は、夏場の多雨もあって降水量が県内で最も多い。島根県境に位置し、北東―南西の断層に沿って尾根と谷が走る。雪解け水は東側山麓の横川《よこごう》川から三段峡のある柴木川を経て太田川へ流れる。静寂の山頂。眼下にスキー場が広がり、麓に5世帯6人が暮らす横川集落がある。古くは鉄山業や運搬で生計を立てた。戦後、木材需要の高まりで一帯は皆伐された。細るなりわいと離村に追い打ちを掛けたのが、1963（昭和38）年1月の「38豪雪」だ。気象台の記録では広島県芸北町（現北広島町）八幡で積雪350センチ。同月31日の中国新聞夕刊の「雪だより」は恐羅漢450センチと記す。

一方で、集落の危機を救ったのも雪の多さだった。地元有志が67年にスキー場を開設。73年には隣に国営（後に統合）もできた。林道整備や中国自動車道の開通で九州からの客も迎え入れた。こうした変遷は、広島修岳会名誉会長の瀬尾幸雄さん（90）＝佐伯区＝の著作「山の人生　60年恐羅漢の山里を訪ねて」に詳しい。

近年は暖冬傾向で、新型コロナ禍の苦境も続く。父から継いだ民宿を10年ほど前にたたんだ隠居義明自治会長（73）は「自然の怖さを知ると同時に、その恩恵を受け続ける地域だ」と語る。

（2021年1月24日付）

寒波後の恐羅漢山頂に現れた樹氷群。光が差し込むと、立体的に浮かび上がった（小型無人機から）

恐羅漢山頂（手前中央）と、東側斜面に広がるスキー場。その奥の谷筋を横川川が流れる。手前は島根県側のブナなどの原生林

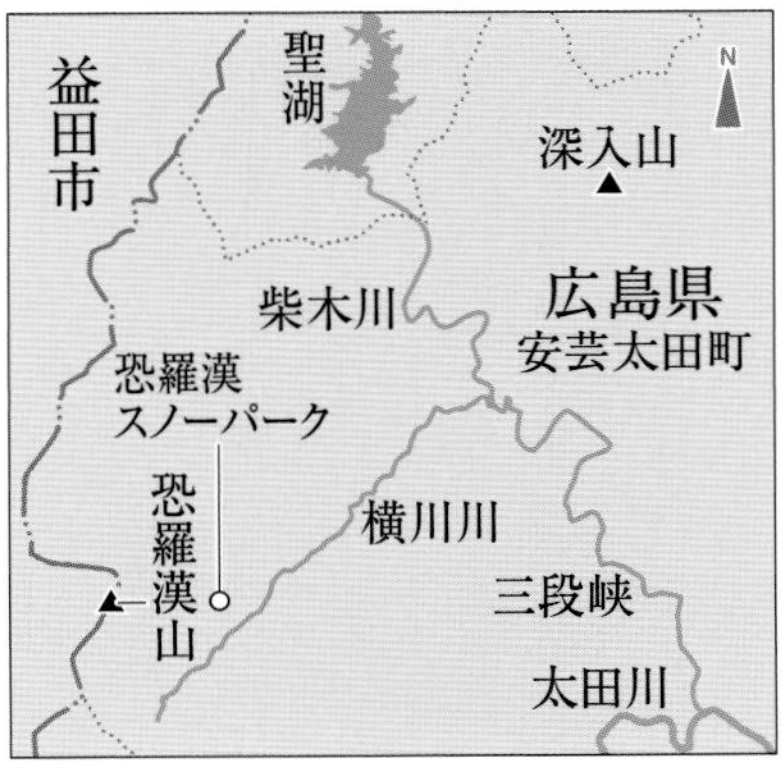

# ＪＲ可部線の旧田之尻駅（広島県安芸太田町）

## 流域支えた鉄路　余韻今も

広島県安芸太田町加計の町から太田川沿いを車で下流へ10分余り。津浪《つなみ》洞門のカーブを抜けると、右手の川向こうに小箱のような建物が見える。橋を渡ってみた。「たのしり」と書かれた地域の案内柱が立ち、こけむしたホームが建物の脇に延びていた。

川端の旧田之尻駅は水流の音や小鳥のさえずりが響く。ＪＲ可部線のうち、この駅を含め非電化だった可部（広島市安佐北区）―三段峡（安芸太田町）間46・２キロが廃止されたのは２００３年12月1日。ディーゼルカーは姿を消し、今は鉄道ファンがたまに訪れるくらいという。

時を止めた駅舎の壁には時刻表や連絡用の電話機が残る。停車位置を示す標識、丸いミラーも歴史を感じさせ、単線のトンネル跡が鉄路の余韻を醸す。

「駅」の世話を60年近く続ける住民に出会った。すぐ隣に住む伊賀昭造さん（94）。竹ぼうきで周りを掃いたり草を刈ったり。「生活を支えてくれた可部線。その灯を完全に消したくない」と川面を見やった。

田之尻地区は旧筒賀村のほぼ東端に位置する。国鉄時代の昭和29（１９５４）年3月に加計駅まで延伸された2年後、「筒賀停車場」として出発。一つ下流側の旧坪野駅（同町）との間には、１９５４年にこの地で国鉄の敷設総延長が2万キロを突破した記念碑が立つ。

「田之尻駅」と改名したのは、三段峡まで開通した69年7月。しかし、陰陽を結ぶ一大計画は80年に凍結された。可部線は太田川流域の物流を担い住民や観光客を運び続けたが、車社会の到来や過疎化の波を受けた。民営化後の98年、ＪＲ西日本は赤字を理由に非電化区間の廃止を打ち出す。

沿線や都市の住民とともに田之尻でも存続運動を繰り広げた。駅前に蒸気機関車の模型を飾り、井仁の棚田の最寄り駅をアピールした。地区の祖母の家へ可部線で何度も通ったという広島市中区の会社員釈迦《しゃか》郡《ごおり》一正さん（48）は「田之尻駅は可部線で一番小さな駅。役割を終えてもローカル線の雰囲気そのものです」。

（２０２１年2月14日付）

旧田之尻駅のホームに立つ伊賀さん。廃線後も掃除を続ける。年輪を重ねた駅舎に自らの人生を重ねた

時刻表や木製のベンチがそのままの駅舎。目の前を流れる太田川に朝日が差した（魚眼レンズ使用）

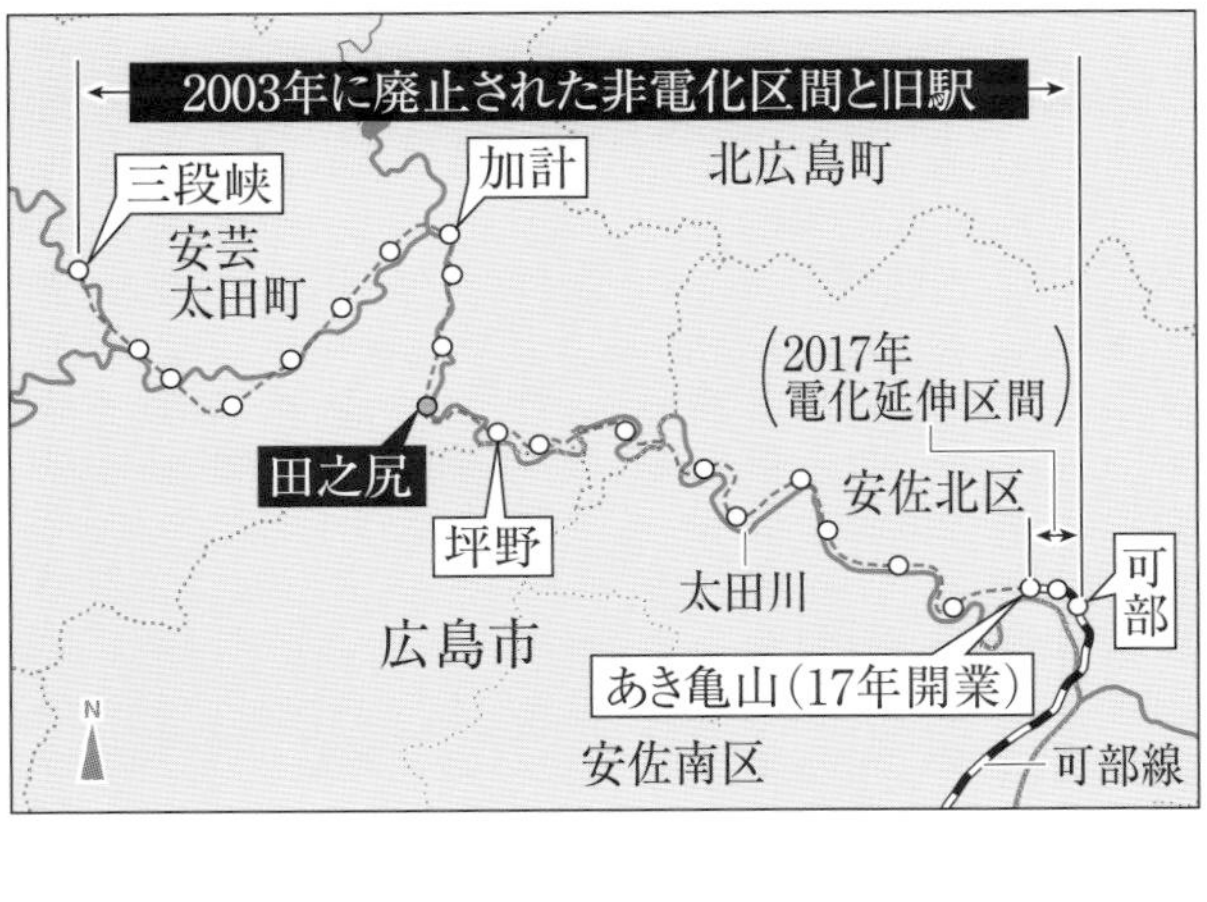

# 那須の隠れ滝

（広島県安芸太田町）

## 豊かな水 「消滅集落」に光

隠れ滝—。その響きに心引かれた。広島県安芸太田町で十方山（1319メートル）から北へ続く斜面を刻む幾筋もの谷の一つにある名瀑《めいばく》。厳冬期の姿を見ようと1月下旬に向かった。

滝の名付け親は、谷川が下る山中の那須集落に母親と暮らす岡崎隆則さん（68）。3年前、半世紀ぶりに戻った古里の住民はわずか4人になっており、「消滅集落」との声も漏れた。「何とか元気づけたい」。澄んだ湧き水と、かつて遊んだ秘境を売りだそうと発起した。

太田川上流に注ぐ那須川沿いの急坂を車で上ると、木造の旧校舎が立つ小さな広場に着く。滝へは、家や田畑の脇を抜けて雪の林道の先にある登山口を出発した。

積雪は膝の下くらい。青空がのぞく。一帯は戦後に林業で栄え、名残の杉木立が白い斜面に影を映す。材木を運び出すのに使った道を伝い、硬い雪の斜面を横切り、尾根と谷を交互に越えていく。2時間で滝口上部のせせらぎに出合った。

合併前の戸河内町史の村境図に「三つ滝」と記された三段滝の最上部。下っていくと、水の流れ落ちる音が大きくなった。慎重に岩場を渡り、足場を探る。しぶきの舞う中段の滝つぼに立つと、岩肌に青みがかった氷柱が張り付いていた。傾く日が差し込んだ。

2020年末、岡崎さんと川をさかのぼるルートで下見した。自らがやぶを刈り、木橋を架けて歩けるようにしたという。滑り台のようなナメラや、石段の滝もあり「大小連なって落差100メートル以上。季節ごとに絶景を楽しめる」と胸を張る。この隠れ滝を20年秋のトレイルレースでコースに入れた松田孝志さん（55）＝廿日市市＝は「水の音を聞きながら約400人が駆け降りた」と振り返る。

豊かな水は那須の命だ。集落奥で湧き出る水が山中の浄化槽を経て、5世帯7人を潤す。「あふれるほどでありがたい」と、20年秋から住む地域おこし協力隊の米田新吾さん（57）。水を求めての移住者もいる。長老の岡田秋人さん（88）は「代々大切にしてきた水と滝のおかげで集落が息を吹き返しそう」と笑顔を見せた。

（2021年2月28日付）

雪に覆われた「那須の隠れ滝」の三段滝中段から見上げる。岩肌には青みがかった氷柱が張り付き、静寂の森に流れ落ちる水の音が響いていた

那須集落を歩く米田さん㊧、岡田さん㊥、岡崎さん。「消滅集落」といわれた山里が変わりつつある

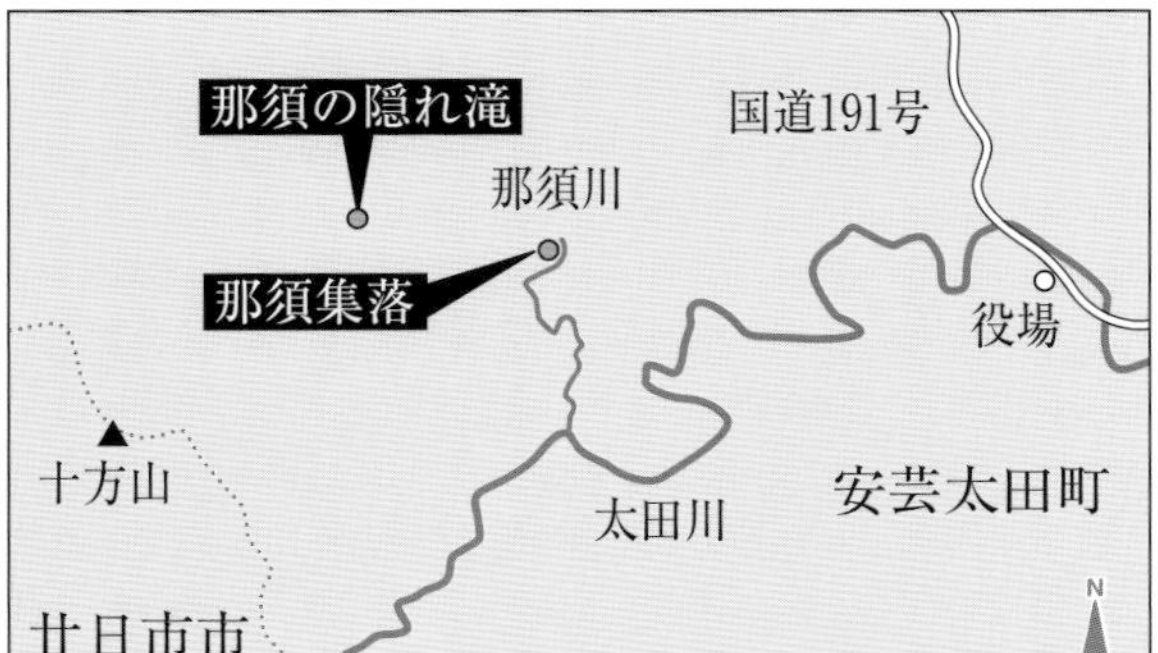

# 湿原の足跡

（広島県北広島町）

## 八幡の潤い　動植物を育む

明けやらぬ稜線《りょうせん》が赤みを帯び始めた。雪の湿原はまだ青白い。足元の水辺に、丸い、小さなくぼみの列が浮かんだ。斜光の陰影が動物の足跡と気付かせてくれた。胴長のテンか。近くでウサギのそれも交差し、野生の躍動を想像した。

太古に湖底だった標高800メートル前後の盆地に、大小の湿原が点在する広島県北広島町八幡地区。立春の後の陽気をかき消すように2月中旬、大雪となった。天候が回復し、臥龍山北側の裾野に1キロほど続く霧ケ谷湿原を未明に訪れた。

年始に隣の湿原であった観察会を思い出す。「多くの動物は夜行性。直接見るのは難しいけれど、足跡などを手掛かりに生態が分かる」。認定NPO法人西中国山地自然史研究会事務局の前田芙紗さん（40）に教わった。家族連れに交じって、「芸北　高原の自然館」周辺の雪をかき分けた。小高い丘では、ツキノワグマが登って実を食べた痕跡「クマ棚」がコナラの枝に残っていた。

自然館主任学芸員の白川勝信さん（48）は「湿原は誰でも訪れることができ、源流の中でも身近な場所」と紹介する。八幡は千メートル級の山々に囲まれ、年間降水量は2千ミリを超す。多様な動植物を育み、水質や流れを保つ湿原の役割を説く。

ただ八幡地区でも大正以降、水はけの悪い湿地の多くはかんがいによって田畑になった。戦時中は多くが演習場にされ、戦後は開拓団も入植した。その後も開発などで草地は広がり、森へと姿を変えていた。

霧ケ谷湿原も1960年代の牧場造成で乾燥が進み、閉鎖後の90年代に有志が再生へと立ち上がる。県は10年ほど前、柴木川の水を霧ケ谷全体に行き渡らせた。メンバーは2020年秋も草刈りや水の流れを保つ活動に汗を流した。一方で北広島町は20年、八幡の湿原群約415ヘクタールを野生生物の保護区に指定した。

自然館南の千町原《せんちょうばら》。植物学者牧野富太郎の句碑が立つ。昭和初期に八幡を訪れて湿原を彩るカキツバタ自生地の広さに驚き、世に知らしめた。白川さんは「長い

霧ケ谷湿原に朝日が差し込むと、テンなど野生生物とみられる足跡が浮かび上がった。水の輝きも増しており、春を待つ生き物たちの気配を感じた

年月をかけてできた湿原。守るのは人の力」と強調する。

再び霧ケ谷の朝。シジュウカラやエナガの声が響いた。春到来を告げていた。

（2021年3月14日付）

雪原の丘に立つコナラの枝に残っていた「クマ棚」に見入る観察会の参加者たち

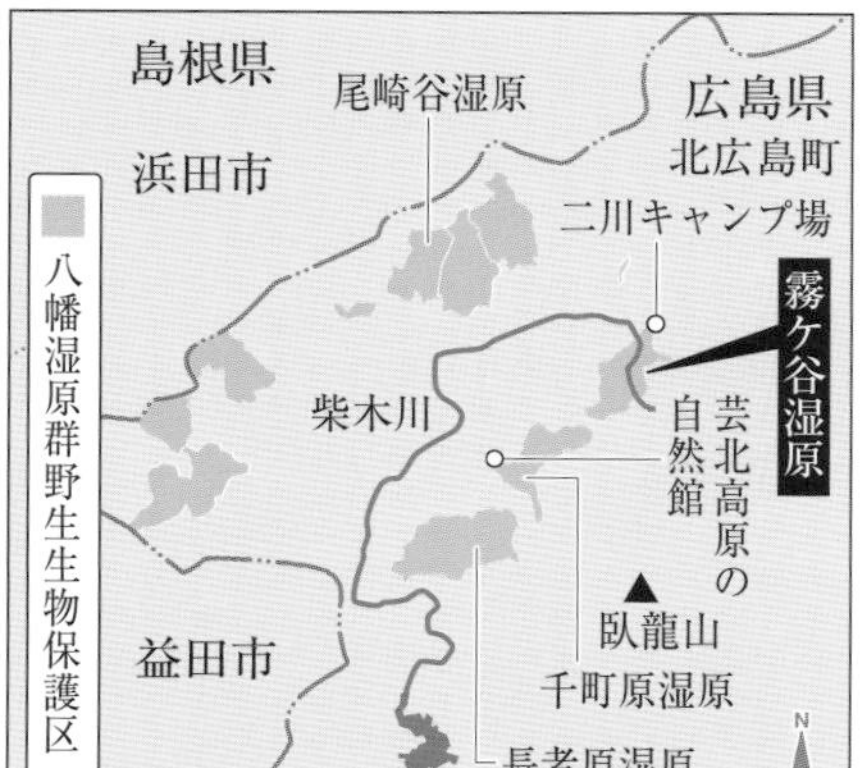

# ヤマセミはどこへ

## 魚捕りの名手　受難の時代

日本鳥学会会員の上野吉雄さん（68）＝廿日市市＝は愛用の小さな双眼鏡を手にほぼ毎日、太田川流域を歩く。ただ、この2、3年、めっきり見掛けなくなった鳥がいるという。かつて中・上流域で常連だった魚捕りの名手、ヤマセミ。話の真相を探ろうと、年明けからその姿を追った。

白黒の鹿《か》の子柄で、ハトより少し大きい。頭上に逆立つ冠羽、大きなくちばし、「ケラケラケラ」と甲高い鳴き声。最初に出合ったのは1月中旬、渓流に張り出した枝で獲物をうかがい、存在感を放っていた。20分ほどして下を向くと、一気に川へ飛び込んだ。

かわいらしくて、りりしい姿。「一度見たら忘れない」。多くの人の心をつかむ訳が分かる気がした。

日本野鳥の会広島県支部が1991年、ヤマセミを調べた資料が残る。太田川水系では計12の生息地を記す。このデータを手掛かりに、住民や野鳥愛好家に話を聞き、会員制交流サイト（SNS）の情報も参考にしながら車を走らせた。結果として姿を確認できたのは4地点だけだった。

身近なヤマセミはなぜ減ったのか―。専門家は、相次ぐ土砂災害や護岸工事で巣穴に適した土の崖が減り、餌場の川も雑木林や竹やぶが刈られるなどしたためとみる。上野さんは「ひなの目撃情報が特に少ない。繁殖がうまくいっていないのかも」と心配する。

都市部でも同様だ。野鳥の会元支部長で広島女学院大名誉教授の中林光生さん（81）＝広島市安佐北区＝は、自宅近くの高瀬堰《ぜき》下流で2005年から14年間、ヤマセミを観察した。20年、その記録を本にまとめた。「太田川の河川敷は自然豊かだが、災害対策などで環境が変わってきた」と話す。野鳥の観察マナーにも左右されるという。

30年ほど前は県内各地の川で見られたヤマセミ。県は、11年度のレッドデータブックで「準絶滅危惧種」とした。さらに21年度の改訂では「絶滅危惧Ⅱ類」へ格上げされる見通しだ。

実情を知ってもらおうと今月、NPO法人三段峡―太田川流域研究会が繁殖の本格化を前に初めての観察会を開き、親子連れらが参加した。「鳥たちもすみやすい川や森にしようね」。案内役を買って出た上野さんはそう語り掛けた。

（2021年3月28日付）

3月上旬、赤土の崖で確認した営巣活動。雄㊧は枝に止まり、巣穴を掘っていた雌が外へ出てきた。専門家の指導を受けて撮影した

水しぶきを上げて水面から飛び立つヤマセミ。太田川流域でも独特の姿を見る機会は減っているという

# 再生の桜並木（広島市）

## 河岸彩る　平和のシンボル

淡いピンクのベールに縁取られた広島市中区の本川沿い。対岸のなだらかな芝生広場では人々が憩い、干満の大きな川面を遊覧船が行き交う。下流の原爆ドーム前で分かれる元安川にかけて、戦後、街と緑の再生を願って植えられた桜並木。いつもより早く3月下旬に満開を迎えた。

樹木医の堀口力さん(75)＝西区＝によると、原爆で市中心部の木々は大半が失われた。全国からイチョウやクスノキなどが寄せられた「供木運動」もあって徐々に、焼け野原は緑を取り戻していく。ただ、「管理の難しいソメイヨシノは当初少なかった」という。

戦前、広島で桜の名所といえば、工兵橋南西の「長寿園」だった。跡地付近の堤に立つ碑文は、明治末期に地元の実業家が東京から桜の苗木を取り寄せ、苦労して一大園地を成したと伝える。露店や座敷も並ぶにぎわいは風物詩だった。この桜の園は爆風に耐えたが、戦後復興に伴う埋め立てによって姿を消す。

デルタ河岸の桜並木の出発は主に、戦後約10年を経て始まった平和記念公園周辺での市民らによる植樹と、1960〜70年代の区画整理や再開発だ。本川端に木造家屋が密集していた基町から北側の旧長寿園までの約1・5キロでは、中高層アパート群の建設に合わせてできた河岸緑地にずらりと植えられた。工兵橋から南東へ流れる京橋川の白島側も新名所となった。

堀口さんは「ソメイヨシノは川沿いなど風通しの良い場所で育つ。広島では特に平和や復興の象徴として愛されてきた」と語る。

取材で印象的だった風景がある。西区楠木町の本川右岸の大雁木《がんぎ》と満開の桜。江戸時代に荷揚げ場として造られた石段と、半世紀を刻む並木が調和していた。ここを守り活動拠点とする、「スタンドアップパドルボード（SUP＝サップ）」の愛好者が、ドーム前まで往復して桜をめでる水上ツアーを楽しんでいた。

ひろしまSUPクラブ代表の西川隆治さん(56)は「この時季は広島の街が一番美しい。自粛生活が続く

本川沿いを淡いピンクに染める桜並木。対岸の芝生広場では散歩やデイキャンプを楽しむ人の姿が見え、花見の遊覧船が川面を滑っていく（3月31日）

楠木の大雁木と咲き誇る桜。江戸時代から水運を支えた荷揚げ場が、今は水上レジャーの拠点に。奥には長寿園アパートが見える

今だからこそ、川や自然に触れたいという人は増えている」と実感する。新たな試練からの再生を、水都の桜並木は見つめ続ける。

（2021年4月11日付）

# 稚ガニの「関所」越え

（広島市安佐北区、安佐南区）

## 魚道横ばい　難所の堰遡上

甲羅の両側に並ぶ細長い脚で、水際のコンクリート壁を横ばいに進む。体長1～3㌢のモクズガニの子たち。長さ86㍍にわたる緩やかな階段状の魚道をさかのぼる姿はたくましい。

太田川の河口から13・6㌔の広島市郊外にある高瀬堰《ぜき》（安佐北区、安佐南区）。2021年春、大量の稚ガニが遡上《そじょう》していると聞いた。太田川漁協の中谷春行理事（71）は「ここ2、3年、堰を上る姿が増えたが、これほど多いのは初めて。数日かけて関所を越える」と話す。

1975年完成の堰は生活や工業用の水をため、治水も担う。川幅約330㍍に並ぶ7門の鋼製ゲートで水量を調節する。魚たちにとっては巨大な壁だ。このため建設時から両端に幅6㍍の魚道を設けてあり、左岸側には舟通しも備える。

川と海を往来する魚類は両側回遊魚と呼ばれ、高瀬堰ではアユやサツキマスなど約10種が見られる。国土交通省太田川河川事務所は毎年、遡上調査を続けてきた。春から初夏までを中心に数日間、魚道の上流側に網を仕掛けて捕獲し、種類やサイズを記録する。

4月中旬の調査を取材した。両側の魚道で午前中に建網を入れ、夕方と翌朝に揚げる。左岸で初日はアユ3匹など少なめながら、翌朝はウグイ2千匹が入った。「活発な春の川です」と調査員。モクズガニは3月分を含む速報値（4日間）で計607匹と、前年の計232匹を大きく上回った。

元来、太田川は電源開発によるダムや堰が多く、魚類の遡上を阻んでいた。中流の津伏取水堰（同市佐伯区湯来町）より上流は特に難所続き。国は93年からモデル事業として、河口から70・8㌔までの本流にある発電用堰や農業用取水門の計12カ所を対象に魚道の新設や改良を進めた。広島県も協力し、延長103㌔のほぼ8割に当たる、立岩ダムの約6㌔下流（安芸太田町）まで上れるようになった。

それから20年余り。県野生生物保護推進員の内藤順一さん（70）＝府中町＝は「遡上する魚種や数は川の豊かさの指標だ。ただ、魚道付きだからと堰が造られ、実際には上れないケースもある。継続的な点検や管理が必要だ」と訴える。

（2021年4月25日付）

高瀬堰の魚道の壁を遡上するモクズガニの子たち。体長は1〜3センチ。目を凝らさないと気付きにくい

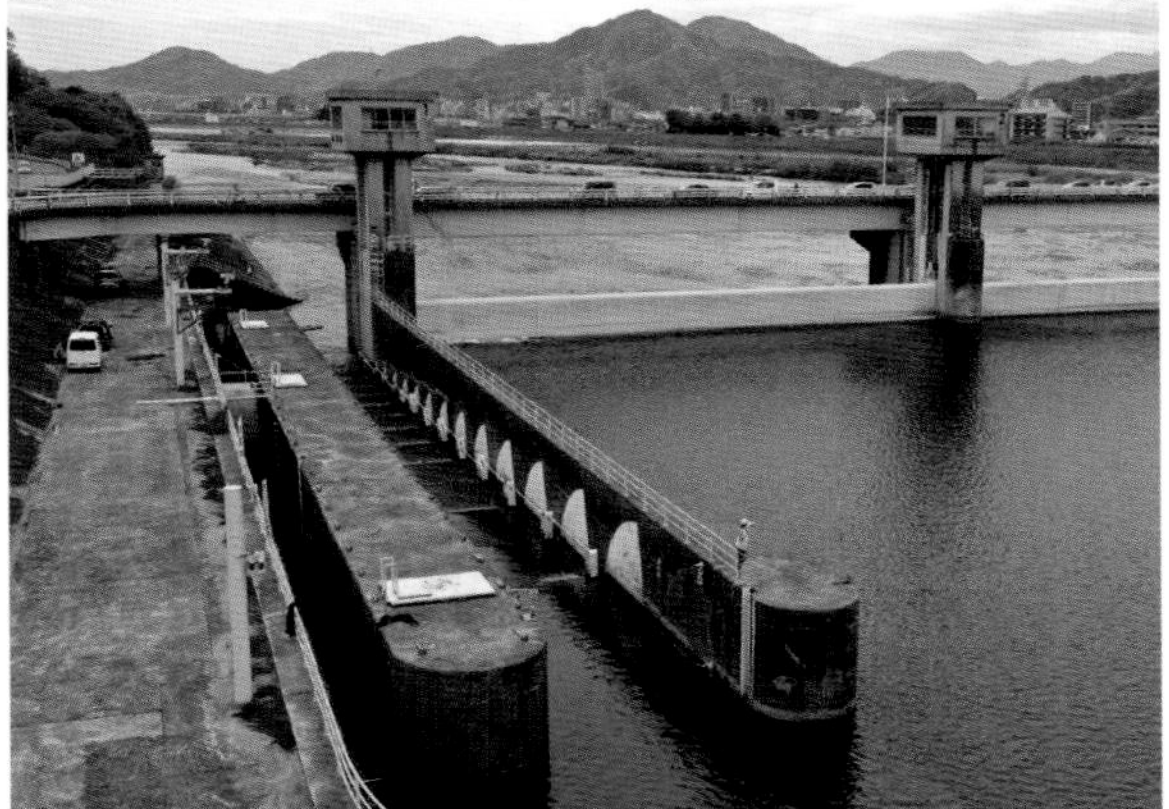

上流側から見た高瀬堰左岸。左端の2本の水路のうち右側が魚道で左側が舟通し（小型無人機から）

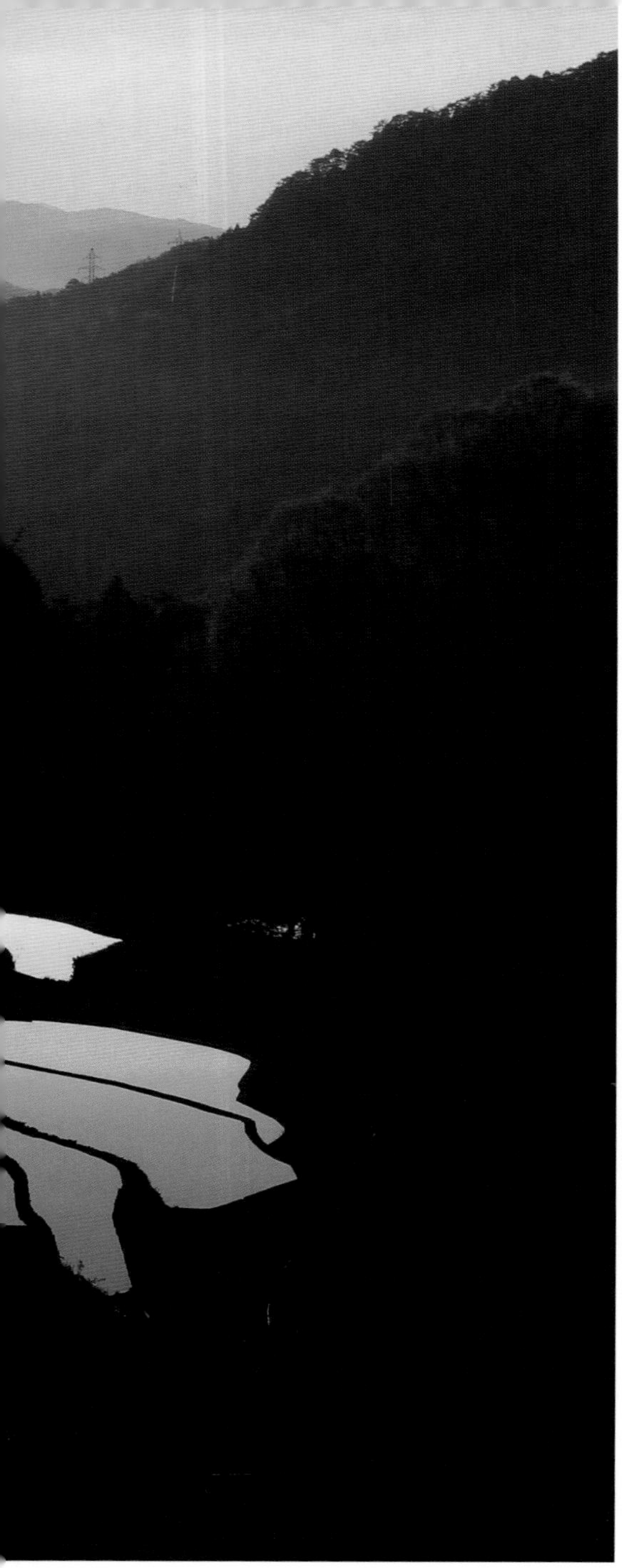

# 棚田の水鏡

（広島県安芸太田町井仁）

## 湾曲美が紡ぐ景観　後世へ

おむすびのような形をした山の肩から朝日が顔を出す。空の色は深い藍からオレンジへと移ろい、棚田の水鏡が輝きを増す。卯月《うづき》の早朝。鳥のさえずりとともに井仁《いに》の一日が始まる。

田植えを前に、「日本の棚田百選」として知られる広島県安芸太田町の井仁地区を訪れた。太田川中流域で標高450～550メートル。つづら折りの急坂の先にある狭いトンネルを抜けると、すり鉢状の斜面に大小の田が重なり合う。水は、天上山など周りの山々の四つの谷から引き、田畑を潤してきた。

戦国期の石垣も残り、江戸時代には峠越えの要衝として栄えた。200年以上かけて開かれ、垂直の石積みは今も美しく湾曲する。昼下がり、階段状の水田には代かきの点描が描かれていた。「狭く複雑な地形。機械が入れない所も多い」と片山俊司さん（76）。美田を守る自負をのぞかせた。

ただ、1960年代に約200人を数えた住民は現在、約50人。棚田百選に指定された99年当時に324枚だった水田は約180枚までに減った。20年前の同じ頃、イノシシなどの獣害を防ぐために集落の外周4キロをフェンスで囲み、応援団の都市住民との交流を始めた。近年は棚田オーナー制度に加え、大学と連携した学生の受け入れや、環境活動に力を入れる企業との棚田管理にも取り組む。

住民グループ「いにぴちゅ会」の河野司会長（75）は「新型コロナによって厳しい状況だが、これからも地区外の協力なしに棚田の維持は難しい」と話す。

大型連休中の1日。田植えが斜面のあちらこちらで始まり、片山さんも苗を手で植えていた。2020年は地区外の親族らが帰省を自粛したが、21年は4人が戻ってくれたという。

唯一のカフェから談笑が聞こえた。元町地域おこし協力隊員でオーナーの友松裕希さん（32）は「棚田は人と自然が織りなす景観。癒やしを求める人は多い」。自らも田んぼ1枚の世話をしながら、井仁の棚田の魅力を発信している。

太田川流域でも細る棚田文化。井仁で20代続く正音寺住職の大江真さん（70）は「歴史を絶やさず後世に引き継ぎたい」と語る。高台から見える水鏡が、その決意と誇りを映していた。

（2021年5月9日付）

日の出とともに水面が反射し、浮かび上がる棚田のシルエット。ぐるりと山に囲まれた井仁地区で、本格的な稲作のシーズンが幕を開けた

ほぼ垂直に立つ石垣が曲線美を描く。まばゆい新緑の中、田植えに汗を流す住民たち

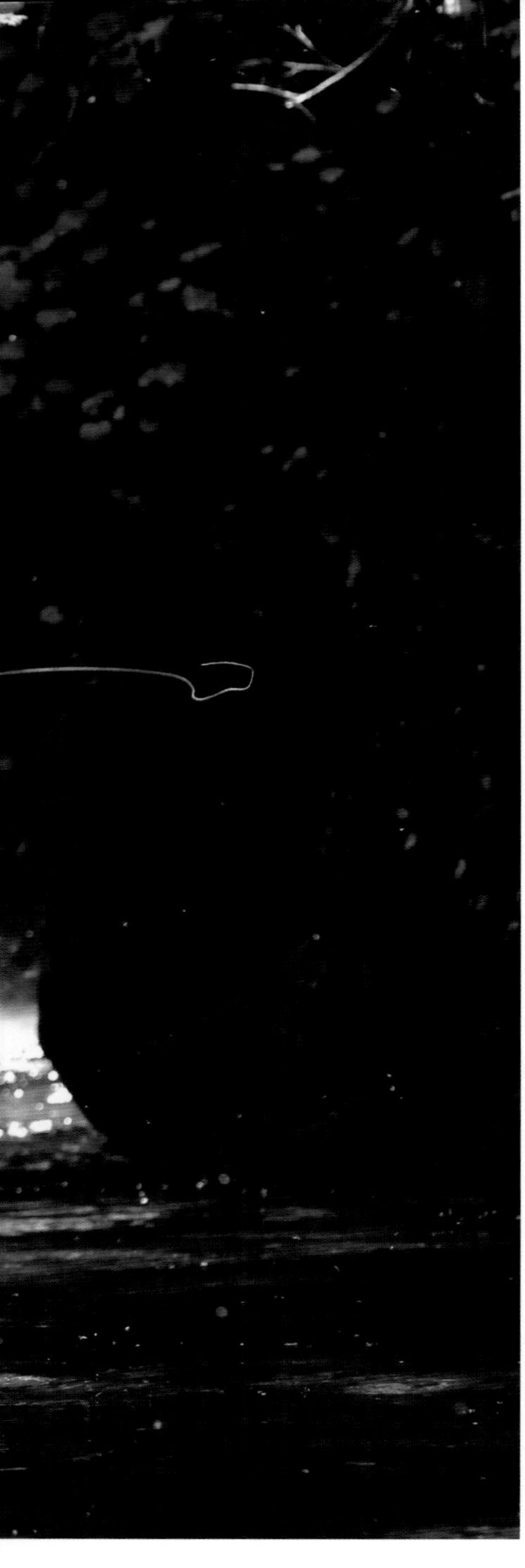

# 渓流釣り（廿日市市吉和）

## 熟練のさお　新緑に染まる

まばゆい新緑に覆われた谷川は大小の岩を縫い、淵と瀬を重ねる。こぶのような大岩の間を虫が飛び交っていた。深みの陰に魚影が浮かぶ。かすかな音とともにライン（釣り糸）が放たれ、虫に似せた毛針が水面を流れる。静寂の中、さおが大きくしなった。

太田川の源である廿日市市吉和の冠山（1339メートル）。北側の中津谷《なかつや》渓谷一帯は広島県内屈指の渓流釣りポイントだ。中でも小川川《おがわがわ》と称する中津谷川支流の約4キロは、毛針で狙うフライフィッシングの専用区（予約制）。1995年、愛好者の要望を受けて地元漁協などが設けた。釣った魚を川へ戻すキャッチ・アンド・リリースに徹する。

5月初旬、専用区で夫婦に出会った。会社員の柿木一義さん（58）と美千枝さん（58）。交互に、長いラインをむちのように操って毛針を打ち込む。一義さんの一手に、勢いよく食い付いたのは渓流の女王と呼ばれるサケ科のアマゴ。体に朱点をちりばめた美麗な姿が透き通る水に映えた。この日はゴギも活発だった。

キャリア約30年の一義さんは「魚が何を好むか、季節や生態を考えて毛針を作るのも楽しみ」。美千枝さんも「自然と一体」の魅力にはまり、岩国市から夫婦で通って5年になる。「吉和は原生のブナもあり、この時季の川は特に素晴らしい」と口をそろえた。

地元では太田川を「吉和川」と呼ぶ。吉和川漁協によると、この地の渓流釣りを全国に広めたのは西村文《ふみ》甫《ほ》さん（80）。30歳を前に広島市から移住し、69年に吉和で養魚場を開いた。自ら釣ったアマゴの卵を絞り、人工ふ化から稚魚の成育まで手掛けた。養殖組合をつくり、「アマゴの里」の土台を築いた。

趣味の釣りが高じて6年前、大阪から一家で移り住んだ則武一生さん（55）は「専用区以外でも、天然アマゴが多く生息する。毛針やルアー、餌釣りまで幅広く楽しめる」と紹介する。

「手つかずの自然は減ったけれど、魚が命を育む川を見守っていきたい」と西村さん。先達の言う、山川草木に溶け込む渓流釣りの風景が息づいている。

（2021年5月23日付）

小川川で、川虫が飛び交う岩の間にキャスティングする柿木さん。新緑に包まれ、自然と一体になる

体の朱点が鮮やかなアマゴ。予約制の毛針専用区ではキャッチ・アンド・リリースがルールだ

# 旧亀山発電所（広島市安佐北区）

## 明治の建物　水害史伝える

ほの暗いれんが造りの建物にツバメが戻ってきた。出入り口そばの壁。赤いペンキを引いた7本の横線が垂直方向に並び、高さと年月が記してある。「昭和18（1943）年9月3・8メートル、昭和20年9月3・3メートル、昭和47年7月…」

水力発電所がひしめく太田川水系で小規模を除き最古参の「旧亀山発電所」（広島市安佐北区可部町）は洪水の歴史を刻む。アーチ型の窓越しに、早い梅雨入りによる濁流が見えた。

草木が覆う赤れんがの洋風建物は広島電灯会社（現中国電力）が1912（明治45）年に完成させた。英国製の発電機3基を備え、山腹の水路を通じて水を集めた。川端の宿命である水との闘いを乗り越えたが、72（昭和47）年の「47水害」を受けて翌年に廃止された。その後、太田川漁協の事務所になった。

「かつては家も流された地域。発電所の2階まで漬かったこともある」。近くに住む上川秀彦さん（83）は水の怖さを知る。出水時には人力で発電機を台に引き上げた逸話も伝わる。

壁の最初の記録は「大正8（1919）年7月」。太田川工事事務所（現・国土交通省太田川河川事務所）の「太田川史」は「可部付近の被害も大きく」と記す。被爆直後の広島を襲った枕崎台風、その5年後と翌年に続いたキジヤ、ルース両台風、47水害や「平成17（2005）年9月」の台風14号など、三つの時代の水害に耐えた。

暴れる太田川の改修は昭和初期に始まり、戦後の放水路建設など下流のデルタに重点が置かれた。中流域や大半の支流は47水害後に主な対策が進んだ。

近年、気候変動による豪雨被害が深刻さを増す。太田川流域でも2014年に広島市で77人が犠牲になった広島土砂災害が起き、18年の西日本豪雨では可部で合流する三篠川で観測史上最大の流量となった。家や田畑が漬かり、同区白木町のJR芸備線第1三篠川橋梁《きょうりょう》は流されて復旧に1年余りを要した。梅雨の今

明治末に建てられた、れんが造りの旧亀山発電所。出入り口横の柱（右側）に洪水の記録が残る。
現在は太田川漁協の事務所が入る。窓越しに、増水した太田川が見えた

もあちこちで重機の音が響く。

「歴史の証言者（物）」とされ22年が完成110年の旧亀山発電所は、市の道路拡幅で取り壊しの計画がある。同漁協の山中幸男組合長（74）は「忘れてはならない水害の記録は何とか保存したい」と考えている。

（2021年6月13日付）

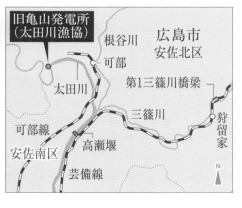

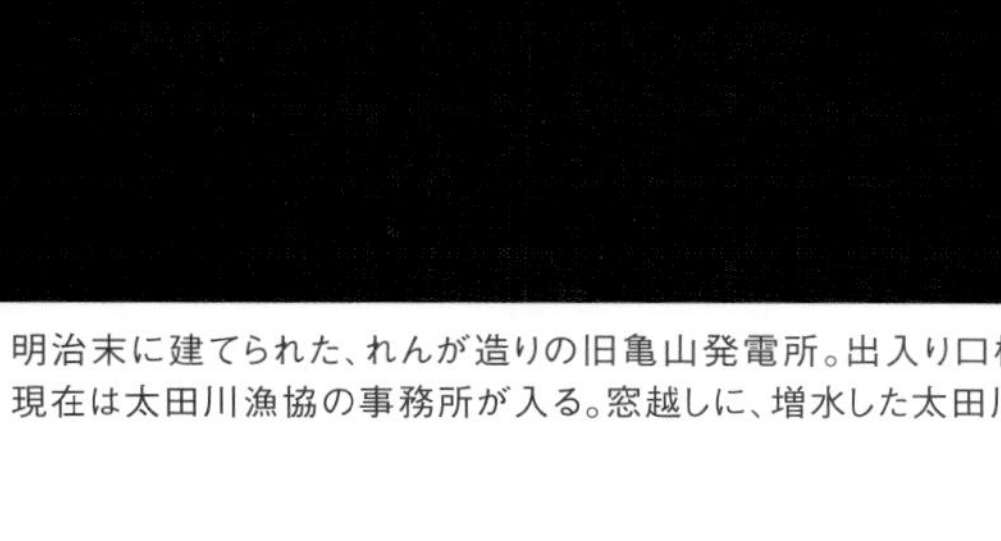

西日本豪雨で流され、復旧した第1三篠川橋梁を渡るJR芸備線。同川沿いでは護岸整備や橋の架け替えが続いている

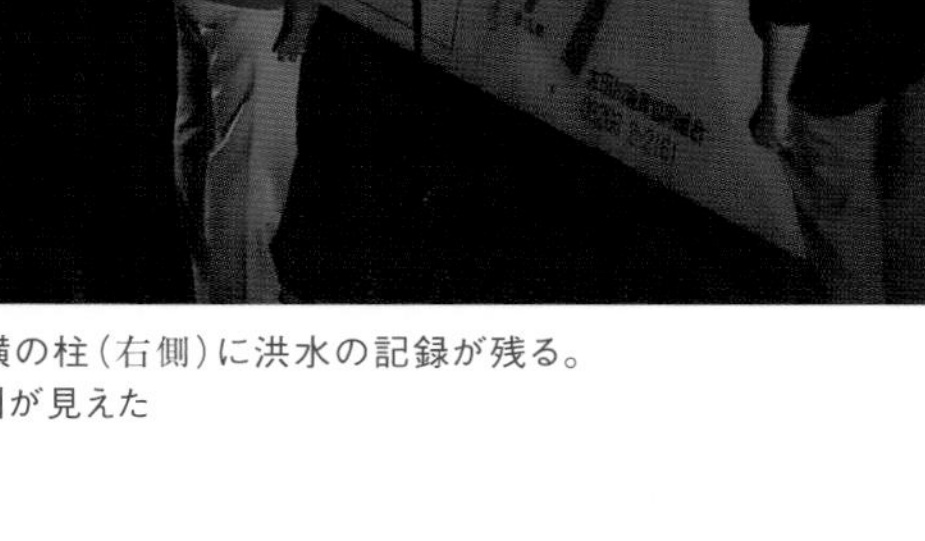

# 小型サンショウウオの謎

## 太古の命脈々　深山で共存

ブナ林の湧き水は夏前でもしびれるほど冷たい。冠山（廿日市市吉和、1339メートル）一帯で、小型サンショウウオを30年以上研究してきた元理科教諭、内藤順一さん（70）＝広島県府中町＝の繁殖調査に同行した。

太田川源流の細る流れをたどる。岩をめくっても姿は見えない。内藤さんが体長約15センチのハコネサンショウウオを見つけた。細長い背は鮮やかな赤褐色、くりんとした目に愛嬌《あいきょう》がある。のっそりタイプだが、急にはい進む。この深山で太古から命をつないできたという。

発見地の箱根にちなむ名で、本州中部以西にすむ。冠山一帯が生息地の南西限と絞ったのは、教職の傍ら休日に通い詰めた成果だ。両生類研究家の故宇都宮妙子さんと協力し、ハコネとともに、灰色と黄のまだらのヒダ（飛騨）、ブチの3種類を主に確認した。ハコネは夏前の産卵から4カ月余りでふ化し、幼生は水中で過ごして3年目に変態、森へ入ることも分かった。

地道に謎を解いてきた内藤さんは約10年前、耳を疑うような研究報告を学会で聞いた。「太田川源流域のハコネの中に、四国にすむハコネの仲間がいる」。瀬戸内海を挟んでなぜ…。

数年後に正式発表したのは、当時、京都大で研究していた国立科学博物館動物研究部（茨城県つくば市）の吉川夏彦研究員（39）。四国に生息する新種のシコクハコネサンショウウオと遺伝的に同じ種が冠山周辺にもいて、普通のハコネと共存しているとの内容だった。

吉川さんは学会後に連絡をもらった内藤さんと成体を探し出した。その後、内藤さんたちが以前出版した図鑑「広島県の両生・爬虫《はちゅう》類」に、1匹のシコクハコネが写っていたことにも気付く。標本の遺伝子を調べ、遠い四国との関連を裏付けた。

「数万年前の氷河期、瀬戸内海は陸続きとなり、四国側から北上した種が生き残ったのだろう」と吉川研究員は考察する。内藤さんは、冠山一帯は原生林が残されたため「古来の動植物が生き延びた」とみる。

広島県内の川の生き物を徹底的に調べ、守ってきた内藤さん。8年前に大病を患い、「知識や調査法を若い世代に引き継ごう」と心に決めた。2021年、自らの歩みを本にまとめた。週末は研究者を志す学生たちと、小型サンショウウオの新たなロマンを追っている。

（2021年6月27日付）

紫の体に褐色の斑紋があるチュウゴクブチサンショウウオ

灰色と黄のまだら模様が特徴のヒダサンショウウオ

冠山一帯のブナ林に生息するシコクハコネサンショウウオ㊦とハコネサンショウウオ。いずれも体長約15センチ。傍らで川の様子を調べるのは内藤さん（魚眼レンズ使用）

# ホタルの里づくり（広島県安芸太田町加計）

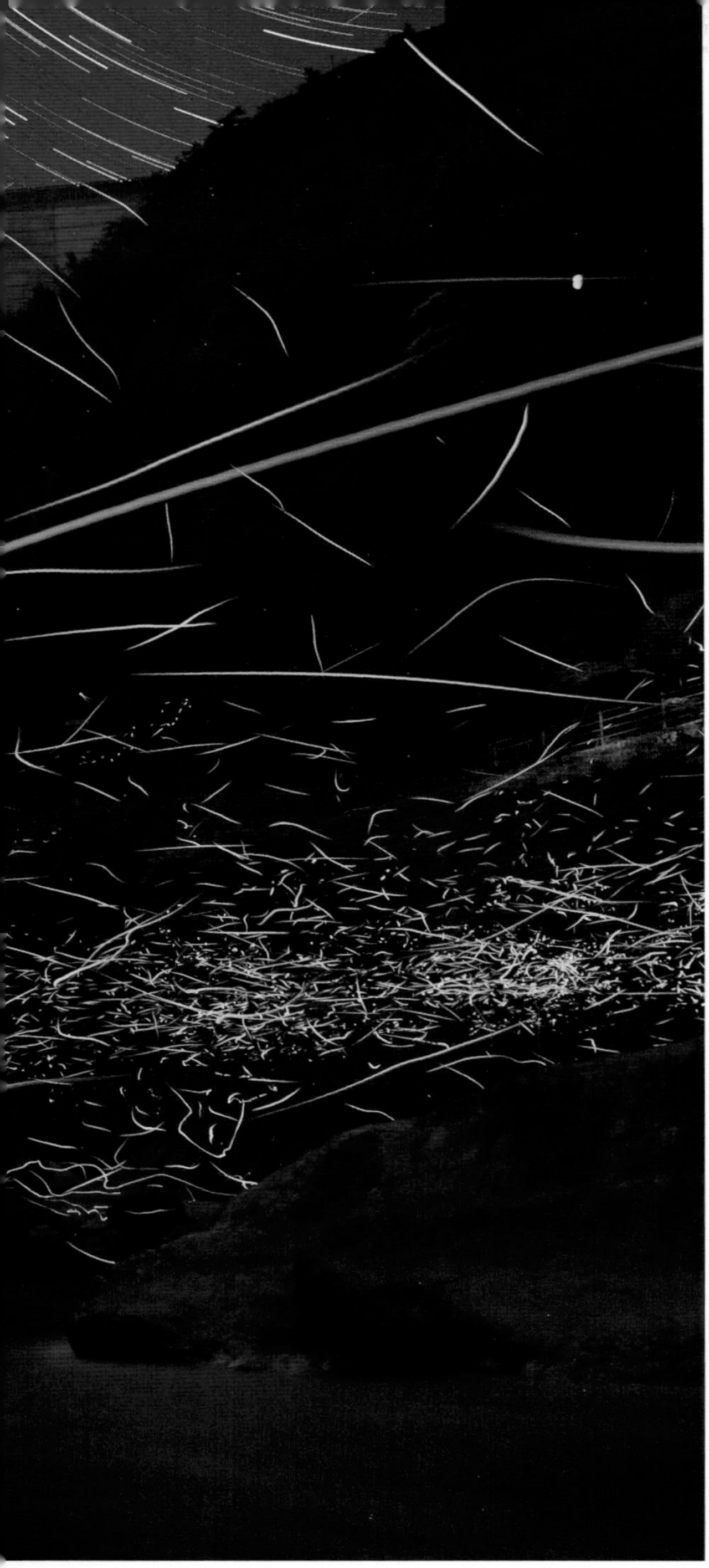

## 命の輝き　ダム下流で復活

月の欠けた初夏の夜。高さ156メートルの温井ダム（広島県安芸太田町加計）を直下から仰ぐと、星がきらめき始めた。谷底から暗闇がにじみ、滝山川の大小の岩や草むらの間で小さな光が明滅する。交尾の合図は、命を紡ぐ輝きだ。川面に光線が波打っては消えた。

「10年ほど前から、ダムの下流でホタルが増えてきた」。約5キロ離れた加計の町で時計店を営む森脇智史さん（41）から聞いた。プロカメラマンでもある森脇さん。数年前、会員制交流サイト（SNS）で穴場を紹介した。アーチ式では黒部ダム（富山県）に次ぐ全国2位の高さを誇る温井ダムの威容も手伝い、人気スポットになったという。

2002年完成の巨大ダム建設で、広大な山林や集落の一部とともに峡谷も沈んだ。「昔もホタルはよう飛んどった」。集団移転した佐々木克己さん（83）は懐かしむ。

支流の滝山川や丁川が太田川本流と出合う加計の街を歩くと、ホタルをモチーフにした看板や欄干の飾りが目に付く。かつてはどの川でも見られた初夏の乱舞を取り戻そうと、町ぐるみでホタルの里づくりを進めてきた証しである。

中心となったのは、住民有志で1995年に発足した「加計ホタルを守る会」だ。行政の力も借り、飼育小屋でゲンジボタルの幼虫を育てたり餌のカワニナを集めたりして、会員数は300人を超えた。地元のさまざまな川で放流や生息調査も続けた会は2年前、ホタルが定着したことや会員の高齢化のため解散した。

元会員の杉田智利さん（68）は「地道な活動がホタルを呼び戻した。生活排水を減らすなど住民の協力も広がった」と振り返る。

会は最後の仕事として、地元の加計小に「ホタル文庫」を贈った。木造校舎2階の窓際に図鑑など自然に関する約250冊が並ぶ。

6月中旬の昼休み、太田川の学習をしている4年生がホタル文庫の前で、杉田さんたち元会員3人の話を聞いた。「なぜたくさんの本を」。栗栖沙弥さん（9）が尋ねると、杉田さんは答えた。「自然を好きになって、ホタルやいろんな生き物がすめる環境をみんなに守ってほしいからだよ」。

（2021年7月11日付）

6月上旬、温井ダム直下の滝山川で、暗闇に浮かぶゲンジボタルの光跡。空には星がきらめく（10秒ずつ連続撮影した220枚の写真を合成）

加計小の「ホタル文庫」の前で、杉田さん（右端）たちから地元の自然について話を聞く児童

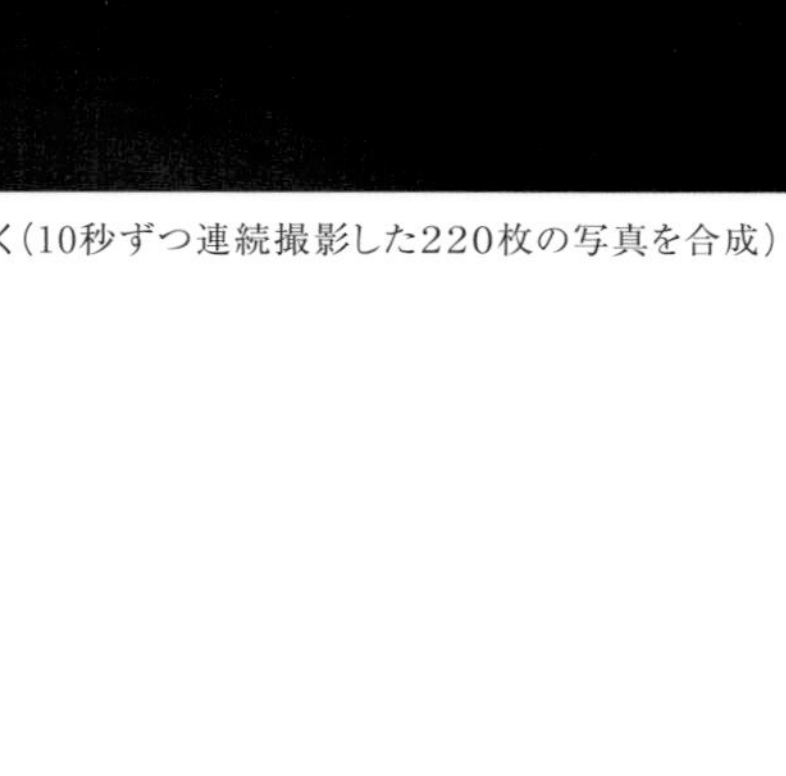

# 南峰が見た三段峡

（広島県安芸太田町・北広島町）

## 秘境の美と奇　川面の絶景

足のすくむ断崖に岩を洗う奔流と暗い淵、両岸は四季折々に染まる樹林が覆う。国の特別名勝・三段峡（広島県安芸太田町・北広島町、約16キロ）の探勝路を歩くと、濃密な自然に感動と畏れが入り交じる。

「実は、探勝路も素晴らしいけれど、川に下りると別世界。南峰《なんぽう》がのめり込んだ景色を味わえます」。NPO法人三段峡―太田川流域研究会の本宮炎《ほのお》理事長（45）に誘われ、7月上旬、本流の柴木川を上る新たなツアーの下見に同行した。

「南峰」とは、1917（大正6）年に写真技師として、後に自ら名付ける三段峡に分け入った熊南峰である。江戸期の文書が記す「深山幽谷」の秘境。その美と奇にほれ込んで半生を懸け、三段滝や黒淵をはじめ峡谷全体の魅力を世に出した。南峰はわらじ履きで写真機を携え、千回以上も入峡したとされる。

その足跡をたどり、正面口から20分ほどで斜面を下ると、水の迫力に圧倒された。岸壁の裾を横ばいに進む。岩が階段状に並ぶ「ぐるの瀬」は、探勝路からは一見なだらかだが、渦巻く水が落ちていた。巨岩をすり抜けた先、こけむした川辺に沢の清水が流れ込む。

長さ約20メートル、高さ約8メートルの蓬莱《ほうらい》岩の上に立つと、大小の滝や淵を見通せた。峡谷屈指の天狗《てんぐ》ケ岳の絶壁が迫る。「これが南峰の見た景観そのもの」と本宮理事長。梅雨明け後に再訪し、ひときわ澄んだ流れにも出合えた。

南峰には盟友がいた。奥山の猿飛、二段滝を踏査した教師の斎藤露翠《ろすい》だ。支流の横川《よこごう》川沿いの集落に赴任。南峰とは18（同7）年に出会い、宣伝や国視察団の案内、観光に必要な旅館、探勝路の整備に心血を注いだ。25（同14）年に国名勝、53（昭和28）年の特別名勝指定で実を結ぶ。

2人による開峡から100年を経て、体験型レジャーや動植物の観察ツアーで三段峡を再発見する動きが広がる。正面口でホテルを営む高下務さん（73）は、南峰の写真をロビーに飾ってきた。創業者の祖父は南峰を峡谷へ案内したという。「時代は変わっても、先人の志を大切にしたい」。自身も南峰のルートをたどった感銘を語り継いでいる。

（2021年7月25日付）

大正時代、三段峡を世に出した熊南峰たちが登った蓬莱岩（手前）。淵や大小の滝が続き、当時と変わらない景観が開けた（小型無人機から）

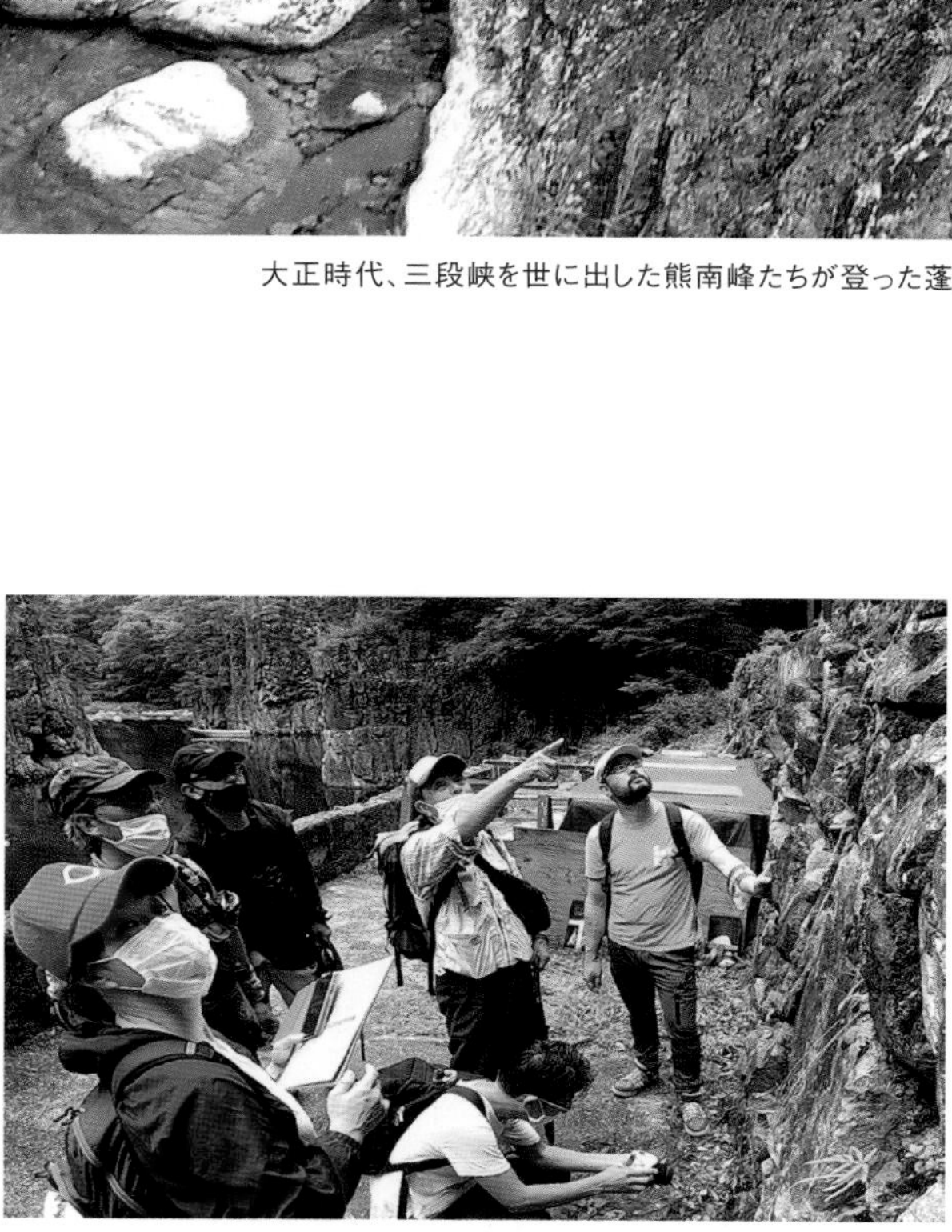

黒淵のほとりで植物を調べる本宮理事長（右端）たち

# 真夏の水内川（広島市佐伯区湯来町）

## 川遊びの宝庫　水と一つに

白いしぶきが舞う滝つぼをのぞき込む。高さ5メートルほど。水の音が勢いを増す。滝の頭で流れに体を預け、宙に浮いた瞬間、あぶくに包まれた。息を止めたまま一つ間を置いて、渦の中から浮上。思わず笑顔になった。岩壁からのジャンプも続き、歓声が響いた。

真夏の渓流をさかのぼるシャワークライミングのクライマックス。7月下旬、広島市北西部の佐伯区湯来町を流れる水内川《みのちがわ》の源流域でのツアーに加わった。

雲出トンネル先の林の中でヘルメットやライフジャケットを着け、親子連れたちと河畔へ。「冷たい」。声が漏れた。インストラクターから、川での安全な身のこなしや野生動物への注意を聞いて出発。陽光が木々の濃い緑を水面に映す。

岩場の急流でしぶきを浴び、四つんばいに進む。淵であおむけに浮かぶと、こずえや青空が広がった。泳いで大小の滝へ迫る。心も体も水に漬かり、川と一つになった。家族3人で南区から参加した小学6年の丸橋一輝さん（11）は「透き通った川は街の中とは全然違う。滝も最初は怖かったけど、飛び込んでみると気持ち良かった」と喜んだ。

西から東へ向かい太田川に注ぐ全長約26キロの水内川。ダムのない緩やかな流れで、同市や廿日市市の中心部から車で約1時間と近く、今もあちこちに川遊びの風景がある。カヌー体験や釣り堀も盛況だ。湯来温泉そばの湯来交流体験センター周辺は、新型コロナ禍に猛暑が輪を掛け、涼を求める家族連れが目立つ。

一方の太田川本流は、水質の悪化やダム開発に伴う水量の減少に安全面もあって、川遊びはめっきりと減った。水内川は旧湯来町時代の1985年、役場近くに広島県内唯一の河川プールができ、町内外の人でにぎわった。施設は2005年の市町合併で閉じられたが、その後も流域は川遊びの宝庫であり続ける。

シャワークライミングを催すNPO法人湯来観光地域づくり公社は、さらに磨きをかける。川辺のキャンプやサウナも始めた。移住して水内川にはまったという佐藤亮太理事長（36）は「透明度が高く周囲の緑も美しい。コロナ収束後は広島を訪れる外国人客にも日本の川の魅力を広めたい」と思い描く。

（2021年8月8日付）

湯来交流体験センターそばの流れが緩やかな浅瀬で、大勢の家族連れたちが遊ぶ

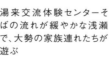

水内川源流域でのシャワークライミングツアーで、滝つぼに飛び込む参加者。水と一体になり、歓声が上がった

# 祈りの川（広島市中区）

（2021年8月22日付）

## 鎮魂と平和　願いを浮かべ

8月6日の夜、原爆ドーム（広島市中区）たもとの元安川で300個余りの灯籠が淡い光を放った。NPO法人子どもの未来と平和を考える会（佐伯区）のメンバーが川面をロープで囲み、祈りの明かりを一つに束ねた。橋や護岸からは多くの人が見守っていた。

「眠くなるような美しさ」。被爆作家の大田洋子がたとえたデルタの川は76年前、一発の原子爆弾で変わり果てる。代表作「屍《しかばね》の街」に、母や妹と逃れた白島（現中区）辺りの太田川の河原の様子を克明に記した。干潮時の白い砂原は傷ついた群衆で埋まり、「河は炎々と燃えていた」。翌朝、「そろそろと死の幕がひらきかかっていた」。

爆風と熱線を浴び、水を求めて命を落としたあまたの人々。鎮魂と平和への願いを込め、元安川に7千個の灯籠をともす「とうろう流し」は、新型コロナ禍によって2021年夏も中止された。市中央部商店街振興組合連合会（中区）などでつくる実行委員会のメンバーたちは6日夕、ドーム対岸の親水テラスから12個を川面にそっと浮かべた。

連合会の若狭利康専務理事（65）によると、終戦から数年後、親族や知人を失った遺族たちが供養にと、手作りの灯籠を流したのが始まりという。六つの川のあちらこちらで催され、復興の花火も打ち上げられた。

元安川では1955年ごろから地元商店主たちが開催。96年にテラスができ、市民が自ら流せるようになった。環境面も考えて、市内の灯籠流しは元安川に集約された歴史がある。

原爆の日の夕暮れ。テラスの流灯式では21年も、穏やかなメロディーと中高生たちの合唱が響いた。

愛を浮かべて川流れ／水の都の広島で／語ろうよ川に向《むか》って／怒り、悲しみ、優しさを／ああ、川は広島の川は／世界の海へ流れ行く（歌詞1番）

小学1年の被爆体験を基に漫画「はだしのゲン」を描いた故中沢啓治さんが、闘病中に川辺で詠んだ詩「広島　愛の川」。遺作に心打たれ、曲をつけた作曲家山本加津彦さん（42）＝東京都＝は「川に優しさを感じる。太田川が海へ広がるように、市民の願いと平和の歌を伝えたい」。灯籠とともに祈りの川で受け継がれていく。

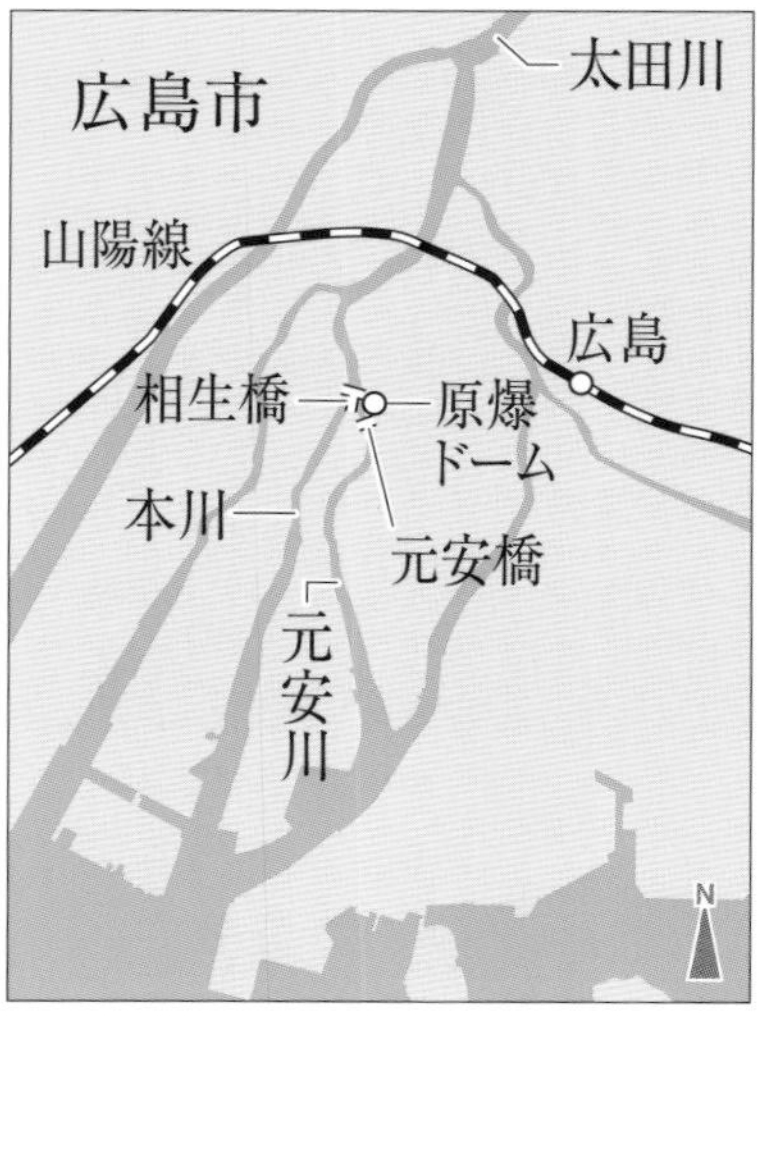

とうろう流し実行委員会は親水テラスで灯籠12個を並べた。「広島　愛の川」を合唱した二階堂和美さん（左端）たちも両手を合わせた

原爆ドームのたもとで柔らかな光を放つ灯籠。「平和」「核兵器廃絶」などの願いを込め、NPO法人子どもの未来と平和を考える会が浮かべた

Love

# 放水路の本分（広島市）

## 氾濫防ぐ「デルタの守護神」

「広い河川敷が濁流に覆われて、堤防のかなり上まで迫ってきた」。広島市街の西端を流れる太田川放水路。茶色く波打ち、丸太やタイヤも下っていく。最上流に架かる祇園大橋（安佐南区、西区）近くに住む休石正祀さん（81）は、この夏の増水に怖さを覚えた。

水位のピークは8月14日昼ごろ。市北部の根谷川や三篠川で氾濫危険の値を超えた。祇園大橋観測所でも氾濫注意の段階となり午後0時50分、5・88メートルまで上昇。2005年9月の台風14号で記録した過去最高の6・11メートルに迫った。

直線的で幅約450～280メートル、長さ約9キロの「放水路」は人工の川だ。国土交通省太田川河川事務所によると、デルタ北端の本流分岐では通常、祇園水門から放水路に1割、大芝水門側の5河川に9割の水を流す。緊急時は放水路の流量を大幅に増やす。両水門の最大想定流量は毎秒計8千トン（放水路同4500トン、5河川同3500トン）で、超えたケースはない。

増水に耐えた後、ツイッターには「放水路ありがとう」「デルタの守護神」などのコメントが並んだ。

毛利氏による築城以来の洪水との闘いのなか、国が放水路建設に着手したのは1932（昭和7）年。当時の市街地7河川のうち、西側の山手川と福島川を1本にして広げ、堅固な堤防を築く。本流分岐には2水門を設けて流量調整する計画。ただ一筋縄にはいかなかった。

着工当時、計画地には数百戸の民家や学校、鉄道があり、畑や竹林も広がっていた。一方、戦争で予算も人員も削られ、44年に中断。戦後の51年に本格再開した後も、用地買収や鉄路かさ上げなど難題に追われた。両水門が完成した65年に通水し、36年の歳月をかけて太田川の一大改修事業は68年3月に完成した。

記録映画製作者の故森利太さんは建設中を含めて40年以上、放水路を撮り続けた。手掛けた作品は、同事務所が2014年、DVDにして市内の小学校に贈った。長女で編集者の正本真理子さん（70）＝中区＝は「デルタ（市民）を守り、自然も豊かな放水路に父はほれ込んでいた」と話す。

夕刻、上空から眺めた。広島湾へ向かう太い線に大小24の橋が趣を添え、河川敷では散歩姿も見えた。穏やかに本分を果たす、堂々の放水路だった。

（2021年9月12日付）

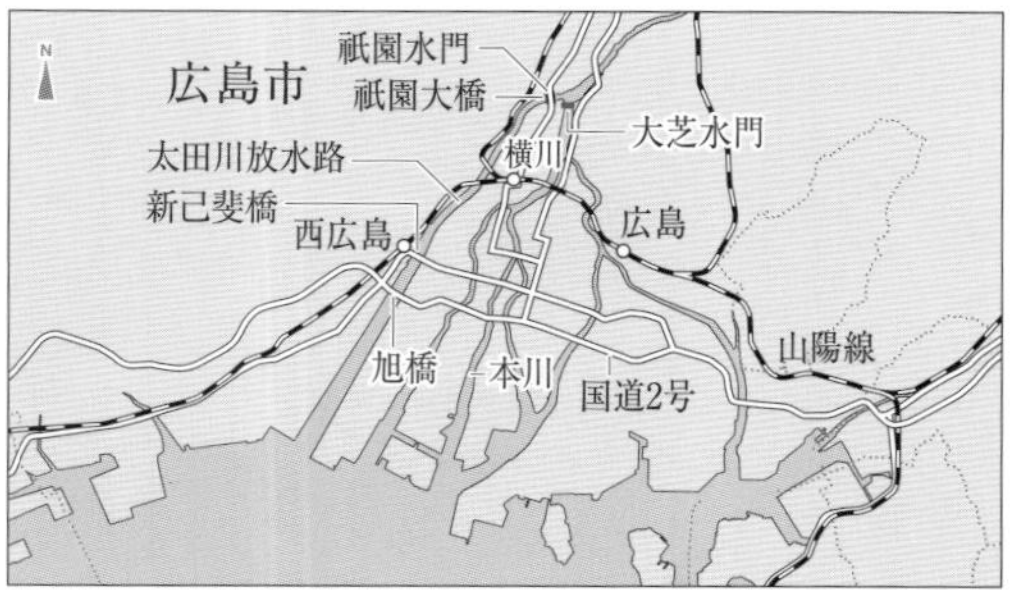

河川敷が漬かり、堤防まで濁流が迫る。手前は太田川放水路の祇園大橋、奥は祇園水門。右上は大芝水門から本川（旧太田川）へ分かれる（8月13日）

ほぼ一定の幅で流れる太田川放水路。人工の川には橋が連なり、普段は穏やかだ。増水時には広島市街地を守る

# オオサンショウウオの古里

## 「地域の宝」住民で見守る

広島市の北東端、安佐北区白木町の山あいを流れる三篠川の支流。近くに住む佐々木恒さん(77)たちが、崩れたコンクリート護岸へ視線を投げた。側壁の下の隙間は8月中旬の大雨で土砂に埋もれた。以前は、国特別天然記念物のオオサンショウウオが巣穴に使い、産卵した年もあった。

「すみ着いて10年。地域の宝として見守ってきた。無事でいてくれたら…」

近年の豪雨や土砂災害によって、太田川流域でも居着いた「ヌシ」の姿が見えなくなるケースが増えているという。市立安佐動物公園(安佐北区)の元副園長で日本オオサンショウウオの会の桑原一司会長(71)＝同区＝は「いったん下流へ流されると、ダムや堰《せき》を越えて戻ることができない。上流の産卵巣穴にたどり着けず、繁殖できない」と心配する。

イボが並んだヌルリとした肌と岩のような黒い斑紋が特徴で、全長1メートル超になる世界最大級の両生類オオサンショウウオ。太古から中国山地の河川などにすみ、太田川水系では主に上流域に繁殖地が点在する。

9月に入り、源流に近い廿日市市吉和を訪れた。繁殖期で動きが活発になるという。棒先に付けたカメラで川底の岩の隙間をのぞくと、じっと潜む一匹がいた。大きな口を開けたり、鼻を水面に出して息継ぎしたり。近くの水路では流れをさかのぼる姿もあり、力強さと尊さを感じた。

安佐動物公園では1971年の開園以来、この「地域の宝」の飼育・研究と展示を続けてきた。実際の川で生態を解き明かしつつ、79年に国内で初めて飼育下での繁殖に成功。この半世紀で99回を数え、国内外の動物園などに計395匹を送り出した実績もある。

ただ、オオサンショウウオの古里を守れるのはそこに住む人たちである。同園は江の川水系の調査地である北広島町志路原の住民と2003年から、人工巣穴の掃除や自然学習で手を携える。田口勇輝技師(40)は「繁殖技術を高めながら、地域の川での保全にも貢献していきたい」と話す。

三篠川中流域の安佐北区狩留家町では、21年夏の大雨後に4匹が姿を現した。その9年前から同園と観察会を開いているNPO狩留家の黒川章男理事長(80)は「古里の川への住民のまなざしが変わってきた。まさに地域と環境のシンボルです」。

(2021年9月26日付)

川岸にある岩の穴から顔をのぞかせたオオサンショウウオ。「生きた化石」と呼ばれ、国特別天然記念物として大切に守られてきた（廿日市市吉和）

水路の流れの中を進むオオサンショウウオ。初秋の繁殖期は動きが活発になるという

8月の大雨で護岸が崩れた三篠川の支流。土砂に埋もれた巣穴を見る佐々木さん㊨たち（広島市安佐北区白木町）

# 都市の干潟

（広島市中区）

## 多様な命育み　水の浄化も

大潮の数日前、砂と泥の川底が一面の干潟に変わった。広島市街を流れる京橋川。エノキの大木が根を張る岸辺に座り、石になる。

数分後、カニの世界が動きだした。アシハラガニやベンケイガニは食事で立派なはさみを振り、無数の小さな巣穴からチゴガニが顔を出す。下流側のアシ原もがさごそとにぎやかだ。

JR広島駅から北西へ約1・2キロ。この辺りで直角に曲がる川の内側に沿う白潮公園（中区白島九軒町）は、緑の濃い土手から干潟へ下りることができる。9月中旬の自然観察会では、家族連れたち約100人が干潟やアシ原へ入り、カニ探しに夢中になった。

開いたのは広島干潟生物研究会。「生き物に触れて名前を覚えよう」と、くやみつお事務局長が子どもたちに語り掛けた。「デルタの干潟は埋め立てられて護岸もコンクリート化が進み、市中心部で天然の干潟が残るのはここくらい」。一帯は川幅が広く流れが緩やかで、後背地が公園のため開発も免れたという。希少なハマガニなどカニだけでも約10種類がすむ。

広島デルタの6本の川は海水と淡水が混じり合う汽水域で、満潮と干潮を通常1日2回繰り返す。さらに干満差が最大約4メートルと大きいのも特徴で、干潟やアシ原、泥地は多くの生き物のすみかになる。代表格のカニは流れ込む有機物などを食べて分解し、土中の巣穴は水の浄化に役立つという。

貴重な干潟の保全は市民の力でもある。アシ原を刈るなど手入れをしている「京橋川かいわい　あしがるクラブ」代表の山本恵由美さん（59）は「広島ならではの自然。若い人も巻き込んで守り継ぎたい」。

研究会メンバーで、広島デルタを主な調査地とする少年3人が、カニの進化の過程に迫った。水中生活から干潟や陸に上がる段階で、呼吸器官のエラをどう変化させたのかを探り、日本甲殻類学会で発表した。2020年、世界の中高生の科学研究を支援する財団マナイ（東京都）の助成も得た。

「多様な生き物がすむ環境を知り、守ることが、自分たちの生活も良くすると思う」と、リーダーで広島学院高1年の石川直太郎さん（15）。幸いにも都市の片隅に残された干潟が、未来の扉を開いている。

（2021年10月10日付）

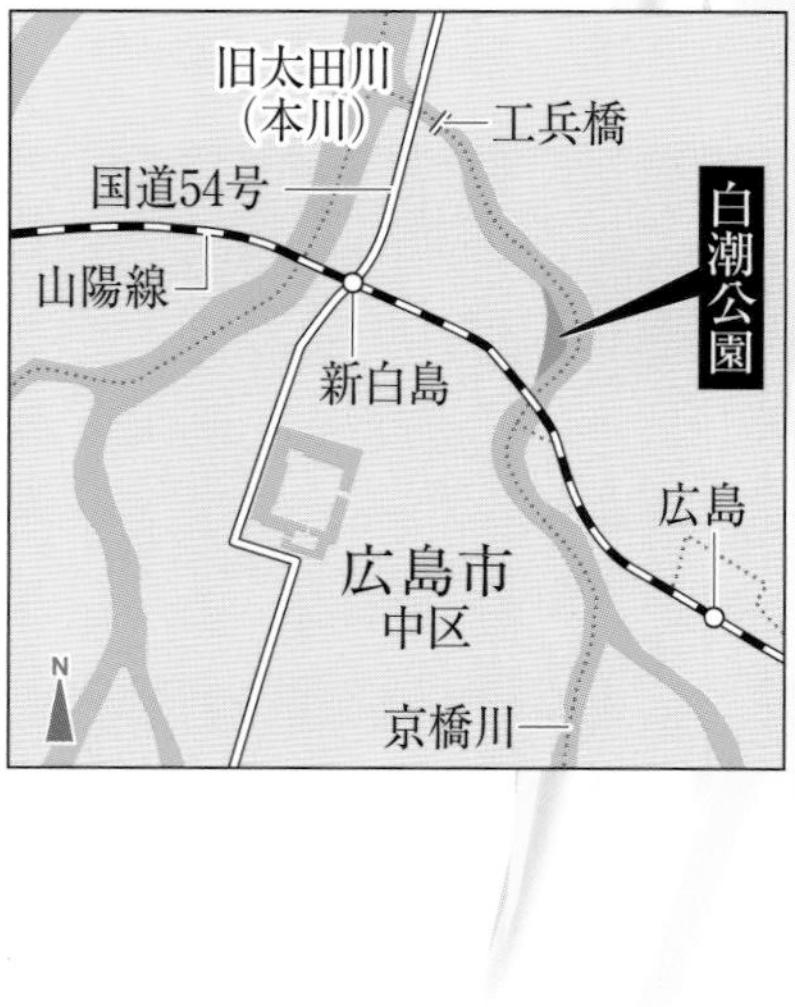

アシ原を歩きながらカニを探す観察会の参加者。左側が白潮公園

巣穴から顔を出したアシハラガニ。エノキの大木が岸辺に根を張る。自然豊かな干潟が広島市中心部に残る（中区の京橋川）

# 川漁と沈下橋

（広島県安芸太田町穴）

## 落ちアユ　世代超えて追う

「ケツ（船尾）を下へ向けて」。へさきに立つ相棒の声に、川漁師の猪訓《いのさとし》さん（86）＝広島県安芸太田町穴＝がゆったりした櫂《かい》さばきで舟を操る。朝霧は散り、空が明るさを増す。幅数十㍍の川に沈めた帯のような網を手繰ると、かかったアユが体をしならせた。

秋の深まりとともにアユは産卵のため川を下る。その落ちアユを狙うのが建網漁。太田川では上中流域で今も続けられている。中流の程原集落で最古参という猪さんの川舟に乗せてもらった。

辺りは流れが大きくカーブし、集落対岸に観音さんの見守る岩場がある。かつては陸路の難所で、真下に淵が広がる。暗いうちに沈めた七つの網を上げる作業で午前7時、低い沈下橋の「程原橋」のたもとからこぎだした。

木舟は長さ8㍍、幅1・2㍍。船尾の舵子《かじこ》の猪さんと、へさきの竹久一之さん（68）が絶妙な息で舟を上流へ滑らせ、網を回収しては岸へ戻る。木組みの横棒に網をカーテンのようにつるし、獲物を外す。ウグイやニゴイも交じり、この日は20匹に届かなかった。

建網漁は地域ごとに漁業者の数や縄張りが決まっており、共同で担う。夜中に灯火をたいて網に追い込む「夜建」と、未明に網を張る「昼建」がある。数隻で夜昼ともに繰り出し、「一晩で千匹以上取れたこともあった」と猪さん。「30～40年前の全盛期は住民総出よ。アユを広島の市場に運ぶ業者もおった」と語る。

程原の住民と太田川との関わりの深さは、流域唯一の沈下橋にも刻まれている。2000年の橋完成まで、「最後の渡し舟」があった。約130㍍離れた両岸をつなぐワイヤを舟に乗って手繰る方式で登下校にも使われた。

谷間を縫う太田川では古来、川舟が物流や交通、漁を支え、渡し舟が地域をつないだ。しかし、水運は車や鉄道に替わり、ダム建設の影響や担い手減で多様な漁も細った。主に中流を管轄する太田川漁協（広島市安佐北区）によると、建網漁は1976年に170人が登録していたが、現在は54人に減っている。

猪さんは、船頭の祖父や父親から川漁の技を継いだ。今季最後となった漁の日、長男で会社員の龍二さん（60）が駆け付けた。数年前から操船と漁の手ほどきを受けている。「川と向き合うおやじの背中を追っていきたい」。

（2021年10月24日付）

アユのかかった網を引き上げる竹久さん（手前）。猪訓さんは後ろで櫂を握り、川舟を操る。龍二さんが沈下橋の上から見守った

川舟を岸に揚げ、つるした網からアユを外す猪さん㊧と竹久さん

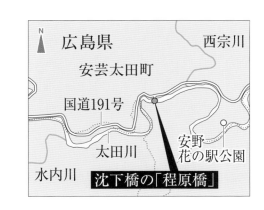

# サツキマス産卵(広島県北広島町)

## ダム湖で成長　恋に色づく

西中国山地が色づき始めると、太田川の源流域でサツキマスの産卵がピークを迎える。いずれも婚姻色である鮮やかな朱を帯びた雄と、さび色の雌が繰り広げる命の営み。10月中旬、その瞬間に出合えた。

広島県北広島町の八幡高原を縫う柴木川。千メートル級の山裾の清流で、体長40センチほどのペアを見つけた。雌が時折、体を倒して尾びれを川底にたたき付け、砂や小石を巻き上げる。産卵の床を掘る動作だ。雄は果敢に他の雄を追い払う。

待つこと1時間。寄り添う2匹が口を大きく開いて小刻みに体を震わせた。わずか2秒の産卵だった。

サツキマスは、本州の太平洋側や四国で水温の低い上流にすむアマゴが海へ下って大きくなり、母川に戻る降海型。海の代わりにダムや湖で育つ降湖型と、冷涼な高地でアマゴのまま一生を終えるタイプがいる。

柴木川上流のサツキマスは降湖型だ。アマゴが銀化と呼ばれる変態後に下り、八幡高原の南方にある樽床《たるとこ》ダムの聖湖《ひじり》(北広島町)で成長。その後、産卵のため遡上《そじょう》する。

認定NPO法人西中国山地自然史研究会(同町)は観察会も開いて保護に力を注ぐ。淡水生物研究家の内藤順一さん(70)＝府中町＝と故田村龍弘さんは約30年前、標識アマゴの放流調査をした。聖湖では約1年でサツキマスになり、降海型と同様に寿命は産卵までの2年と分かった。

文献「太田川史」によると、ダムや堰《せき》が造られる前の太田川は、中部地方の木曽川などと並ぶ全国有数のサツキマスの生息地だった。だが、人工の「壁」が遡上をはばむ。研究会の近年の調査では、いわゆる降海型は三段峡正面口に近い柴木川ダム(安芸太田町)付近まで上るという。

内藤さんは「サツキマスはさまざまな変化に順応して生命を残してきた。川や湖、海とつながる水環境の指標だ」と評する。

聖湖では2020年、生息環境を守る活動が始まった。地元の八幡川漁協と釣り人たちによる「聖鱒《ひじります》プロジェクト」。冬場に1日だけ外来種の捕獲調査日を設けてブラックバスなどを除き、アマゴを放流している。片桐義洋組合長(49)は「サツキマスに魅了された人たちの思いが『幻の魚』を守り、川や湖の保全にもなる」と期待する。

(2021年11月14日付)

柴木川の清流で、口を大きく開けて体を震わせ、産卵するサツキマスの雄（手前）と雌。わずか2秒の営みだった

雄㊨と雌が寄り添って産卵のタイミングを計る。産卵期は婚姻色が鮮やかになる

# 水源の森

## （広島県安芸太田町筒賀）

### 流域潤す財産 守り続ける

「森の恵みが川と流域を潤す。だから人々は森を守ってきたんです」。涼風がササ原をなで、ブナは色づく枝を青空に広げている。カラフルな落ち葉が軟らかい。「ここは妖精の集う天空の森」。地元のトラベルセラピスト清水正弘さん（61）がそうたとえた。

太田川源流に近い立岩ダム湖の東側。市間山（広島県安芸太田町、標高1108メートル）から立岩山（同町・廿日市市、同1135メートル）にかけての尾根約2キロはブナなどの天然林が続く。見通しが利き、所々にある開けた空間も心地よい。

10月中旬、NPO法人三段峡―太田川流域研究会（同町）が開いたトレッキングツアーに加わった。市間山を目指し、杉やヒノキの人工林を急登。この朝は雨上がりで霧に包まれた。稜線《りょうせん》に近づくと光が増してきた。

この尾根筋を含む一帯で昨年、民間事業者が高さ約150メートルの風車を最大36基造る大規模な風力発電計画が持ち上がった。同町と廿日市市、広島市佐伯区にまたがる開発総面積は約2700ヘクタール。同町のエリアは大半が町有林で全体の約3割を占める。

この町有林は、筒賀財産区（旧筒賀村有林）の一部だ。約2600ヘクタールの財産区の大半は人工林だが、ツアーで歩いた尾根筋や南東のブナなどの天然林は高度経済成長期、当時の村長による熟慮で残したという。

合併前の「村有林のあゆみ」に先達の思いがにじむ。一帯は江戸時代の「入会山《いりあいやま》」に始まり、明治23（1890）年に村有林となった。同35（1902）年、国有化された一部を裁判で取り戻している。戦後も村財政を支え、2004年の安芸太田町誕生後は財産区として守られてきた。

こうした歴史や防災の観点から町は21年7月、今回の風力発電計画にノーの決定をした。元村農林課長で、筒賀財産区管理会の角田伸一会長（73）は「尾根筋を開発すれば、水の流れが変わってしまう。水源を守ることが災害に強い地域づくりにつながる」と話す。

立岩山の頂からは、豊かな森や眼下のダム湖を見渡せる。ツアーの一行は、南へ渡っていくアマツバメの群れにも出合えた。

紅葉を過ぎた11月中旬、上空から市間山と立岩山を結ぶ稜線を望むと、かなたに広島市街地や瀬戸内海が見えた。この一帯から下る太田川は155万人を潤す。水源の森は穏やかに冬支度をしていた。

（2021年11月28日付）

カエデやブナなどの広葉樹が彩る立岩山の頂上周辺。尾根沿いは筒賀財産区（広島県安芸太田町）。
豊かな森が太田川の水源となる。奥は立岩ダム湖（小型無人機から）

ブナなどが色づく「天空の森」を歩くトレッキングツアーの参加者

総集編

# 巡る水と命 輝き未来へ

西中国山地から支流を束ねながら曲流を重ね、デルタの広島市街で6本に分かれて瀬戸内海につながる太田川。1年間の写真連載で、全長103キロの川と流域を巡った。生き物たちは多彩なドラマを見せてくれた。繊細に、雄大に表情を変える川や森に何度も息をのんだ。相次ぐ災害や新型コロナ禍での人々との関わりにも焦点を当て、身近な川の大切さをかみしめた。総集編として取材を振り返り、恵みと営みを未来へつないでいきたい。

❶石ケ谷峡の透き通った流れに光が差し込む（2021年12月7日、広島市佐伯区湯来町）

## 豊かさ守る努力に胸熱く

どこまでも透き通る水を太田川の支流で見つけた。生き物たちも息を潜める初冬、水中のカメラで見上げると、陽光がきらきらして水の青さが際立った。

広島市佐伯区湯来町の湯来温泉近くにある、県名勝の石ケ谷峡。天上山の谷筋から湧く水は、約7キロにわたって大小の滝やふちを下り、水内川《みのちがわ》に注ぐ。岩盤を伝い、土砂の流入も少ないため透明度が高い。鳥のさえずりさえその美しさに引き込まれそうだ。

約1年2カ月の取材でほぼ毎日、太田川流域に通った。車の走行距離は2万5千キロに迫る。川にすむ生き物や人々の暮らしをレンズ越しに見つめてきた。

とびきり澄んだ水をたたえる一方、古くから電源開発が進んだ太田川水系ではダムや堰《せき》の建設もあって手付かずの自然は限られている。とはいえ流域の動植物や景観、歴史は豊かだ。それらを守り、後世に残そうと取り組む人たちの努力と熱意に打たれた。連載タイトルとした「太田川 恵みと営み」を将来に引き継ぐには何が必要なのか━。考え続けた。

11月中旬。恐羅漢山の今季初の積雪を撮影するため本社ヘリで差し掛かった安芸太田町の上空で眼下に大きな虹が見えた。強い風に揺られながらもパイロットと相談して狙う。超広角レンズのカメラのシャッターを押すと、くっきりとした円形の虹が写った。

蛇行する太田川と集落に架かる丸い虹はまるで、巡る四季のようにも、川と海を往来する生き物たちの命の循環のようにも、自然や文化を次代へとつなぐ人々の輪のようにも思えた。自問と驚きの連続だった取材の終盤で偶然にも一つの答えを見つけた。

## 秋 冬

# 四季折々 感動のドラマ

❷太田川上流部に見えた円形の虹。左側は輪が二重になる「副虹（ふくにじ）」。集落と川をつないでいるように感じた＝本社ヘリから（21年11月、広島県安芸太田町）

取材を始めたのは2020年10月。広島市安佐北区と安佐南区にまたがる太田川下流で、太田川漁協や市が秋にアユの産卵場を造り、近年は多くの親魚が集まっていると聞いた。都市の浅瀬で繰り広げられる生命のバトンをまず撮ろうと決めた。

1カ月通ったが、群れは見えない。焦りを抑え、アユを狩るカワウやミサゴを追う。11月上旬、産卵場の近くで魚影の黒い塊が動いた。水面に揺れる無数の背びれ。水中にカメラを据えて、待つ。婚姻色を帯びた群れがレンズの前で躍った（写真と地図❸）。

冬、数々の神秘的な景色に出合えた。瀬戸内の島々がオレンジ色に染まった夕刻、澄んだ空気を本社ヘリから味わう。デルタの光景に息をのんだ。放射状の川筋が都市の明かりに浮き立っていた（❹）。飲み水だけでなく農工業用水や発電などで流域を支える川の恵みの象徴と感じた。

長いつり橋を渡って通学するマスク姿の児童、JR可部線旧駅舎や過疎集落の「隠れ滝」を守る住民たちのそばにも川があった。

数年ぶりの大寒波となった21年1月中旬。広島県最高峰の恐羅漢山（安芸太田町、1346メートル）を目指した。かんじきで新雪を踏み、凍った頂へ。樹氷をまとうブナや杉の造形美にのまれた。太陽がのぞくと氷が解け始めた（❺）。水源の豊かさの訳が分かった。

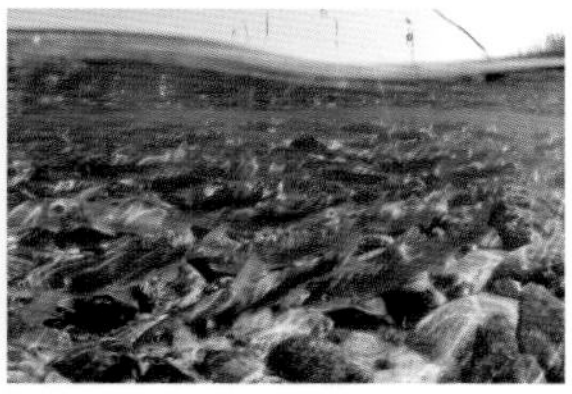

❸産卵場近くの浅瀬に集まって群れ泳ぐアユ（20年11月、広島市安佐南区）

❹夕刻、光り輝く広島市街地を本社ヘリから見渡した（20年11月、広島市上空）

❺恐羅漢山の山頂。陽光が照らすと樹氷の先が一滴のしずくとなった（21年1月、広島県安芸太田町）

## 春

北広島町八幡地区の湿原では雪布団の下を縦横に水が流れ、生き物が活発に動きだした。広島市街地では3月下旬、例年より一足早く桜が満開に。西区楠木町の本川右岸の雁木沿いも淡いピンクに縁取られた。スタンドアップパドルボード（SUP＝サップ）の愛好者たちは花見の水上ツアーを満喫（❻）。コロナ禍の中、原爆ドーム周辺の桜並木も市民を見守っていた。

「日本の棚田百選」として知られる安芸太田町の井仁《いに》地区。代かきを終えた大小の水鏡が階段状に並び、大きな月が昇ると、水面をほんのりと照らした（❼）。新緑に映える渓流釣りは絵画のようだった。

❻本川右岸の雁木沿いが桜の淡いピンクで縁取られた＝小型無人機から（21年3月、広島市西区）

❼井仁の棚田で、月が水面に反射し、幻想的な雰囲気を醸し出す（21年4月、広島県安芸太田町）

## 夏

例年より早い梅雨入り後、太田川の水力発電の歴史を物語る「旧亀山発電所」（安佐北区）を訪ねた。漁協事務所となっているれんが造りの建物の壁が目当て。大正期以来の洪水時の水位が刻まれ、教訓を静かに伝える（❽）。

源流域では太古から脈々と命をつなぐ小型サンショウオを探した。国特別名勝・三段峡ではV字谷の底から絶景を味わえた。

7月下旬の夕暮れ、広島市中区のおりづるタワーに上がると、原爆ドーム横の本川と元安川が紫に染まっていた（❾）。8月6日のとうろう流しは昨年に続いて縮小され、「広島 愛の川」の合唱が川辺を包み込んだ。

ダムがないことで知られる水内川（佐伯区湯来町）は水遊びの子どもたちで大にぎわい（❿）。清流をさかのぼる

❽旧亀山発電所のれんが造りの壁に刻まれている洪水の歴史(21年5月、広島市安佐北区)

❿透き通る水内川に潜って水中の生き物を探す。川は絶好の学びの場だ(21年7月、広島市佐伯区湯来町)

❾原爆ドーム前の元安川(手前)と本川(奥)が夕日に染まった(21年7月、広島市中区)

シャワークライミングで水と一つになった。

ただ、8月中旬の大雨が各地の川や三段峡などを一変させた。完成から半世紀余り、広島デルタを守り続ける太田川放水路も茶色の濁流が堤防上まで迫った。

## 再び秋

水害後、オオサンショウウオは無事に産卵期を迎えているのだろうか―。心配をよそに、上流部では数匹を見つけることができた。落ちアユ漁を次代に伝える川漁師の巧みな技にも目を見張った。

⓫柴木川の上流で、産卵に集まるサツキマス(21年10月、広島県北広島町)

源流の森が赤や黄に彩られ、北広島町芸北エリアの柴木川では10月、恋の季節のサツキマスを追った(⓫)。海の代わりにダム湖の聖湖で育った降湖型で、透き通る水中での産卵の瞬間をカメラに収めた。その力強さと命の尊さを忘れはしない。太田川の四季のドラマは続いていく。

コロナ禍の中、身近な自然や川に関心を持つ人が増えている。昔の川に戻せとは言わないが、流域の人たちが関わっていけば、多様な生き物がすむ太田川を守っていけるはずだ。

太田川と流域の自然や暮らしを大切にして、川に親しむ活動や災害への備えに力を注ぐ人たちに数多く出会った。皆さんの思いや新たな動きを紹介する。

## アユが遡上する川　着々

**淡水生物研究家　内藤順一さん(71)＝広島県府中町**

太田川では近年、アユ、サツキマスといった海と川を行き来する魚が戻り始めていると感じる。堰への魚道設置やアユの産卵場造りなどが進んできた。こうした川づくりの成果だと思う。

太田川に潜り、生き物を調査して半世紀になる。電源開発の影響で水量が少なく、大量死につながる冷水病もあってアユは減っていた。ダムや堰も多く魚が遡上《そじょう》しにくい環境で、1980年代半ばに太田川は1級河川の中で「魚が上がれない川」の全国ワースト6位になったこともある。

川は楽しいし面白い。安全面は大切だが、川は危ないというイメージで捉えられているのが残念だ。

## 災害対策　地域と一体で

**国土交通省太田川河川事務所調査設計課長**
**山下篤志さん(44)**

気候変動などを受けて、20年11月に太田川水系の河川整備計画を変更した。今後も降水量が増えると想定し、洪水対策や上流の調節機能を定めている。新たな「流域治水」の考え方を取り入れ、川沿いの住民や関係機関の協力を得て一体的に取り組んでいる。

全国的な動きだが、大雨時に河川氾濫を防ぐため、太田川水系でも利水ダムで事前放流できるようになった。同水系での事例はまだない。住民については災害時の避難計画「マイ・タイムライン」の作成などが重要だ。自治体や地域住民との連係を深めたい。デルタ地帯の洪水・高潮対策をさらに進め、祇園、大芝両水門の改築も検討している。

コロナ禍の中、バーベキューやデイキャンプなどで河川敷を利用する人も増えている。サップやウオーキングなどのニーズも高い。より川に親しめるよう、住民や自治体の地域づくり、川づくりを支援していく。

広島の本川

## 市民が催し　サップやヨガ

原爆ドーム北の相生橋からすぐ上流の本川河岸（広島市中区）。10月下旬、カラフルなスタンドアップパドルボード（SUP＝サップ）がずらりと並び、ヨガを楽しむ姿も見られた。水上ではサップの熱いレースが繰り広げられた。

広島市街の川辺をまちづくりに生かす活動が今年、新たな一歩を刻んだ。6月に市民グループ「Ｒｉｖｅｒ　Ｄｏ！　基町川辺コンソーシアム」が発足。国から本川河岸の一部の占用許可を受け、さまざまに使うことで「水の都」ならではの川文化を発信する。

ショップを経営する代表の西川隆治さん（57）＝写真＝は「6本の川が流れ、雁木《がんぎ》も数多く残る広島の川は世界でも指折り」と話す。２０１９年に本川でサップの大会を開き、川辺に親しむ機会を増やしてきた。通年の占用許可によってより自由度が広がり、音楽イベントなどを重ねる。

夢は「川辺の町内会をつくること」。住民たちが地域の川辺で行事を企画したり運営したりして楽しむ太田川を思い描く。広島の川は原爆の惨禍を受け、復興を支えてきた。そうした歴史も踏まえつつ、川好きを増やしていくつもりだ。

⑫市民グループが利用しやすくなった本川河岸。サップのレースに声援が送られた（21年10月、広島市中区）

安芸太田の三段峡

## 若者と自然観察　図鑑作り

12月上旬、安芸太田町の三段峡正面口でイベントがあった。ＮＰＯ法人「三段峡―太田川流域研究会」の設立5周年を記念して、町内や広島市の家族連れたち約50人が集まった。

研究会は、17年に開峡１００年となった国特別名勝・三段峡（安芸太田町、北広島町）を舞台に、自然観察会や体験イベントを開いている。今年はウェブ図鑑を作るため、大学生や子どもたちと一緒に渓谷内の動植物の分布を調べた。

しかし8月の豪雨で探勝路が寸断され、渓谷全体が立ち入り禁止に。その後、復旧に向けて支援ボランティアの輪も広がり、正面口から約1・5キロや水梨口―二段、三段滝などが散策できるようになった。本宮宏美事務局長（44）＝写真＝は「次の１００年も価値ある三段峡を残せるよう、若い人や都市部の人を巻き込んで活動を広げていきたい」と願う。

⑬三段峡正面口に集まったNPO法人のメンバーたち。老若男女で渓谷を守り楽しむ（21年12月、広島県安芸太田町）

# 取材に協力いただいた皆さん

NPO法人三段峡―太田川流域研究会、認定NPO法人西中国山地自然史研究会、Riverside Music & Market、宇賀自治会、広島鉄道模型友の会、津浪神楽団、那須集落、日本鳥学会、日本野鳥の会広島県支部、ひろしまSUPクラブ、River Do! 基町川辺コンソーシアム、広島修岳会、いにぴちゅ会、天上山結クラブ、加計ホタルを守る会、NPO法人湯来観光地域づくり公社、広島市中央部商店街振興組合連合会、NPO法人子どもの未来と平和を考える会、広島民俗学会、日本オオサンショウウオの会、NPO狩留家、広島干潟生物研究会、京橋川かいわい　あしがるクラブ、筒賀財産区管理会、健康ツーリズム研究所

太田川漁協、八幡川漁協、太田川上流漁協、三段峡漁協、吉和川漁協

国土交通省太田川河川事務所、広島県、広島市、安芸太田町、北広島町、廿日市市

広島大学、国立科学博物館動物研究部（茨城県つくば市）、広島市立安佐動物公園

中国電力、中電技術コンサルタント、恐羅漢スノーパーク、第一航空、精光社、ささきつりぐ

淡水生物研究家・内藤順一さん

あとがきに代えて

# 母なる流れ　古里映す

## 四季の表情に息をのむ

安部慶彦

防長本社編集部（前報道センター映像担当）

中国新聞社の写真連載「太田川　恵みと営み」が２０２２年度新聞協会賞を受賞した。広島県西部の太田川とその流域を巡り、20年冬から21年末まで朝刊に掲載。プロローグ、総集編を含めて25回を数えたシリーズは、広島にとって「母なる川」の豊かさを知り、伝える旅のようでもあった。

西中国山地を源に、デルタの広島市街で六つの川に分かれて瀬戸内海へ注ぐ太田川。相次ぐ災害などで自然の脅威や豊かさが再認識される中、身近な川と流域に住む人たちの暮らしを刻みたい―。それが取材の出発点だった。

市街地の木々が赤く染まり始めた秋の太田川下流。潜水用のドライスーツを着て、産卵に集まるアユの群れを探した。数年ぶりの寒波が訪れた冬は、県最高峰の恐羅漢山を目指した。山頂は小型無人機ドローンのプロペラもすぐに凍る寒さ。使い切りカイロで機体を温めながら、視界が開けた瞬間を狙って樹氷を撮影した。

優しさと厳しさをまとう太田川の四季の表情に息をのんだ。五感を研ぎ澄ましてレンズを向け続けた。一方で川は、地域の歴史や環境変化を映す「鏡」でもあった。中流域で今も続く漁を取材するため、何度も通って乗せてもらった川舟は、かつては地域の物流や交通も支えていた。

流域に通ううちに、過疎化や鉄路廃止の影響、森林の開発計画など直面する課題を知った。自然や文化を守ろうと励む人たちとのつながりができ、その取り組みも記録したいと強く思うようになった。

紙面を通じて、住民や太田川に愛着を抱く遠方の方から多くのメッセージをいただいた。終了後には、地元の施設で紹介したいとの依頼を受け、写真パネルを貸し出した。「子どもたちが太田川の恵みを知るきっかけになれば」。かけてもらった言葉が胸に響いた。

取材中、山陰地方の小さな川を何度も思い出した。生まれ育った町で魚を追って遊んだ場所。古里の川を思う気持ちは誰もが同じだろう。これからも自然の恵みと人々の営みにレンズを向けていきたい。

（２０２２年９月８日付）

霧ケ谷湿原で野生動物の足跡を狙う安部写真記者。前日から車中泊し、翌朝、ドローンを飛ばしながら新雪に残された生き物たちの痕跡を探した（2021年2月）

# 太田川 恵みと営み


発行日　2023(令和5)年9月21日

著者　中国新聞社

編集　ザメディアジョン

発行人　守田 靖(中国新聞社)　田中朋博(ザメディアジョン)

発行　株式会社中国新聞社
〒730-8677 広島市中区土橋町7番1号
TEL.082-236-2250 FAX.082-236-2120

発行・発売　株式会社ザメディアジョン
〒733-0011 広島市西区横川町2丁目5番15号
TEL.082-503-5035 FAX.082-503-5036

印刷・製本　クリエイティブ事業部 ラック有限会社

ISBN978-4-86250-783-9



定価は裏表紙に表示しています。

9784862507839
1920025018004
ISBN978-4-86250-783-9
C0025 ¥1800E
定価1980円（本体1800円＋税10%）

兵庫県内でリフォームを考えはじめたらこの一冊

# リフォームの参考書 ひょうご

＼これだけ知っておけば大丈夫／

## リフォームの参考書 基礎講座 8 のテーマ

キッチン / トイレ / 浴室&洗面所 / 窓、床、クロス:内装 / 耐震 / 断熱 / 住宅検査 / 中古を買ってリノベーション

兵庫県内の優良企業による
最新リフォーム事例

**安心できる兵庫県内のリフォーム会社をご紹介**